怎样成为专家

——神经科学的解释

［英］ 梅里姆·比拉里齐　著

王伟平　译

知识产权出版社

全国百佳图书出版单位

——北 京——

图书在版编目（CIP）数据

怎样成为专家：神经科学的解释/［英］梅里姆·比拉里齐著；王伟平译. —北京：知识产权出版社，2019.6

（脑科学新知译丛. 第 2 辑）

书名原文：The Neuroscience of Expertise

ISBN 978 -7 -5130 -6622 -8

Ⅰ. ①怎… Ⅱ. ①梅… ②王… Ⅲ. ①神经科学—研究 Ⅳ. ①Q189

中国版本图书馆 CIP 数据核字（2019）第 248827 号

责任编辑：常玉轩　　　　　　　　　　责任校对：王　岩
封面设计：陶建胜　　　　　　　　　　责任印制：刘译文

怎样成为专家：神经科学的解释

［英］梅里姆·比拉里齐　著

王伟平　译

出版发行：**知识产权出版社**有限责任公司	网　址：http：//www. ipph. cn
社　址：北京市海淀区气象路 50 号院	邮　编：100081
责编电话：010-82000860 转 8572	责编邮箱：changyuxuan08@163. com
发行电话：010-82000860 转 8101/8102	发行传真：010-82000893/82005070/82000270
印　刷：三河市国英印务有限公司	经　销：各大网上书店、新华书店及相关专业书店
开　本：880mm ×1230mm　1/32	印　张：10.25
版　次：2019 年 6 月第 1 版	印　次：2019 年 6 月第 1 次印刷
字　数：246 千字	定　价：75.00 元

ISBN 978 -7 -5130 -6622 -8

版权登记号：01-2019-6995

出版权专有　侵权必究

如有印装质量问题，本社负责调换。

前　言

上一次你抓着头皮惊讶于自己刚刚看到的一幕是什么时候？很可能是你看到某个领域的绝顶高手的惊人表现。你甚至不必看到英国流行歌手阿黛尔·阿德金斯（Adele Adkins）完美地唱出一个又一个音符，或者国际象棋冠军马格努斯·卡尔森（Magnus Carlsen）蒙上眼睛同时与12名棋手对弈并完胜他们，又或惊为天人的小威廉姆斯（Serena Williams）如此频繁地连续赢得网球大满贯赛事，到本书上架的时候她的单打冠军数量（目前为21个）可能还会增加。如果你去自己所在地的音乐学校、棋艺学校或网球俱乐部，很可能会发现有些人的技艺如此高超，观看他们的才艺展示，你不禁会认为里面肯定隐藏了某些花招或者戏法。本书致力于探讨这些专家的特长，以及这些高超技能背后的脑机制。

特长是一个吸引人的话题，原因很多，比如了解专家们获得惊人技艺的方法能满足我们的好奇心。不过，这种了解还有助于我们为获得特长而更好地训练，几乎任何岗位都要求广泛的专业性和熟练技能。因而，对特长的科学研究与心理科学本身一样漫长，就一点也不奇怪了。如今，专家特长已是心理学确定的主题，也是任何认知心理学课程或教材的组成部分。仅在2017年，就有三大部关于专家特长的手册计划出版。不过，在以科技进步和神经科学研究兴起为标志的 21 世纪里，你手头上拿到的却是第一本探讨专家特长的神经科学的图书，不过这也是我所擅长的知识领域。

与其他诸多认知心理学家一样，神经成像设施的广泛普及以及近来神经科学技术的进步都让我很兴奋。神经成像技术为我们洞察复杂的主题（如特长）展现了令人兴奋的方法。不过，神经成像技术并不是灵丹妙药，也不能为我们探寻了一个多世纪的问题突然提供答案，也不可能使之前的行为研究显得多余。我坚信，要理解某些事情的运转，尤其是如特长一样复杂的事物，我们必须汲取多方面的信息。神经成像的数据非常有价值，不容忽视，而传统的认知研究方法与新兴的神经成像技术可以相互补充，取长补短。

本书用大量例子生动地说明了，为何理解某种现象背后的认知过程对于了解其背后的脑机制至关重要。《怎样成为专家：神经科学的解释》以传统的专家特长研究为基础，阐明某些基本的认知过程（如记忆、注意、知觉）如何协同作用，以保证专家的杰出表现。读过本书之后，你将理解为何某些运动员在瞬息万变的竞技场显得游刃有余；为何国际象棋大师无须挪动接下来的几步棋却能预见将来的棋局；为何放射科专家只需片刻就能察觉放射影像里存在的问题。有些读者觉得专家某些方面天生与众不同，读完本书后可能立刻就会感到失望。专家的认知能力与普通人一样，都是有限的。成为专家并不需要所谓的超能力或者超自然的捷径。但特长的奇妙之处恰恰在于专家即使如此也能机智地避开认知有限这一缺点，努力实现他们令人惊异的技艺。特长的最终结果可能看起来异常简单，甚至不费吹灰之力，但施展特长的整个过程却需要各种基本认知过程间复杂的相互作用，从而保证特长任务完成。我们的大脑能容纳如此复杂的机制，这也是其难以置信的适应能力的一种证明。

本书的首要主题是特长背后认知过程之间的联系以及特长在大脑里的实现方式。特长的表现形式多样，种类繁多，但其基本原理则是相通的，无论我们探讨的是放射学、国际象棋还是网球。本书也围绕着这三个领域组织，因为它们反映了我们在日常生活中的行动方式——一般先感知世界（知觉）和理解世界（认知），之后作用于外部环境（动作）。放射学是典型的**知觉特长**（perceptual expertise），这种特长的发挥主要依赖于我们的感官。除了放射学专家之外，在第 2 章我还将探讨许多其他方面的知觉专家，从品酒师、调香师到触觉能力高度发达的盲人。知觉在国际象棋中起着一定的作用，但要成为高手还要有想象能力和在内心掌控各种策略的能力。第 3 章介绍**认知特长**（cognitive expertise），特别探讨棋盘游戏专家、超常的记忆大师、杰出的心算者和的士司机。接下来的第 4 章探讨**动作特长**（motor expertise），包括运动、音乐和涉及动作的其他领域（如舞蹈）里的专家。这三章之前是第 1 章的导言，给出了专家和特长的定义，在认知神经科学更宽泛的背景里展现特长这一领域，提出了特长认知机制背后主要的原理，以及大脑容纳它们的方式。随后整本书都对这些原理展开论述。在最后一章，我不仅总结了本书共同的主题，而且还涉及许多高级课题，比如特长与老化。不过，最后一章大部分篇幅还是探讨如何才能成为一名专家。

撰写这本书时，我心里一直想着让本科生也能读懂，对于复杂的主题他们更需要简单而生动的介绍。对于认知和神经科学方面的主题尤其如此，因为这些领域充斥着各种支离破碎的零散理论，学生要掌握这方面研究的精髓殊为不易。每个章节的前面部分我会非常慎重地介绍一些基本概念，用简单的语言解释这些概念，然后才在章节的后面将它们与更高级的主题联系起来。每章第一次提及这些关键词时都加以解释。每一章以一组学习目标开启该章，然后在正文中介绍重要的主题。正文还给出了大脑解剖和功能特性的概览，这是理解特长背后神经过程所必需的背景知识。重大研究和重要的概念都用图表来说明，有些以插图来展示。然后在每章的结尾部分总结了本章的主要内容，提出了供读者思考的问题以及拓展阅读的推荐书目。本书结构严谨而统一，这不仅是因为每章这种连贯一致的结构，而且因为贯穿全书的整合式的框架——专家特长背后的认知过程与大脑调节机制之间的联系。

虽然如此，本书各章实际上又是各自成篇的，每一章都能分开进行阅读和教学。不可避免的是，在后面的章节会重复提到前面章节的关键术语并重新定义。不过，在刚开始提到这些术语时，我非常小心，只叙述必要的细节内容，然后在后面的章节进行扩展。比如，**组块**（chunking）这个术语是特长主题的一个核心概念，在第 1 章只是简单地进行了说明，但在后面涉及不同类型特长的三章中自始至终都会提及这个术语。在第 2 章探讨知觉特长时，将之与另一个关键概念即**整体加工**（holistic processing）进行了比较。在第 3 章探讨认知特长时，则对组块进行了更深入的探讨，因为这个概念通常与记忆及棋艺特长的研究有关。最后，在第 4 章探讨运动特长时，读者应该认识到，个体能把动作行进的序列（又称为**运动程序**［motor programs］）视为一种特殊的组块。

对本书感兴趣的教师，可以从专门的网站下载额外的教学辅助材料，包括附有高清图片的教学 PPT、书中提及的通俗科研文章的链接以及各种相关内容的网络链接。我希望本书不仅便于学生学习，而且对于广大对特长脑机制感兴趣的普通读者也能有益。正如我所期望的，本书写作方式简单易懂，生动有趣，很多材料都来自现实生活、通俗文化和体育赛事。本书专门网站上的内容对于读者来说也是宝贵的信息源。我很容易在互联网上看到读者对本书提出的问题，也非常乐于解答。

我撰写本书花了很多年的时间，毋庸置疑，很多我亲爱的朋友和亲人都提供了帮助，没有他们的帮忙，本书不可能完成。这本书要特别献给我的妻子埃丝特，没有她细致而耐心的帮助，本书也不可能完成。撰写这本书花了这么多时间与精力，本来可以多陪陪埃丝特，为此我诚恳地向她致歉。我与马修·布莱登交换了无数次手稿，他精心地修改文句，同时常常在页边的空白处留下精彩的评论，虽然很难在书中公开他的这些评论。感谢斯特朗·巴德给我的无私帮助和珍贵友谊！书中大部分你感到惊叹的图片都出自我的研究助手安娜之手。她还通读了书稿，提出了自己的意见，在必要的地方重新断句，对于我的诸多要求都表现出了极大的耐心。还要感谢瓦奇和维歇尔，他们帮助我制作本书的图表，感谢格拉夫帮我核查关键术语和参考文献。还要感谢我的三位同事坎皮特利、兰纳和图雷拉给本书的初稿提了很多宝贵的意见。他们无疑让本书变得更好。还有许多研究人员与我讨论了他们的研究工作，正如书中所述，这些对我帮助很大。有些研究人员非常友善，不仅允许我重新绘制他们的图表，甚至还给我提供原始的研究数据。本书出现的任何错误毫无疑问都属于我自己的责任，我很高兴读者能反馈给我——我的电子邮箱地址很容易在互联网上找到。最后，要感谢剑桥大学出版社的工作人员班尼特、雷耶斯和艾波比，他们对我十分有耐心，在本书整个写作过程中都热心相助。对所有帮助我创作本书的人我都心存感激，对于那些没有提到名字的人，我致以诚挚的歉意。

目　录

第1章 特长研究导言

学习目标

- 什么是特长，什么是特长领域，什么样的人是专家？
- 专家如何完成看似不可能的惊人表现？特长背后的认知机制是什么？为什么记忆对于专家的杰出表现至关重要，记忆与其他认知过程（如注意和知觉）是怎样发生联系的？
- 大脑是如何适应特长的？
- 特长的认知机制与其在知觉、认知和动作领域的神经实现过程有什么异同？
- 如何利用特长来研究人的心理（和大脑）？

1.1 引言

假设你正在网球场里打球。球网的另一边是在温布尔登网球锦标赛得过 7 次冠军的小威廉姆斯，她正在准备发球，而你则要接球。小威廉姆斯发球的速度经常能达到每小时 200 千米，所以接球任务让你很担心。网球飞来的速度根本不会给你充分的时间，让你看清球的飞行轨迹并做出反应。在其他更依赖于脑力而非速度和体力的特长领域，情况可能不会这么吓人。比如下棋，棋盘上不仅有许多单个的棋子，而且这些棋子彼此之间还有关联。棋类游戏如此复杂多变，以致有人主张，下棋时各种走法可能的组合甚至比宇宙中的原子还要多（Shannon，1950）。这种状况下，你还要找到最佳的走法，在仔细检查所有可能的走法时，即使最快的电脑可能也要进行无数次的计算。如果你感觉自己好像迷失在荒野中，这情有可原，很多新手刚开始学下棋时也是这样。但与放射科医生平常所承受的压力相比，输掉网球或者棋赛只是小事一桩。放射科医生要研究复杂的放射学影像，必须找到可能病变的组织，这对于未受过训练的人来说几乎是不可能完成的任务。漏过胸部 X 光影像中哪怕非常细小的肿块，都会导致不幸的致命后果。

考虑到环境的复杂性，无怪乎有人觉得专家的惊人表现不符合逻辑。优秀的网球选手不仅能正常地接发球，而且同时能发起反击。优秀的棋手（本书称为大师）只要看几眼棋局就能发现厉害的后招，经验丰富的放射科医生只要一瞥就能发现 X 光影像中的异常。特长研究就是要考察这类看似不可能完成的壮举是如何实现的。一方面，特长研究关注**认知过程**（cognitive processes，如知觉、注意和记忆）是如何保证专家的杰出表现的，特长又是如何在大脑中得以实现的。另一方面，特长研究注重个体，要确定取得最好表现所必需的特征和活动。在最后一章（第5章）我将探讨一种广为流传的假设：专家拥有普通人所不具备的特殊能力。而在本章的导言部分，我将概述专家杰出表现背后的认知过程，阐明专家的大脑对特长表现的适应方式。

1.2 特长的定义及其领域

给**特长**（expertise）下定义似乎并不重要。毕竟，我们看到专家时都知道是怎么一回事，最好的棋手和网球选手是这样，经常挽救生命的放射科医生也是这样。他们的表现足以为他们代言。然而，也有很多领域的专家是基于普遍的民意选定的，并不是以他们的实际表现为基础的。我们可以假定，那些在地方和国家议会中竞选获胜的政治活动家也可以被视为专家。毕竟，他们得到大多数选票的支持，大众选择他们来处理重要的社会问题。类似地，那些委托华尔街经纪人进行投资的人大概也认为这些经纪人是商业领域的专家。不过，你或许不止一次被这些代理人采取的经济决策惊得目瞪口呆，很明显，现今的华尔街经纪人并不能精确地预测金融市场的动态。

　　一种特长领域是放射医学、棋类和网球等，另一种是政治和金融，两者的主要差别是环境的性质。放射医学的病理学内容变化较少；网球和棋类的规则也是基本不变的。环境的前后一致性能保证该行业的实践者有意或无意习得的知识和规律也可以用来应对新的情况。相形之下，政治领域和金融市场则受到诸多未知因素的控制，这使得人们很难做出精准的预测，虽然并非完全不可能。随着形势的不断变化，实践者根本无法获得相关的知识，以前习得的知识往往很难用得上。政治家和股票经纪人可能被信任他们的人（甚至他们的同辈）选为专家，但他们的表现并不总是那么杰出，足以被人视为专家。**专家**（experts）是那些经常能做出明显高于平均水平的（杰出的）表现的人（Ericsson，2006）。专家的表现并不是一次性的，不会这次表现好，下次就变差。如果你半夜唤醒技术高超的棋手，给他们看一盘复杂的棋局，他们不用多困难就能找到解决方法，正如技艺精湛的放射科医生在同样的情况下也能从发射影像里找到病灶。政治家和股票经纪人可能需要夜以继日地努力，还要足够幸运，才能接近专家的水准（想了解特长与其他领域之间差异的更多信息，可以参考 Shanteau，1992）。

经典的特长领域通常具有稳定的环境。变化的确会发生，比如新的疾病、新做的网球、球拍上新绷的弦等，但这种变化通常较小，并不足以剧烈地改变环境，使以前的知识变得没有用。每种特长的领域都为其实践者展示了许多前后一致的信息。专家能掌握这些环境里一起发生的稳定群集信息（多得如浩渺的星座云集），本章稍后会指出，专家自有其规避认知局限性的巧妙方法。尽管如此，任何尝试体育运动或者下棋的人都能证明，特长涉及的领域极其复杂，要熟练掌握它们必须要有长年累月的刻苦练习。任何特长的领域都有许多东西需要学习。恰恰是某个领域里永远重复的群集信息这一独特的知识特征能保证专家对问题的审视迥异于新手。阅读本章我们会逐渐明白，专家的策略更为有效，其原因并不是他们完成各个单一的策略比新手更快。他们的表现实际上完全建立在掌握各种不同的策略，只有专家在该领域的知识体系才使之成为可能，新手缺乏这种知识，因而不得不依赖基本的认知策略。

也有些技能（或者至少其组成部分）习得的时间则少得多。比如，相对简单的任务——快速地旋转你的脚，本章稍后还会思考这个问题。这个任务所需的技能可以快速地习得。剩下的时间则用来完善单个的脚步，这是保障越来越快的表现所必需的。最终，个体的表现变得越来越高效，因为单个动作成分的执行已经自动化了。简单的任务能保证参与者快速地习得技能，这是典型的**技能获得**（skill acquisition）方法。技能获得的方法与特长相似，因为它最终检验的是相同的事物——技能。然而，这里的技能相当简单，因为预定的技能习得时间并不需要太久，相对合理，这与经典的特长领域不同，后者往往动辄就需要数十年的强化训练。尽管技能获得和特长存在差异，但它们是具有互补性的研究方向。技能习得能让我们洞察走向卓越之路的起点，而特长研究则能让我们在这条卓越之路的终点理解整个过程。然而，两者之间也存在明显的差异。技能获得任务里的策略对于熟练和不熟练的实践者是一样的。任务的简单（或者练习所需较短的时间）能让参与者不去寻找具有本质差异的策略。专家"只是"能更快速地实施策略。专家杰出表现的标志之一就是基于各个领域的知识来运用具有本质差别的认知策略。技能获得和特长之间的这些差别也体现在它们的神经实现过程，本章稍后会说明。

既然我们已经澄清了技能获得与特长之间的差别，现在让我们思考某些与众不同的特长领域。在开篇的第一段我们介绍了一些典型的特长领域。网球、国际象棋和放射医学都不是随机挑选出来的：它们代表了三个特长领域，在后续章节我们将陆续探讨。放射医学方面的特长需要靠视觉摄入必需的信息，以备在实际任务中从放射影像里发现病灶。正因如此，寻找病灶常用作**知觉特长**（perceptual expertise）典型任务，该特长的领域主要依赖来自感官的信息。经验丰富的放射科医生显然也要运用他们的记忆，因为没有记忆他们将很难发现病灶并对其归类。然而，该任务本身是一种纯粹视觉搜索的任务，并不需要国际象棋里的心理排列和置换。棋手也依赖棋盘上的视觉信息，但是要有杰出的表现，他们还要超越可看到的视觉信息。他们必须提取先前储存的各种棋谱群集，这有助于他们理解当前的问题，随后想象游戏该怎样继续，这种想象能力也是他们特长的一个主要方面。国际象棋是**认知特长**（cognitive expertise）的一个例子，认知特长中来自感官的信息与记忆和心理模拟的运用相比，只起着次要的作用。只是感知棋盘上的棋局并不能让你赢得国际象棋比赛。放射医学和国际象棋两者最终都需要做出肌肉运动反应，在放射影像里指出病灶所在，或者在棋盘上移动一步棋。然而，这些活动中包含的运动成分却没有现实意义。相反，运动（如网球）的本质却恰好体现在操作中的运动成分。因而网球可以视为**运动特长**（motor expertise）最好的例子，涉及的领域主要受肌肉运动反应的塑造。

本书会讨论所有这三个领域，分别用一章来介绍这三种基本特长领域里的一种。正如日常生活中，我们先感知这个世界，制作现实世界的心理图画，然后根据此图画行动，本书的结构也与这种基本过程相符。在导入式的章节（你正在读的这章）之后，在第 2 章我们要论述放射医学和其他知觉特长领域。第 3 章则专注于认知特长，我们将看到大脑怎样适应国际象棋里体现出的最高级的特长以及其他基于记忆的技能（如心算）。接下来在第 4 章我们将考察网球和其他运动技能（非常依赖运动成分）背后的认知和神经机制。在最后的第 5 章，我将总结前面章节中反复出现的主题，突出特长研究对于整个神经科学的重要性，讨论成为专家的必要条件。知觉特长、认知特长和运动特长的划分可谓非常主观，因为所有的特长领域（尽管存在差异）都依赖于类似的（虽然不是完全一样的）**认知机制**（cognitive mechanisms）；也即基本认知过程之间的相互作用。在下一部分我们将简单地介绍它们，然后再看看它们的神经实现过程。

1.3 特长的认知机制

专家是如何取得这些令人难以置信的巨大成就的？要理解专

家心理的形成过程，还请后退一步看看日常生活，这或许有所助益。不管你信不信，你也是一个专家——日常生活中的专家。从你现在的角度看，这可能显得太平常不过了，但只要回想一下，小孩要达到你这样的水平需要学习多少东西啊。与你不一样，小孩子进入一间不熟悉的房间时，无法马上分辨这是间办公室、卧室还是客厅。如果电灯突然关了，你轻松就能找到电灯开关，但小孩子还要先了解电灯开关的位置。你已经遇到过许多诸如此类的房子，知道这类房子应该有什么物件，物件彼此间有着什么样的关联，你肯定不会在地板或者天花板上寻找电灯开关。儿童要通过数年接触各种房间，了解房间内的各种陈设和变化，才能培养他们的"房间特长"。他们将不断储存记忆里一起发生的事物，即使他们未必意识到自己正在注意所处环境的这类规律。随着越来越多地接触房间，他们最终将达到你的"房间特长"水平！

专家的养成与此并没有很大的不同。通过许多年的接触，专家已经获得关于其领域一致性的知识（chase & Simon，1973a；Gobet et al.，2001；Gobet & Simon，1996d）。复杂的特长领域显然比房间这种日常例子需要投入更多的时间才能精通，比如放射医学、国际象棋、演奏乐器或者体育运动就要长年累月地努力才能拥有特长。不过，所有这些领域都具有稳定的"规则"，也有反复以各种形式出现的情境。这些知识储存在**长时记忆**（long-term memory，LTM）里，即我们在日常生活中谈论记忆时通常所指的材料保持过程。这个名词来自一种看法，即储存在这里的信息在数周、数月甚至几十年之后还能提取出来。这与短时记忆（short-term memory，STM）形成鲜明的对比，短时记忆的内容只能保留几秒钟。专家一旦碰到其领域里貌似新异的情境，就会自动激活长期以来储存在长时记忆里该领域的知识（Richman, Staszewski & Simon，1995）。然后将这一新情境与储存在长时记忆里的先前遇到的情境进行比较（Feigenbaum & Simon，1984）。这种外部世界模式与大脑自动匹配的结果就是，专家迅速地掌握了这一新情境的本质。他们的长时记忆储存的不仅有与当前情境类似的各种细节的组合，而且有应对此类情境的各种方法（Chase & Simon，1973b）。这些方法都是自动提取的，有助于专家聚焦问题中重要的方面，而忽略无关的方面。故而，专家并不需要非凡的能力来理解他们面对的复杂情境。他们的知识储备能确保他们在正确的地方寻找"电灯开关"。

1.3.1 知觉和认知特长

如果电灯开关的例子看起来太抽象，请思考下面的例子。专栏1.1的图2呈现了一张胸部X光影像，显示了一种可能致命的疾病——肺炎。要发现它并不是很容易，但经验丰富的放射科医生却能非常成功地识别这类病灶，即使影像只出现1/5秒的时间，只比眨眼的时间略长一点（Kundel & Nodine，1975）。相形之下，只看过少量的胸部X光影像的医学生在完成这项任务时基本靠猜。这个任务说明，视觉模式的深厚知识基础是如何确保经验丰富的放射科医生迅速地弄清呈现给他们的影像的问题所在。专家一旦掌握情境的实质，就能立刻聚焦问题的重要方面，而忽略无关的方面。请看图1.1里呈现的图片。这也是一张包含病灶（图中打圈的位置）的X光影像，但这次经验丰富的医学生和生疏的医学生都花了不止一眨眼的时间来发现病灶。借助眼动仪（记录眼睛视觉移动方向的设备）我们能洞察他们的搜索策略。我们能看到，放射科医生并没有浪费太多时间，目光几乎立刻就聚焦在病灶上，其余很大一部分的影像他们并没有考察。医学生则相反，为了发现病灶，舍不得放过 X 光影像的任何部分。他们的眼睛涵盖了整个影像。

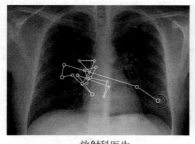 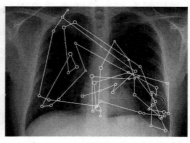

放射科医生 医学生

图 1.1 放射医学特长

经验丰富的放射科医生只要寥寥数眼就能弄清 X 光影像里什么地方存在问题（左图），他们几乎立刻就能把眼光固定在病灶上，这与缺乏经验的医学生不一样，医学生要研究整个影像（右图）。图中画黑圈处就是小瘤所在的位置，白圈代表眼睛凝视的地方，白线代表眼睛视线的移动。

在国际象棋这一看似更有认知特点的领域，我们发现了相同的情况。棋位由遍布棋盘的许多棋子（兵卒、马、车、象等）占据。这些棋子对你可能没有太大的意义，但对于经验丰富的棋手却能构成有意义的单元。与经验丰富的放射科医生一样，他们只要瞥一眼棋局就能明白当前的状况。如果要求国际象棋高手在一堆棋子里确定某些棋子（如马和象）的位置，他们几乎马上就能聚焦于要关注的棋子上，根本不必仔细察看棋盘上的其他棋子。相形之下，新手要仔细察看整个棋盘，以确保他们找到某种棋的所有棋子（Bilalić，langner，Erb & Grodd，2010）。第 3 章"认知特长"将更详尽地探讨这类研究（请看图 3.13 里的眼动模式与图 1.1 里的放射科医生及医学生何其相似）。

考虑到放射医学与国际象棋这两个领域乍一看之下非常不同，专家级棋手和经验丰富的放射科医生的搜索策略不仅极其高效，而且惊人地相似。这种相似来自这样一个事实：两个领域的长时记忆都能保证输入信息的快速摄取，方法是将输入信息与长时记忆的内容进行匹配。输入的感觉信息与长时记忆里存储的信息之间所进行的匹配过程被称为**模式识别**（pattern recognition）。这种模式识别过程自动地提取诸多其他方面的信息，包括与认出的棋局有关联的某些棋子可能的位置。这一结果代表了特长的本质：注意力被自动地吸引到局势最重要的方面之上。如此一来，专家能减少环境的复杂性，成功地进行应对，即使认知资源也有限。专家之所以更快速、更高效，并不是因为他们能比新手更快速地考察问题的所有方面。他们将其有限的资源集中在环境最重要的方面，忽视其他价值较少的成分。他们的知识储备能确保他们采取的策略与新手的策略具有本质差别。新手与生俱来的认知能力可能并不比专家逊色，但是他们缺乏特殊的领域知识，难以指引知觉，所以面对复杂的局面就会感觉不知所措。他们的策略是非常原始的，反映了该领域知识的欠缺。

在棋盘上寻找某个棋子是一件事，而寻找解决棋盘上所有棋子共同呈现问题的妙招则完全是另一件事。毕竟，棋手的任务是找到妙招，不是识别棋子！那么，专家级棋手如何才能在棋谱呈现的各种可能性中找到正确的路径？一种流行的解释是，他们能提前计算和预见很多走法。没有这一杰出的能力，他们就很难有超常的表现。如果他们不能在自己的头脑里对棋局进行心理模拟，他们怎么能知道10步后的棋局对他们是否有利？这种心理模拟一般被称为**心眼**（mind's eye）。荷兰心理学家德格鲁特（Adrian de Groot）研究了这个特别的问题（de Groot，1978/1946）。他设计了一个任务，充分体现了棋艺特长的核心特征——寻找最好的解决办法。德格鲁特并没有让棋手自由发挥，下很多步棋，像他们通常下棋时一样在一盘棋上化上几个小时，而是设计了一个实验室任务，非常简单，15 分钟就能完成，却能真实地模拟实际下棋过程中棋手的行为。他给棋手呈现了从不知名的联赛中选取的棋局，如图 1.2 所示，要求棋手寻找最好的下法。他还要求他们在寻找最优解时通过**自言自语技术**（think aloud technique）说出他们的想法。毫不奇怪，世界顶级的棋手（象棋大师）相对于水平不如他们的同事想出了更好的解决办法。我把后者称为普通专家，虽然他们的确是熟练的棋手，但并未达到最高水平。真正奇怪的是搜索结构在两组之间并无差异：象棋大师几乎并不比普通专家能预测更多的走法，正如通过测量他们提前想到的**落子**（half－move）或**下法**（plies）数量所展示的那样。象棋大师与普通专家双方都会先把棋子的位置归类于某种类型，然后在此基础上提取一般的计划和可能的解决办法。最初阶段之后的搜索并无差别，但解决的质量却表明最初阶段的确存在差别。象棋大师对棋子位置本质的理解相对于水平不如他们的同事好得太多。他们能把其分析性的搜索活动立刻聚焦于有望的解决办法之上，而水平不如他们的棋手则把时间都用在探索无用的路径上。这种结果不禁让我们想起前述在放射医学和国际象棋里发现的策略。专家并不会像新手一样浪费时间去考察无关的方面，而是能立刻聚焦于有价值的信息。

专家具有知觉优势的主要原因之一是他们对环境的加工异于常人。比如，专家不会认知单个的目标（如兵或卒），而是将单个的目标结合成有意义的单元，又称为**块**（chunks）。就国际象棋而言，进入拐角的王（见图 1.2）与邻近的车和兵一起构成一个块。

这些块就储存在专家的长时记忆里。它们展现的是专家记忆的内容，又称为**知识结构**（knowledge structures），随着专家获得更多的经验而变得更加精细。顶级专家有着如此复杂多变的知识结构，以致他们能在数秒之内掌握复杂情境的本质。第 3 章将详述专家在最初阶段所具有的知觉优势的性质（见图 3.12 和图 3.13）。

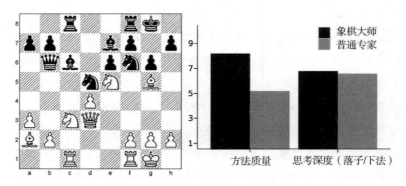

图 1.2　国际象棋特长

给棋手呈现一盘未知的棋局（左图），要求他们在寻找最好下法的同时说出心中所想。最好的棋手（象棋大师）能找到最好的解决办法，但他们并没有比水平不如他们的同事进行更深入的搜索（右图）。

对特长研究简短的历史学解释证明，领域特异的知识为专家的杰出表现提供了核心基础。长时记忆里获得的知识结构不仅能让专家将其注意聪明地指引到问题的重要方面之上，从而在新情境里迅速地认清形势，确定自己的位置，而且能自动地提供应对新情境的好办法。这也意味着，专家在与其特长领域有关的几乎任何情境里都将一直采取预想的应对之道。在记忆、注意和问题解决之间的这种不可分割的关联是否会让专家变得僵化和顽固，看不到新的可选方案？专栏 1.1 里介绍的研究揭示了这类现象背后的认知机制。

专栏 1.1　特长的诅咒：为何好想法会妨碍更好的想法

　　我们已经看到专家很容易就能想出好主意，几乎在看到问题时立刻就能找到解决办法。如果专家最先想到的点子并不是最好的，又该怎么办？专家能摆脱最初的想法，重新用"新的眼光"来仔细考察问题情境吗？我与牛津大学的麦克劳德（Peter McLeod）及利物浦大学的戈贝（Fernand Gobet）一起考察了专家的灵活性（或顽固性），方法是给国际象棋选手呈现专栏 1.1 里的图 1 所描述的情境，其中包含两种解决方法：一种方法熟悉（能立刻想起）但次优，另一种方法不太熟悉但最优。棋手其实也相当了解不熟悉的方法，如果单独呈现，没有出现第一种解决方法，就很容易找到不熟悉的最优方法。然而，问题是如果它与更明显的解决办法（一开始就很吸引注意力）一起呈现，棋手是否还能发现。的确，有些棋艺非常高超的棋手的确能努力摆脱最初的想法，发现更好的方法。很多水平次之的棋手，虽然也是专家级的选手，却不太成功。为了找出为何一些专家级的选手发现不了不熟悉的最优解决方法，我们记录了他们的眼动过程。所有棋手一开始都找到了熟悉的方法，然后坚持要求他们寻找更好的方法，但他们并没有找到。不过，他们的眼动揭示的却是另一种情况。专家仍然考察他们想到的第一个方法的各种细节，并没有太注意（通过眼动测量）与不熟悉的最优方法有关的各个要素。专家似乎在努力寻找更好的方法，但他们的注意已经受到先前想到的方法的影响，这无意识地使他们随后的知觉产生偏差。他们当然在寻找更好的方法，但找到的"新"方法不可避免地都只是已发现的老方法的花样翻新。

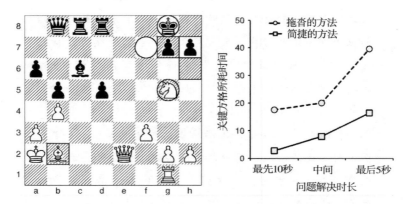

专栏附图1　定势（set）机制——为何好想法会妨碍更好的想法
棋局呈现的问题（左图）可以用更简捷的最优方法解决（1. Qe6 + Kh8 2. Qh6！Rd7 3. Qxh7 将杀，或 2. …Kg8 3. Qxg7 将杀）或者熟悉却更拖沓的方法（即所谓的闷杀：1. Qe6 + Kh8 2. Nf7 + Kg8 3. Nh6 + + Kh8 4. Qg8 + Rxg8 5. Nf7 将杀）。已经在棋盘上标注了对于最优方法很重要的棋位（正方形）及熟悉的拖沓方法（圆形）。棋手发现了熟悉的方法，却说他们正在寻找更好的方法。然而，他们把大部分时间都花在对于熟悉方法重要的棋位上（右图）。

　　类似的现象在放射医学也曾发现过。正如我们所论证的，经验丰富的放射科医生的特长确实令人瞩目，因为他们只要一瞥就能发现大部分异常情况，如果要求他们搜索放射线影像，他们的搜索是非常高效的。例如，给经验丰富的放射科医生呈现专栏附图2的X射线影像，他们可以很快辨认出病灶——图中圆圈之处的肺炎病变。然而，一旦他们发现了肺炎的异常特征，即使经验最丰富的放射科医生也很难辨认出X射线影像里另

一处异常——可能表示癌症的小肿瘤（图中箭头所指之
处）。小肿瘤在视觉上不如肺炎突出，但这不是不能发
现它的理由。如果小肿瘤单独出现，旁边没有肺炎，放
射科医生通常能发现它。这种现象称为**搜索满足**（satis-
faction of search，SoS），但实际情况并非如此，实际上
放射科医生在发现第一个病灶之后不会立刻停止对病灶
的搜索。眼动记录表明，他们仍然会继续寻找其他的病
灶，正如专家级的棋手会继续寻找更好的解决方法一
样。因为前面发现的病灶可能仍旧吸引着他们的注意，
他们似乎并不能发现另外的病灶，这与最先的想法会误
导专家级的棋手对问题的知觉并没有什么不同。虽然目
前还没找到放射医学特长的这种特殊失误的根源，但无
可驳斥的是，最先发现的异常情况（肺炎）的存在使得
第二种异常情况（小肿瘤）的觉察变得困难（综述请看
Berbaum，Franklin，Caldwell & Schartz，2010）。

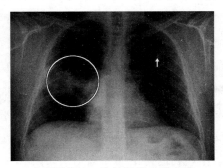

专栏附图 2　放射医学中的定式

**影像里有两处异常情况：（1）肺炎（圆圈之处）；（2）小肿瘤
（箭头所指）。肺炎比较显眼，立刻就能发现，但小肿瘤往往因
此被忽视。如果小肿瘤单独出现，边上没有肺炎，放射科医生通
常能发现它。**

在国际象棋和放射医学中发现的所谓定势现象充分阐明了特长背后的机制，既包括从记忆里自动提取的好想法，又涉及这些想法如何把注意指引到问题最重要的部分之上。这往往会带来高效的专家式的表现。然而，我们在这里看到了本应非常有效的机制的反面——其他想法（甚或更好的想法）可能因为之前出现的想法而难以发现。下次你看到朋友竟然完全看不到某个非常明显的好主意，你即将失去耐心时，请记住你的朋友可能真的非常努力，但最先的想法可能会阻碍他们充分地理解正在考虑的情境。

1.3.2　动作特长

目前我们已经探讨了娴熟的放射科医生和棋手如何善用其有限的认知系统来解决各自领域里的问题。那么本章开篇提到的网球选手又是怎么一回事呢？你可能会说，在胸部 X 光片子里寻找肿块或者在棋赛里寻找最好的下法是一回事，而把一个快速接近你的网球回过去则完全是另一回事。毕竟，在小威廉姆斯的发球掉落在你面前之前你只有半秒钟的准备时间。在此期间你必须弄清球即将往哪边走，准确的落点又在哪里。同时，你还要启动和完成你的接发球。面对如此凌厉的攻势，很少有人能接住球，更别说很好地反击。不过我们看到最好的网球运动员每天都能精确地完成这个动作。我们讨论的知觉和认知领域（如放射医学和国际象棋）的原理是否也适用动作领域呢？

研究者发明了**遮挡范式**（occlusion paradigm）来处理这个问题（Abernethy & Russell，1987；Jones & Miles，1978）。网球专家（高手）和新手都观看一段完整发球动作的视频，直到球拍触及网球。然后在他们看不到网球接下来的运动轨迹的情况下，要求他们预测网球的走向和落点。专家在预测网球的落点方面要好很多。关键的操作是视频的某些部分被遮蔽了。结果发现，如果刚好在击球之前看不到球拍，专家和新手的预测都受到最不利的影响。因而可以推断，球拍的位置和移动是运动员用来预测网球轨迹和落点的线索。然而，专家还利用了其他一些知觉线索。如果身体（甚或握着球拍的手臂）看不到，专家的表现也会变差。新手似乎并不会从身体动作提取线索，他们的表现不会受到这种操作的影响（Abernethy & Russell，1987）。换言之，早在网球触及球拍之前，专家就已开始做好动作序列的准备。要说专家能预见未来，这没有言过其实。例如，葡萄牙足球运动员罗纳尔多是世界上最优秀的球员之一，在球传给他之后即使关掉球场的电灯，他仍然能射中球门。后来用红外线摄像机发现，即使他在一团漆黑的球场活动，看不到球在哪里，也能完美地做出截踢凌空球和头球动作。在球最初传给他的片刻之际，已足以让他确定球将飞向哪里，该怎样行动才能射中球门（McDowall，2011）。

　　毫无疑问，动作在体育运动中起着很大的作用。我们也完全有理由断定，专家能更好地掌控自己的身体，正如本章稍后我们将看到的另一位足球巨星的例子。然而，动作成分并不是体育游戏唯一的组成部分。专家式的体育明星与新手最大的差别可能在于对动作执行之前环境的知觉。不论你接发球的技术如何精湛，或者你的反应速度多敏捷，如果你无法可靠地预测发球将落在哪里，那你非常有可能落败。在团队运动（如篮球、足球）中尤其如此，团队运动有很多人参与，他们的动作营造了复杂而又相互关联的情境。很好地"解读"比赛对于这些领域专家是必不可少的。例如，网球运动员就要利用对手身体动作所提供的预先知觉线索，来预测发球将落在哪里。过去的经验和练习能让他们迅速识别对手动作所蕴含的最重要的知觉线索。如此看来，网球运动员与国际象棋棋手没有太大的差别。他们都仔细调整了自己的知觉和注意系统，以便在极其复杂的环境中注意到最有价值的信息。而新手则相反，他们并没有必不可少的经验和知识储备，无法把注意指向最有信息价值的情境线索。他们迷失在信息的汪洋之中，面对的将是一个不确定的未来！

认知和动作这两个领域的特长涉及注意与知觉之间非常有效的相互作用，其结果是专家杰出的表现。然而，只有获得某特定领域的知识并储存在长时记忆里，这些认知过程之间的相互作用才能得以启动。记忆内容能把注意指引到适当之处，并因此使专家的知觉产生倾向性。在认知领域，记忆具有认知的性质，而在动作领域，记忆是由运动信息构成的，尽管它们是记忆，却能促进专家的杰出表现。在第 3 章和第 4 章我们将探讨认知和动作领域典型记忆的异同。接下来我们将看到，大脑实现特长的途径非常依赖于这些记忆。

1.4　大脑如何适应于特长

既然我们已经了解了知觉、认知和动作特长的认知机制，现在我们要思考这些特长是如何在大脑里得以实现的。为此我们先要大概了解学界通常用来探察大脑加工过程的技术。然后，我们将思考大脑那种用来适应环境需求的非凡能力。

1.4.1　神经成像技术

由于近数十年来的科技进步，从未有过这么多探察大脑运行的方法。应用最广泛的技术可能是**功能性核磁共振成像**（functional magnetic resonance imaging，fMRI）。激活的脑区为了正常运转，相对不参与的脑区来说，就需要更多的血液，所以大脑要给这些脑区输送更多的血液。功能性核磁共振成像利用了大脑的这种特性，通过记录某个时间节点特定脑区出现的血流量来间接测量脑激活。如图 1.3 所示，功能性核磁共振成像使得对大脑激活做出相当精确的定位（毫米级）成为可能，但它的测量往往落后于激活精确的时间点，因为血液需要几秒钟才能到达参与的脑区。时间上更精确的测量技术是**脑磁图描记术**（magnetoencephalography，MEG），它测量的是脑里电流所产生的磁场。脑磁图记录的是毫秒级的脑激活，并且提供了相对精确的定位。它以前的版本是**脑电图描记术**（electroencephalography，EEG），这种方法也能提供与脑磁图一样精确的时间分辨率，但却缺乏脑磁图定位上的精确性，因为脑电图利用的是头皮上的电流。如今**正电子发射断层扫描**（position emission tomography，PET）几乎不用于研究目的，因为它涉及侵入式的测量，要把示踪剂注入体内，然后通过血流扩散到激活的脑区。示踪剂的发散很好测量，定位非常精准，但它的时间特性比功能性核磁共振成像差。

这些都是测量大脑活动的**功能性神经成像技术**（functional neuroimaging techniques），因此能让我们洞察大脑的运行。**结构性神经成像技术**（structural neuroimaging techniques）有助于测量大脑解剖学上的性能。**基于体素的形态测量学**（voxel - based morphometry，VBM）通过把脑体积转换为体素（微小的三维结构）来测量大脑结构的性能。借助这一技术我们能比较不同组之间大脑任何单独部分体素的数量。如此一来，基于体素的形态测量学测量的是大脑的**灰质**（gray matter），即由神经元组成的更暗的脑组织。除了形态学的特征之外，我们还能测量脑内的连接，因为神经元是通过**白质**（white matter）彼此相连的。**弥散张量成像**（diffusion tensor imaging，DTI）记录的就是大脑的这一性能，能让我们测量脑区之间的联系。

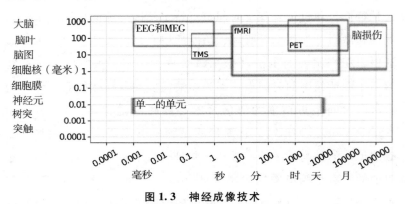

图 1.3　神经成像技术

不同神经成像技术的时间和空间特性。

1.4.2　机体适应性

　　特长习得的主要基础之一当然是人体非凡的适应性。你可能已经注意到，只要几个星期定期坚持去健身房就可能看到肌肉显著的变化。现在设想你每天也坚持做类似的活动，持续数年甚至几十年。我们都知道特殊的活动，比如专项练习（本章稍后介绍），具有巨大的冲击力，不仅影响我们的表现，还会塑造我们的身体。例如，耐力跑者只要处在训练和比赛之中，他们的心脏就比普通人更大，一旦他们停止跑步活动，心脏就会恢复正常大小，正如你一旦不再经常去健身房锻炼，你的肌肉也可能消失。职业运动员的生理特征与普通人不一样，但这种差别的存在是因为他们的身体已经适应了训练要完成的专项练习的需求。恰当而适时的练习也能改变解剖学上的性能。芭蕾舞者拥有异乎寻常的旋转身体的能力，是因为在很小的时候一直进行拉伸练习，在童年晚期骨头和关节钙化之前就已开始。在棒球投手和板球投球手身上也能看到类似的结果，通过不断进行专门的训练活动，他们控球手臂不自然的落点和移动都成为可能。下一部分我们将看到，人们的基本能力可能存在差异，但随着人们开始获得某特定领域的知识，基本能力将越来越不重要。此时，起初的生理和解剖学上的差异也似乎被某特定领域的练习逐渐消除，以致很难相信它们在特长里起到任何决定性作用。

协调一切的器官——大脑——又起着什么作用呢？贯穿本书的一个主题是：先天的生物因素与外界环境因素之间的相互作用。这两大因素的交织是如此复杂，以致很难说清它们各自对发展的单独影响。在发展的开始阶段或许能识别和分离它们，但最终结果是这两个因素的混合物。当我们从出生到成熟的角度来思考大脑的发展，这一点最为明显。人类大脑的发展具有遗传基础，但有一点也日益变得清晰，那就是大脑的发展依赖于很多外部因素，从营养到环境刺激等。本书我们将关注这些外部刺激，但这并不表示先天因素不重要。不过，外部刺激处在特长的核心位置，因而成为特长研究的主要课题之一。以你十多岁时大脑的变化为例，这个时期的主要特征是大脑发生很大的变化，但最大的变化最可能发生在你大学第一学年。你第一次离开原生家庭，要体验令人惊异的诸多陌生刺激，与之伴随的是你成为一名大学新生。一切都是新的，你的大脑开始进入过载的状态，开始结构性地改变其性能（Bennett & Baird，2006）。

环境在大脑的发展中起着很大的作用。这一点在特长上尤为明显。例如，请思考一个简单的练习，以可预测的模式挥动一只手的手指，恰如钢琴家弹琴那样。在第 4 章我们将看到，仅仅经过一周的练习，负责动作随意控制的运动带的功能特性已经发生改变（Pascual - Leone et al. ，1995）。负责手指控制的脑区经过练习已有相当大的扩展（见第 4 章专栏 4.1 的图）。当人们用身体其他部位（如腿）练习时，也发现了同样的皮层增大现象。如果短暂的练习就能增大参与练习的身体部位的功能表征，那么经过多年练习的专家也应该表现出明显不同的功能特性，即使没有出现结构特性的差异。的确，音乐家的大脑对手指的功能表征要大于普通人大脑对手指的表征，这种差异就小指来说最大，正如第 4 章的图 4.5 所示（Pantev，Engelien，Candia & Elbert，2001）。小指在日常生活中对人们的用处很小，但在音乐表演中却具有至关重要的作用。研究者还发现右利手的音乐家与普通人之间的结构差异表现在右脑运动皮层上，该脑区负责身体左侧的随意运动（Amunts et al. ，1997）。与音乐家不同，大多数右利手的人并不会很频繁地使用左手。因此，他们左手的结构表征与音乐家相比是不发达的，音乐家在音乐表演中需要运用左手。在探讨动作特长的第 4 章，我们将思考大脑对环境动作需求适应性的更多例子。

大脑适应任何环境的奇异能力一般称为**大脑可塑性**（brain plasticity），这种能力还表现在盲人身上。视觉皮层包括枕叶和部分颞叶，似乎对盲人没有任何用处。然而，大脑会经历惊人的转型，使得盲人在加工来自其他感觉通道的信息时也能调用大脑名义上的视觉脑区。例如，当盲人只通过触觉识别某个物体时，他们通常也会在枕叶表现出激活（见第 2 章图 2.11）。视觉正常的人仅仅通过触觉来识别物体时，枕叶并不会表现出任何脑激活（Sadato，2005）。下一章专门探讨知觉特长，将更详尽地考察这一现象，在最后的第 5 章我们将思考这一额外可获得的皮层物质能否让盲人更好地感知非视觉的信息。

1.4.3　结构重组和功能重组

在我们继续探索特长的神经实现过程之前，思考大脑如何发展出某些我们认为理所当然的日常技能是有价值的。举个例子，面孔和场景的知觉是一项极其重要的技能，而大多数人都很擅长这一技能。甚至还在孩子时我们就非常擅长识别面孔和场所，很可能是因为我们几乎从一出生就一直接触它们（暴露在其中）。随着我们长大，大脑变得越来越成熟，我们也有更多的时间来练习面孔和场景的感知。因此，年轻人相比儿童能更好地识别面孔和场景。面孔感知与场所感知是不同的大脑实现过程。两类感知的神经实现位置大致都在**颞叶底部**（又称为下颞叶皮层），面孔调用的是部分的**梭状回**（fusiform gyri，FG），而场所调用的是邻近的**海马回**（parahippocampal gyrus，PHG）。实际上更有意思的是这些脑区的发展模式（Grill - Spector，Golarai & Gabrieli，2008；Scherf，Behrmann，Humphreys & Luna，2007）。随着个体长大成人，想必暴露在更多的刺激之下，利用 fMRI 测量到的场景激活越来越集中在海马回的周围。场景加工最初必不可少的广泛的脑激活已经为聚焦于单一脑区的集中激活所替代。相形之下，梭状回里与面孔有关的脑区随着成熟和练习而扩大，所以成年人的该脑区比儿童的更大。这些现象都是功能重组的示例，功能重组是大脑重建其加工刺激方式的过程。正如我们在整本书里都将看到，功能重组体现出的是特长的典型特征，此时大脑要适应特长的不同认知机制。

这里所举的面孔感知例子展现的是功能扩展的特例，因为练习（不可避免地伴随着成熟）导致特定脑区里脑激活的扩张。年幼的孩子和大点的孩子都利用了相同的脑区来进行面孔感知，但大点的孩子激活的程度显然更大。这里起作用的一个主要神经过程就是某个脑区内部新的神经联系的建立。相形之下，在场景感知中起作用的似乎是一个相反的过程。负责场景的脑区随着练习和熟练而变得更小。这里我们谈论的是功能缩减，其中主要的神经过程是修剪不必要的神经联系。一开始大脑要调用许多资源来实现场景识别的艰巨任务。随着练习的推进以及我们对这一活动变得越来越熟练，大脑所需的神经资源也将越来越少。神经元之间多余的连接将被丢弃，只有对于有效加工必不可少的神经连接才会继续保留。目前并不清楚为何面孔感知的发展具有与场景感知不同的神经学特征，但功能缩减作为大脑减少不必要的活动和节约神经资源的方法，一般而言是熟练活动一个典型的特征。

如前所述，在上面的例子中很难分清成熟和练习对功能缩减的影响。然而，在其他的活动中我们能排除成熟因素的作用，如在成年人的技能获得过程中成熟并不重要。让我们思考一个简单的视觉辨别任务，如果呈现的单词（如 donkey，意为毛驴）是某个规定的类别（如 animal，意为动物），参与者就必须做出反应，如果不属于该类别（如 car，意为轿车）则可以忽略。这是一个相当复杂的任务，一开始需要很多脑资源，如图 1.4 所示（Schneider & Chein，2003）。额叶（对于操作记忆中的信息很重要的脑区）和顶叶（对于多种感觉的整合及空间认知非常重要的脑区）全都激活了。这说明一开始该任务很困难，因为需要很多注意资源。随着我们不断练习，在完成该任务时变得更加熟练，总的来说我们不再需要在该任务上投入如此多的注意力。我们不必思考接下来该做什么，我们只管去做，几乎自动地完成。

这一减少注意需求的结果显然是练习之后激活的缩减模式。大脑已经适应了环境的约束条件，因而不再需要起始阶段所必需的诸多神经资源。

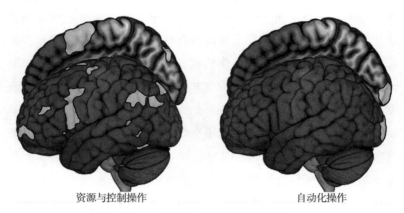

资源与控制操作　　　　　　　　　　　　自动化操作

图 1.4　与练习有关的大脑变化

在简单的视觉辨别任务的起始阶段，前额叶、前运动区和顶叶的参与反映了大脑在完成这一任务时所需的诸多资源（左图）。随着参与者变得更熟练，出现自动化——他们不需要付出太多的能力就能完成该任务，激活消失了（右图）。（**Adapted with permission from Schneider & Chein，2003**）。

1.4.4　知觉特长与认知特长的神经实现

关于特长的最普遍的假设之一是，我们会看到专家的脑激活小于新手的脑激活（Guida，Gobet，Tardieu & Nicolas，2012；Kelley & Garavan，2005）。毕竟，专家的表现不仅非常有效率，而且似乎毫不费力，不像新手的表现那样笨拙。因而显然可以看出，大脑通过功能缩减反映了这种差别；也就是说，表现在专家脑活动的减少上。上一节我们看到，发展和练习都可能把大脑资源集中在特定的某个脑区上，而不是将大脑资源扩散到数个脑区。不过，大多数情况下我们考虑的是简单的技能获得任务。我们现在知道这两种任务之间的差异，还知道在专家的表现里发生了很多事情。我们知道专家的杰出表现依赖于以前存储的知识以及通过集中注意（focused attention，又译为聚焦注意）而实现的快速定向。专家的大脑要适应所有这些过程，从感知到通过提取长时记忆里存储的知识来匹配模式，再到集中注意力。新手的表现相比之下显得微不足道。没有知识的提取，或者至少没有达到专家一样的深度，因为新手一开始并没有丰富的知识储备。模式识别和随后的注意指引一般也不会出现在新手身上。专家的表现看来轻松，毫不费力，这是因为专家采用了具有本质差异的策略，而不是因为专家只是采用了相较新手所用策略更快速的版本（Bilalić，Kiesel，Pohl，Erb & Grodd，2011；Bilalić et al.，2010；Bilalić，Turella，Campitelli，Erb & Grodd，2012）。

如果我们思考放射医学和国际象棋领域的专家和新手在上述任务中的脑激活（以 fMRI 测量），就能明白大脑如何适应特长背后的认知机制。当熟练的放射科医生和不熟练的医学生短时间接触胸部 X 光影像（正如图 1.1 或者专栏 1.1 图 2 里的影像），图 1.5 显示了他们脑激活的脑图。图中所绘激活是 X 光影像感知与视觉控制点（即所谓的基线）感知的差额，本例的视觉控制点是空白灰屏中间的黑色注视点。我们能发现，放射科医生和医学生双方在看 X 光影像时都比看视觉控制点时调用了更多的脑区。放射科医生和医学生双方都调用的脑区位于大脑的外侧。而当我们察看大脑底部时，会看到下颞叶皮层的激活。此处放射科医生相比医学生来说，在两侧的梭状回表现出大得多的激活。实际上，医学生在看 X 光影像时左侧梭状回的激活与他们看向视觉控制点时的激活几乎没有差别。

　　我们这里目睹的是特长神经成像研究里一个普遍发生的事件，即功能扩展现象。专家在同样的脑区通常有更大的激活，甚至可能调用不同的脑区。在上述放射医学研究中，医学生的右侧梭状回表现出一定的激活，但左侧梭状回则几乎没有激活。在接下来的章节我们将讨论功能扩展的其他例子。

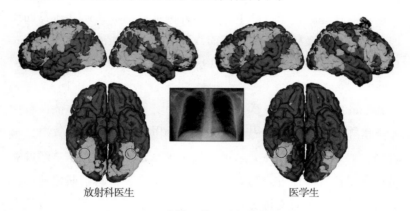

放射科医生　　　　　　　　　　　医学生

图 1.5　（放射医学）特长的神经实现

在给经验丰富的放射科医生与缺乏经验的医学生仅仅呈现 200 毫秒的 X 光影像时，双方都调用了相似的外侧脑区（上图）。双方的差别只在下颞叶皮层（下图），放射科医生调用了左右双侧的梭状回（在图中用圆圈表示），而医学生只调用了右侧梭状回。即使在这个位置，学生的激活也远弱于放射科医生。而学生左侧梭状回的激活与看控制图片时的视觉刺激相比几乎没有更大的激活。fMRI 激活的强度用颜色来表示——颜色越亮，则此处的激活越大。

　　专家比新手似乎普遍有着更大的脑激活。这与盛行的专家功能缩减的观点形成鲜明的对比。如果我们考虑专家表现背后的认知机制，那么专家表现出的脑激活的扩展或许并不意外。大脑要适应所有有关知识的加工，这也是专家卓越表现的主要特征。知觉与认知领域的功能扩展发生在颞叶并不是偶然的（Guida，Gobet & Nicolas，2013；Guida et al.，2012）。颞叶是所谓的**腹侧通路**（ventral stream）的目的地，腹侧通路传递的是关于环境的视觉信息（Mishkin，Ungerleider & Macko，1983），包括单个客体的形状和颜色信息，也涉及由若干相互关联成分构成的更复杂的情境。比如，位于颞叶下底部和外侧脑回的梭状回和海马回就因其在日常刺激感知中的作用而众所周知，例如面孔感知（Kanwisher，McDermott & Chun，1988）、身体感知（Schwarzlose，2005）、场所感知（Epstein & Kanwisher，1998）和词语感知（McCandliss，Cohen & Dehaene，2003），这两个脑区还能区分国际象棋和放射医学里的专家和新手（详见第 2 章和第 3 章）。换言之，如果一个人要在大脑里寻找关于日常刺激的知识，颞叶就是首先要搜索的地方。随着简单任务的练习，大脑不断修剪不必要的神经联系因而变得更有效率，这是说得通的，我们在技能获得研究中发现的就是这一现象。而在专家策略迥异于新手（缘于可获得的领域—特异的知识差距）的特长里，大脑会额外调用颞叶里的脑区来扩展其激活，从而做出适应性反应，这也是说得通的。

这里重要的信息是，特长的大脑实现过程紧密地跟随在认知策略之后，而认知策略则是专家起初就有杰出表现的原因。为了进一步阐明这一重要的观点，请思考心算的例子。大多数人都能轻松地计算简单的算术任务，比如 5 ×6。你能提取数字结果而不必真的进行计算。那么算算 55 ×66 怎么样？现在你需要调用所有的心理能力，因为你不仅要提取心中熟知的算法，而且在你计算最后结果所必需的中间步骤的同时要保留它们备用。不过，有些人在记忆里储存了额外的算术知识，比如 55 ×

55 的乘积。这些知识能给他们提供计算的捷径，因为他们能从其记忆里提取有用的数字，简化计算过程。他们不必从头开始算出 55×66 的积，他们已经知道了 55×55 的结果，只需要加上 55×11 的乘积——也是个吃力的算术任务，但仍然比起初的 55×66 更容易计算。计算的人仍然需要记住中间的总数，但专家级的心算师受过很好的训练，能利用其长时记忆记录计算过程中的中间结果，并在需要时轻松地提取。正如我们将在专门介绍认知特长的第 3 章看到的，心算专家需要"更加典型的"长时记忆脑区，以便迅速而精确地完成他们的计算，这是大脑最适合的实现过程。

这与其他心算专家（算盘专家）形成了鲜明的对比。算盘是外部设备，用算珠和细杆来代表数字及其置换。你在接受教育之初可能接触过算盘，但你很可能并不能熟练地使用算盘，除非你在亚洲接受教育，那里算盘非常流行。可以毫不夸张地说，算盘专家能在几秒之内轻松地计算 55×66（详见第 3 章的认知特长）。随着练习算盘的人变得更为精通，他们甚至不再需要算盘出现在面前。他们只要想象算盘，并在心里操作算珠！最终结果就是基于想象中的外部设备的心算。不过，算盘大师激活了负责视觉和空间加工的顶叶，视空间加工对于假想算盘的心理操作是必不可少的。利用算盘的心算专家与依赖记忆的心算专家调用了完全不同的脑区。他们心算策略的不同反映了不同的神经学特征，一个基于记忆的运用，另一个则基于视空间的意象。

1.4.5　动作特长的神经实现

动作特长不像知觉特长及认知特长，并不很适合利用神经成像技术来进行研究。即使利用现代科技，也不可能把网球运动员放入核磁共振成像扫描设备里，并要求他们接发球！不过，研究人员已经找到这个问题的解决方法：给参与者展示典型动作（如网球发球）的短片，并要求参与者预测接下来会发生什么（也就是球将落在哪里）。这类针对动作专家预测技能的研究建立在神经科学一个最令人兴奋的发现基础之上，即**镜像神经元**（mirror neurons）的发现（Rizzolatti & Craighero，2004）。镜像神经元在人们做动作时会兴奋放电，因此对于动作的随意控制（任何动作特长的实质）极其重要。镜像神经元的惊人特性还表现在只要人们看到动作，它们就会变得激活！这为我们理解别人的意图提供了神经基础，在日常的社交互动中具有十分重要的作用。在运动的背景里，镜像神经元同样具有至高无上的重要性，因为镜像神经元使动作专家通过模仿对手的动作和行为而得以洞察他们的意图。

在我们详细介绍动作特长的神经实现过程之前，很有必要思考一下动作知识（也就是运动学的信息）在大脑里如何存储，储存在什么地方。你肯定听说过**肌肉记忆**（muscle memory）这个名词，肌肉记忆一般用来形容某个人无须思考就能顺利做出一系列复杂动作的能力。换言之，好像肌肉拥有了记忆，自动地独自动起来。你所需的一系列复杂动作被称为**运动程序**（motor program），比如打网球时发球所要进行的整个序列动作。运动程序可以视为一种特别类型的"块"，由很多分离的成分结合在一起构成。不过，运动程序代表的是结合在一起的运动学的信息，这一系列单个的动作使网球的发球动作得以完成。我们几乎觉得是四肢的肌肉完成了网球发球动作，但实际上一切都源于我们的大脑。"运动程序"这个词是一种认知建构，但镜像神经元为它提供了神经基础。当镜像神经元在人脑内一起出现并因其肌肉运动和感知特性而被视为一个群体时就可称为**动作观察网络**（action observation network，AON）。在前额叶（额下回）、前运动区和顶叶（下顶叶和上顶叶及分隔的顶内沟）都曾发现了镜像神经元或者动作观察网络的存在，在颞叶（后颞中回）和小脑也有所发现。如图 1.6 所示的动作观察网络区域把执行动作所需的运动程序信息传送到初级运动区，初级运动区再通过脊椎调用四肢的肌肉。

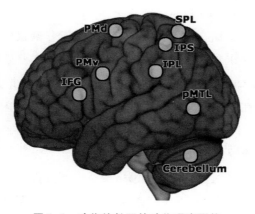

图 1.6　动作特长里的动作观察网络

与镜像神经元对应的人的动作观察网络包括前额叶（**IFG** 即额下回，**inferior frontal gyrus**）、前运动区（**PMv** 即腹侧前运动皮层，**premotor ventral**；**PMd** 即背侧前运动皮层，**premotor dorsal**）和顶叶（**SPL** 即上顶叶，**superior parietal lobe**；**IPS** 即顶内沟，**intraparietal sulcus**；**IPL** 即下顶叶，**inferior parietal lobe**），以及颞叶（**pMTL** 即后颞中叶，**posterior middle temporal lobe**）和小脑。

动作观察网络不仅能让动作专家发起运动反应，而且通过观察其他动作专家的行动能让本人弄清接下来将发生什么。再以网球发球为例，很多研究都证明，当网球选手要预测发球将落在球场哪里时，动作观察网络的组成部分如额叶、前运动区和顶叶都会变得激活（Balser et al.，2014a；Wright，Bishop，Jackson & Abernethy，2010）。激活模式具有特长研究的典型特征，因为专家激活动作观察网络的程度比新手大得多。与新手不同，专家拥有丰富的运动知识，并且在他们预期其他人的动作时这些知识会激活。结果就是负责实现的动作观察网络内部的激活。其他一些研究直接指出动作观察网络的某些部分（如顶叶）是成功预测运动预期准确性的脑区（Balser et al.，2014a；Balser et al.，2014b）。有必要提一下，有些研究还认为动作观察网络之外的其他脑区对于动作专家的预期技能也很重要。这样一处脑区就是**后颞中叶**（posterior middle temporal lobe，pMTL），据说是加工动作的脑区。在动作预期的研究里普遍发现的脑区还有**小脑**（cerebellum）——位于大脑底部较大的解剖结构，据说在运动的时间安排上起着重要的作用。

我们已经看到，动作观察网络的所有部分都卷入了动作专家杰出的预期表现之中。它们是如何结合在一起从而使动作专家得以预测未来的，正如在网球发球的案例里一样？虽然对这个问题的研究还在推进中，但目前的假设是来自枕叶的视觉信息为顶叶的动作观察网络脑区提供了输入。顶叶的动作观察网络脑区随后在前额叶和前运动区的帮助下以视空间信息为根据来模仿最可能的动作路线。甚至名义上不属于动作观察网络的脑区（如后颞中叶和小脑）在这一相互作用的过程中也可能起着一定的作用。已激活的后颞中叶可能把加工好的身体运动信息传送到顶叶皮层。另外，小脑对于身体动作精确的时间排序非常重要，因为它与大脑运动区和前运动区都存在联系，所以可能成为前运动区模仿其所观察动作的另一个信息源。

优秀的运动员（专家级）通过在头脑里模仿其他人的动作就能预见接下来将发生什么。模仿是预期和预测必不可少的部分。动作观察网络使模仿可能在大脑里进行，因而是运动预期的神经基础，可以视为促进动作专家杰出表现的主要引擎。在专门探讨动作特长的第 4 章我们将更详细地探讨不同的遮蔽条件对动作观察网络的影响。

1.5　认知神经科学中作为研究工具的特长研究

特长研究一般利用实验室环境来揭示特长背后的认知和神经机制。特长研究人员会非常小心地在实验室里引发与我们在日常的专家领域中发现的特长完全一样的杰出表现，其方法是设计出可以代表这些领域的实验室任务。专家应该面对熟悉（尽管经过简化）的任务版本，而这些任务在没有简化之前都是他们在其特长领域经常遇见的。这种研究方法就称为**专家表现研究法**（expert performance approach）（Ericsson & Smith，1991）。本章前述德格鲁特（de Groot）对问题解决的研究就代表了这一研究方法在国际象棋比赛中运用。

找到有代表性的任务是特长研究最重要的工作。然而，特长任务不仅对研究有用。从定义来看，特长侧重于那些熟能生巧的练习者，以及一直保持杰出表现的练习者。专家通常能完虐新手，因为新手缺乏专门的知识，不具备专家的技能。我把这种对比的方法称为**特长研究法**（expertise approach）（Bilalić et al.，2010，2012），它具有很久的传承（Chase & Simon，1973a；de Groot，1978；Preacher，Rucker，MacCallum & Nicewander，

2005；Simon & Chase，1973）。一般的认知（神经）科学研究方法中所有参与者的技能水平都是一样的，而特长研究法超越前者的主要优势在于新手控制组的存在。通过比较拥有高深的领域—特异的知识的人与缺乏这类知识的人，我们能获得认知加工的性质及其发展的更清晰的图画（Vaci，Gula & Bilalić，2014）。新手代表的控制组能让我们检查从专家身上获得的结果是否的确是由领域—特异的知识所致，而不是由其他因素引起（Campitelli & Speelman，2013）。这转而考虑到一种可能性，特长表现微不足道的方面甚至都可能给认知（神经）科学带来更广泛的反响。

举个例子，近期对巴西足球巨星内马尔的研究（Naito & Hirose，2014）占据了全世界媒体的头条。如图 1.7 所示，当要求参与者转动自己的右脚时，在负责脚部动作的运动脑区，内马尔比其队友（大概是不太熟练的足球职业运动员）显示的激活要小很多。职业的游泳运动员并不需要做这个转脚动作来实现职业成就，在这个任务里脑部运动区甚至出现更大的激活。这种结果模式正是我们在简单的技能获得任务中所期望得到的。脚部动作显然是内马尔杰出表现的一部分，但要成为一名卓越的足球运动员远不止四处跑动这么简单，正如我们将在第 4 章的动作特长所看到的。这个任务根本不够格代表足球技能。尽管如此，该研究用例子说明了特长研究法对专家与新手进行比较的好处——我们现在不仅知道练习能让个体快速地移动自己的脚，而且了解练习是怎样反映在负责脚部的大脑运动带里的。

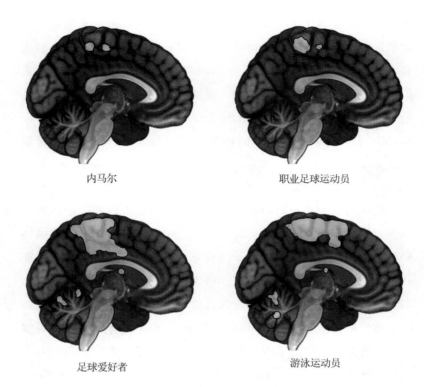

内马尔　　　　　　　　　职业足球运动员

足球爱好者　　　　　　　游泳运动员

图 1.7　足球运动员与游泳运动员的脑图

当要求个体迅速地移动右脚时，与不太熟练的足球职业运动员及足球爱好者相比，足球巨星内马尔在脑部负责脚部控制运动带上的激活要小得多。而职业的游泳运动员并不需要这样移动双脚来更快地游泳，其运动皮层表现出大得多的激活。（Adapted with permission form Naito & Hirose，2014）。

　　为了进一步阐明这一点，请思考神经科学里曾经发生的最激烈的一次争论。一种颇有影响力的观点认为，人的心理由**模块**（modules）组成，模块是独立的先天结构，功能明确（Fodor，1983）。人脑里这种模块最好的例子是**梭状回面孔区**（fusiform face area，FFA）（Kanwisher et al.，1997），位于颞叶下部的梭状回内部。面孔对于人类物种意义重大，于是大脑进化出负责面孔的脑区是有道理的，**面孔特异性观点**（face specificity view）的支持者就是这么认为的（Kanwisher & Yovel，2006）。面孔也是人们遇见和练习极多的刺激之一。显然人们已经发展出全面的面孔特长。梭状回面孔区因而成为**一般特长模块**（general expertise module），负责在同一类型的典范之间进行区分，确定刺激是面孔还是某些其他刺激（Curby & Gauthier，2010；Gauthier，Tar，Anderson，Skudlarski & Gore，1999）。

这些对立的观点可以通过训练人们在新的人造物体的识别上成为专家而得以检测（Gauthier et al.，1999）。训练之后该脑区激活的增加则支持了一般特长的观点，因为这一脑区不可能是面孔特异的。这种方法需要时间，很难相信实验室里的若干小时能与现实世界特长领域里的经年累月的暴露和练习媲美。更实际的解决方法是寻找现实世界的专家和新手；也就是运用特长研究法，看看他们的特长是否能调节梭状回面孔区的激活。已经有人利用专家在鸟类（Gauthier，Skudlarski，Gore & Anderson，2000a）、轿车（Gauthier et al.，2000b）和蝴蝶（Rhodes，Byatt，Michie & Pauce，2004）的再认上开展这类研究，但研究结果很难进行解释，因为刺激与面孔具有实际上的相似性。不过，棋局和放射影像并不具有明显与面孔类同的相似性，于是我和同事们利用专家和新手在这些领域梭状回面孔区的功能（Bilalić，Langner，Ulrich & Grodd，2011）。结果发现，梭状回面孔区在这两个领域的确能区分专家与新手。视觉上的相似性并不能解释上述结果，一方面是面孔，另一方面是国际象棋和放射学影像刺激。更可能的情况是，面孔再认涉及的加工过程与国际象棋和放射医学特长里发现的加工并没有什么不同。梭状回面孔区可能是一个模块，但属于知觉特长获得的模块，而非只专注于面孔。

特长研究探讨的是专家杰出表现背后隐藏着什么，以及大脑如何适应这种表现。一般而言，特长还能给我们带来认知神经科学其他方面的启发。在某些方面，特长研究法与**神经心理学方法**（neuropsychological approach）并没有什么不同，后者要对比病人身上获得的结果与"正常"参与者的结果（Shallice，1988）。特长研究法比较的是技能范围的另外一端，但用的是同样的比较方法，即把一个组的表现与没有感兴趣的特征（在特长研究中就是领域特异的知识）的另一个组的表现进行比较。另一个组充当控制组，使从第一个组获得的结果有可能证伪，因而也可能确定因果关系（Kuhn，1962；Wason，1960）。专家很少，但比脑损伤病人更多，这让特长研究法更容易应用。

1.6 结论

专家是在其专攻的领域能始终如一地做出杰出表现的人。他们的表现通常如此令人敬畏，以致人类认知普遍存在的局限性似乎并不适用于他们。然而，经过更深入地考察专家的能力，我们发现并不存在超自然的认知或神经力量。专家也像普通人一样受到神经和认知局限性的制约，但他们通过有条理的接触和练习所获得的知识就像蕴含超能力的灵丹妙药。这种专门的知识能让专家以迥异常人的眼光审视其领域里的情境。这种情境不可避免地提供了海量的信息，不熟练的新手会迷失在其中，但专家立刻就能领会情境的本质。特长的普遍机制包括长时记忆里储存的知识的自动参与，利用激活的知识把注意指引到重要的方面，进而使环境的感知发生偏向。运动特长涉及的信息类型不同于知觉特长和认知特长，但本质上起重要作用的是完全一样的认知机制。大脑大概是人体最灵活的器官，就其本身而言能完美地适应各种专家差别极大的认知。专家基于知识的认知策略与新手不依赖领域—特异的知识的策略相比，双方的神经学特征差异甚大。专家通常要调用额外的脑区来努力实现其复杂的认知策略。这里重要的信息是，神经实现并非随机的偶发事件，而是专家运用的认知策略的直接后果。专家调用的脑区在知觉、认知和动作领域之间可能有所不同，但这取决于实际知识存储的脑区。基本的认知和神经学原理对于所有的特长领域在本质上是一样的。在接下来的三章我们将展开论述这一点，每一章分别涉及一种主要的特长，然后在最后一章圆满结束特长这个主题。

本章总结

- 专家是经常能做出杰出表现的人。他们的表现并不取决于外部环境（如运气），反而是无数次沉浸于某个领域的后果，这个领域保持不变，专家能从中领悟规律。

- 专家未必拥有优异的基本能力。知识储备能让他们消除情境的复杂性，方法是集中注意力在问题的重要方面之上。模式识别和选择性注意在特长的机制中起着至关重要的作用。动作领域（如运动）与知觉及认知领域（如国际象棋和放射医学）一样依赖相同的机制。

- 在练习的压力和要求之下，身体会发生改变和适应。严格意义上大脑不是肌肉，但与肌肉一样，大脑也能适应环境，通过练习也会发生改变。

- 在简单的任务里能观察到功能缩减现象，简单任务不需要改变策略，而只要改进任务单个成分的执行过程。这是技能获得（研究）方法的主要特征。

- 大脑主要通过重新调整自额叶（负责基本的加工）到颞叶（储存领域—特异的知识）的激活模式来适应特长。神经实现过程反映了从新手采用的基本策略转变到专家典型的基于知识的策略。

- 特长研究使用了有代表性的实验室任务，充分体现了专家表现的核心特征，从而揭示特长背后的机制。不过，比较专家与新手的特长研究法可以用来研究非常广泛的主题。

问题回顾

1. 请解释哪些人可以被视为专家，为什么。

2. 很遗憾，人的认知是有限的。我们在记忆里只能保持那么多的信息，一般只能把注意力集中在一件或者（如果我们幸运）两件事物之上。然而在其专攻领域最优秀的人却使这些局限性消失了。请解释专家杰出表现背后的认知机制以及他们大脑做出的适应。

3. 知觉和认知领域（如放射医学和国际象棋）似乎与偏重动作成分的领域（如体育运动）没有太大的共同之处。请解释这些领域有什么共同点，为什么一般特长机制适用这两种情况。

4. 简单技能的获得和特长似乎有关联。请解释两者的异同。

5. 特长实验通过设计有代表性的任务（适合进行实验室操作）试图充分体现特长的本质。请提供能充分体现以下三个领域里特长关键部分的有代表性的实验室任务：音乐、打字和足球。

拓展阅读

The most complete reference work on expertise research is undoubtedly *The Cambridge Handbook of Expertise*, edited by Ericsson, Charness, Feltovich, and Hoffman (2006). The new updated edition is expected in 2017. Another volume, *The Science of Expertise*, edited by Hambrick, Mcnamara, and Campitelli is also expected to appear in 2017. In both volumes, numerous chapters about the methodology and techniques used in the study on expertise have been supplemented by a wide range of expertise domains. It is difficult to imagine that a reader will not find a topic of interest in this unique collection of reviews by the leading researchers in the field. Until the edited volumes have been published, the reader may want to consult the recently published *Understanding Expertise － Multi － Disciplinary Approach* by one of the leading researchers in expertise, Fernand Gobet (2015). Board games have been extensively dealt with in a book *Moves in Mind: The Psychology of Board Games*, by the same author (Gobet, 2004), while the researcher interested in expertise in sports can consult the recent Handbook of Sport Expertise by Baker and Farrow (2015).

第 2 章　知觉特长

学习目标

- 什么是知觉特长？为什么知觉很难完美地复制客观现实？
- 大脑在何处加工不同感觉通路传递来的信息？大脑如何在功能上补偿视觉输入的缺失？
- 什么是整体论的（视觉）加工，为什么整体大于部分之和？
- 面孔知觉的神经特征是什么，它与其他视觉特长领域有何关联？
- 大脑是如何使某些音乐人能立刻识别声音的？
- 为什么很难找到触觉、嗅觉和味觉方面的专家？大脑又是如何使某些人成为这些感觉领域的专家的？

2.1　导言

如果你翻到图 2.6 或图 2.7（或者看看专栏 1.1 的附图 2），可以看到一张胸部 X 光片子。如果你没有接受过医学训练，大概只能认出肋骨轮廓，至于其他更多的内容根本看不见。胸部 X 光片子里还有更多值得注意的细节，只有受过训练的人才能发现它们。信息的丰富性还反映在放射医学受训者一开始学习的基本策略上。为防止漏掉重要的细节（这些细节实际上可能攸关生死），训练要求医学生先仔细察看 X 光片子的外围，然后再仔细察看片子中间。运气好的学生在胸腔里可能发现奇怪的阴影，可做出肺炎诊断。这种令人费解的策略与经验丰富的放射科医生所用的策略形成了鲜明的对比。放射科医生并不会察看影像四周的边角，视线也不会在没有信息价值的地方循环往复。他们一看到 X 光片子，注意力几乎立刻就聚焦在病灶上，好像他们预先就知道病灶会出现在哪里。稍后我们将看到，研究表明，经验丰富的放射科医生仅仅一瞥（还不到 0.2 秒），就能发现大多数 X 光片子里类似的病灶，要在复杂的影像背景里发现危及生命的病灶，即使对于取得医学学位的人来说，也需要一些时间先熟悉情况。

放射医学特长是非常专业化的视觉技能。这说明人们能非常有效率地加工外界高度特异化的视觉输入。而且，人们能熟练加工的刺激输入并不只限于视觉。在任何其他感觉通道上，人们几乎都能成为感知专家。某些音乐人能快速地识别声音的音高；香水师能分辨很多种气味；品酒师明了自己所尝酒品的优劣；有些人仅仅凭借触摸就能很好地识别物体。人们要长久地生存，必须善于感知周围世界所发生的变化，但知觉专家却把这种能力提升到全新的层次。这些专家在加工环境感觉信息方面始终胜人一筹。本章我们将看到，什么因素使普通人也有望成为知觉专家。我们首先要介绍大脑如何处理不同感官的简单刺激输入。当我们开始学习不同感觉特长的大脑实现过程时，关于这一知觉所需的重要脑区的知识将很有用。我们首先探讨视觉特长的主题。我们将看到，面孔知觉虽然是一种日常的技能，却为我们理解貌似无比复杂和专精的技能（如放射医学、指纹鉴定和音乐视唱等特长）背后的认知和神经机制提供了一个有用的框架。接下来我们将思考，技能娴熟的音乐人如何运用大脑自动地对环境中声音的模式进行归类。人们接触最多的是视听环境信息。不过，人们也能发展出触觉、味觉和嗅觉特长，即使人们很少单独地接触这类感觉刺激，本章剩余的篇幅将致力于探讨这类不太常用的特长的大脑实现方式。

2.2　知觉系统的解剖学特点

2015 年伊始，一张简单的服装图片在互联网上引发了争论。在某些人的眼里，这件服装的颜色明显是金色和白色，而另一些人看到的却是蓝色和黑色。有时两个人同时盯着同一块荧屏看，感知到的却是不同的颜色；有时同一个人先看到的是蓝色和黑色，几个小时之后看到的却是金色和白色！这些人的视力都正常，但对这件衣服颜色的认知却相当诡异。

知觉的最终目标是告诉我们关于现实世界的信息。我们的感官在把外部世界的信息传送至大脑内部的工作上卓有成效，但最后的结果绝不是现实世界完美的复制品。很多视错觉现象有力地证明了这一点，同样的事物却因为我们的经验或者外部环境（如照明）的差异，让我们看到了不同的景象。2015 年初互联网上衣服颜色的争议，只是我们在现实生活中可能遇到的众多视错觉现象的一个例子。知觉是一个主动的过程，内部和外部因素都起着重要的作用。稍后我们将看到，经验作为一种内部因素，在知觉特长中发挥着至关重要的作用。这里我们先要考察大脑如何使外部现实得以表征，即使这种表征刻画的只是一幅不完美的现实图画。

要弄清楚周围世界发生了些什么，感觉器官是我们唯一的手段。感觉器官接受来自环境的刺激，无论是进入我们眼睛的光波，还是到达我们耳朵的声波。知觉的第一个阶段称为**感觉**（sensation）。感觉信号随后由各个感官转换为神经电活动，并传送至相应的大脑中枢以备进一步加工。环境输入一旦经感官转换，我们的经验、期望和其他内部因素就会再次在大脑内部对其进行更改。最终结果表现为感觉信息有用（尽管不完美）的心理表征，感觉的这种心理表征我们称为**知觉**（percept）。知觉故而可以定义为建构知觉对象的过程。

大多数情况下，我们形成的知觉对象不只是对现实的充分表征。但我们也不会在完全主观的感觉基础之上形成知觉。感觉源自刺激，因此是对刺激的如实表征。这种加工主要由感觉输入的特征限定，所以称为**自下而上的加工**（bottom – up processing）。如果我们只是以这种方式加工环境刺激，那么我们产生的错觉很可能变得更少，但我们的知觉会变得累赘而低效。现实世界变化万千，我们不可能注意和加工一切事物。我们把注意聚焦在什么地方，随之如何加工刺激，还取决于我们对刺激的了解，基于之前的刺激经验而产生的期望，以及很多其他内源性的因素。这种加工主要取决于头脑内部产生的认知过程，因此称为**自上而下的加工**（top – down processing）。知觉永远是这两种现实加工方式相互作用的结果。

接下来各个部分我们将识别负责把感觉信息（源自不同的感官）转换为知觉对象的主要脑中枢。我们将从使用最多的感觉（视觉与听觉）开始，然后转到使用不那么频繁的感觉（触觉、味觉和嗅觉），它们都不会脱离其他感觉而孤立地发生。这里对各种感觉的探讨必然是简短的，因为本书的目标并不是要全面介绍大脑如何处理不同感官的输入刺激。即使用完整的一章也不足以充分地阐述这一复杂的主题，更别说用区区一个小节来介绍了。这里介绍的大脑知觉中枢及其功能的知识应当为我们理解知觉特长的脑实现过程（我们将在后面学习）打下基础。

2.2.1　视觉系统

变色衣带来截然不同的知觉，最可能的一个原因是，看衣服的人周围照明条件存在差别。然而，人们在看衣服图片之前所看的东西也有一定的作用，因为我们的视觉很容易适应环境。这里我们想考察源自感官的信息（由眼睛产生）最后到达大脑什么地方。在光波明显转为神经冲动后，感觉信息就投射到脑后的**枕叶**（occipital lobe）。如图 2.1 所示，该处作为初级视觉区，被称为**纹状皮层**（striate cortex），因为感觉投射经过髓鞘化的轴突呈现出带状（纹状）。只有初级感觉的脑区接受源自感官的投射。后继的视觉区都直接地接受源自初级视觉区的输入，或者通过其他邻近的脑区接受视觉输入。这就是该脑区普遍地被称为**初级视觉区**（primary visual area）的原因。学界还通常用 V1 来表示初级视觉区，以反映其在视刺激加工中的首要地位。V1 如实地反映了环境的空间特性——视觉刺激的下部表征在**距状沟**（calcarine sulcus，即 V1 所在之处）的上缘位置。V1 里的神经元对方向和空间频率的微小变化很敏感，这使得边缘检测成为可能。外部视觉世界在视觉区（此处为 V1）映射的最终结果为**网膜代表图**（retinotopic map）。

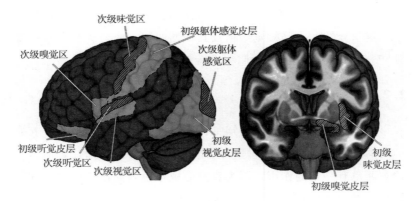

图 2.1　知觉的大脑

视觉区位于枕叶（初级视觉皮层）和下颞叶皮层（次级视觉区），而听觉
皮层位于颞上回的上部（初级和次级听觉区）。躯体感觉区包括中央后回及
其邻近区域（初级和次级躯体感觉区）。味觉区包括脑岛（初级味觉皮层
——见右图）和眶额皮层。眶额皮层也是部分的嗅觉皮层（次级嗅觉区），
而初级嗅觉区则在梨状皮层（初级嗅觉皮层——见右图）。

　　如图 2.1 所示，邻近 V1 的脑区是次级视皮层，包括**纹外皮
层**（extrastriate cortex），这片脑区被划分为视觉二区（V2）、三
区（V3）、四区（V4）和五区（V5），因为它们都从 V1 朝着大
脑前部排列。其他视觉区与 V1 一样，也映射外部空间。名称递
增的数字顺序反映了每个视觉区在解剖学上相对于 V1 的位置，
并不必然表示刺激从 V1 到 V2，再到 V3 等的层级加工。V1 的确
把信息投射到 V2，但随后信息从 V2 投射到所有其他的纹外脑
区，包括返回 V1 的投射。所有的视觉区都映射外部世界，但彼
此之间仍存在相互作用，这一事实能让我们洞悉视觉信息在大脑
里可能的调节过程。视觉区的网膜代表图可能映射相同的视觉刺
激，但它们描绘的信息并不一样。V1 的神经元对亮度敏感，这

让大脑能分辨视觉刺激的边缘。V4（又称**颜色中枢**）对颜色敏感，而 V5 则对动作敏感，因而有**动作中枢**（motion center，又称 MT＋）之称。视觉加工是高度分化（专门化）和分散的。随着信息从 V1 前行，不同的脑区加工特定的信息，并开始整合成一个完整的知觉对象。某种意义上，这又是一种层级加工，从简单的视觉信息（如刺激的边缘）开始，向前加工更复杂的信息（如颜色和移动）。

已加工的信息在纹状区和外纹区又将发生什么，如果还要进一步加工，这些信息又将送往何处？哪片脑区能让我们知道自己正在看某个特定的客体（如衣服或胸腔 X 光影像）？V2 的信息将送往两个不同的方向。一条道经由 V4 通往下颞叶皮层。因为这条道路处在较低的空间位置，所以称为**腹侧通路**（ventral stream）。腹侧通路又称为"**what 通路**"（what pathway），因为它对于类型识别和客体表征非常重要，而这两者都是视认知的主要成分。以互联网的衣服为例，V4 将表征衣服的颜色，但衣服的形状和类型却在靠近 V4 的外部称为**外侧枕叶皮层**（lateral occipital cortex，LOC）的脑区得到表征。信息随后前行至梭状回，即大脑底部类似纺锤形状的脑区，衣服最后的表征就在此处发生。因而腹侧通路与记忆的存储有关，我们激活记忆就能识别知觉对象。下一节我们将探讨知觉与记忆的这种相互作用（结合梭状回及其他视觉区）如何形成视觉特长。

V2 的其他信息将经由 V5 指向后顶叶皮层。这条较高的通路称为**背侧通路**（dorsal stream），携带着客体移动的信息以及表征客体的位置。因为这条通路涉及动作的视觉控制，所以又称为"**where/how 通路**"（where/how pathway）。如果你想伸手去拿这件火遍互联网的衣服，背侧通路将提供顺利完成此动作所必需的信息。背侧通路很重要，因为任何知觉加工背后的主要目标都是成功地与环境互动。背侧通路不是本章的重点，我们将在第 4 章思考构成动作特长本质的熟练动作时回顾其在特长里无比重要的地位。

2.2.2 听觉系统

听觉系统与视觉系统一样，也由单一的脑区组成，声波的神经转换至此处结束。**初级听觉区**（primary auditory area，A1）接受来自耳朵的听觉信息，如图 2.1 所示，A1 位于颞叶的上部。该脑区大部分位于外侧裂的里面，包括部分的**海希耳氏回**（Heschl's gyrus）和**颞上回**（superior temporal gyrus，STG）。展现听觉皮层的一种新潮方法是假定初级听皮层是内核，被带状组织包围，而带状组织又邻近外侧的旁带。正如视觉区利用网膜代表图来表征视觉输入一样，初级听觉区则利用**音调代表图**（tonotopic maps）来表征声音。根据声音的频率，A1 的不同神经元会变得敏感。最前面的神经元对低频有反应。随着声音变得越来越高频，涉及 A1 越靠后的脑区。声音频率的加工对于音乐和语言的感知至关重要。钢琴声音与小提琴声音的特性不同，但根据它们共同的频率可以归类为同样的音调。稍后探讨听觉特长时，我们将考察某些音乐人如何自动地识别某个演奏的音调，而不必弄懂它的频率。提到音乐与语言，有证据表明不同的大脑半球专门处理这两种不同的听觉刺激。音乐需要精细地区分声音，这当然要花时间。音乐的缓慢而精确的听觉加工在右脑的 A1 区进行。相形之下，语言涉及非常快速的刺激流，并没有给大脑留下很多的时间进行精确区分。左脑更能胜任言语的快速而粗糙的听觉加工。

正如视觉信息的学习一样，我们也会问：源自 A1 的信息最后到达大脑的什么地方。听觉同样存在两条通路，一条通往上顶叶和额叶（背侧通路），另一条通往下颞叶（腹侧通路）。A1 后部的三角区域称为**颞平面**（planum temporale），是重要的语言和听觉脑区，我们将在听觉特长部分详细介绍。颞平面也会把听觉信息投射到顶叶，然后送至**背外侧前额叶**（dorsolateral prefrontal cortex）。听觉通路显然与视觉通路类似，背侧的听觉通路负责对声音定位，这是一种重要的生存技能。腹侧通路则把信息传递至**颞上回**（superior temporal gyrus，STG）的前部。邻近的**额下回**（inferior frontal gyrus，IFG）是腹侧通路的最终目的地。听觉的腹侧通路与视觉腹侧通路完全一样，主要负责刺激（声音）的辨识。在听觉特长部分，我们将探察音乐人如何不仅根据 A1 的激活，而且依赖额下回（参与精确的言语辨识）的帮助来对听到的声音归类。

2.2.3　触觉系统

与视觉和听觉系统不同，我们或许不经常有单独的机会运用触觉系统。不过，我们能仅仅通过手指触摸某个物体而识别它。对源自我们身体（包括双手）信息的加工被称为**躯体感觉知觉**（somatosensory perception）。来自身体的神经信息被传送至大脑中部的**中央后回**（postcentral gyrus），中央后回紧靠在把大脑分为前后两部分的中央沟的后部。与视觉和听觉的初级皮层完全一样，**初级躯体感觉皮层**（primary somatosensory cortex，S1）也映射着外部世界，如图 2.1 所示。源自身体的信息在 S1 表征为所谓的**感觉小人**（sensory homunculus）。与网膜代表图及音调代表图不同，由感觉小人表征的**躯体位置图**（somatotopic map）反映了我们的躯体各部分在触觉中的重要性。回应双手的 S1 部分比回应双腿的 S1 部分要大得多。在第 4 章的动作特长中我们将看到，躯体感觉脑区和运动区如何统合四肢各种熟练的操作，而这是运动的典型特征。

S1 的投射指向**次级躯体感觉区**（secondary somatosensory area，S2）。如图 2.1 所示，S2 位于中央后回的后部，位置比 S1 稍靠后一点，延伸到顶叶的前部。与其他感觉通道一样，次级躯体感觉区对感知到的客体的质地和大小具有更为复杂的表征。关于触觉特征的其他信息，我们将在 2.3 节论述知觉系统的适应性时继续讨论。

2.2.4　味觉和嗅觉系统

我们都擅长觉察不同的味道，都知道草莓香甜，柠檬酸涩，西柚苦涩，而海水则是咸的。舌头上的化学信息被送往颞叶和额叶的交叉点，如图 2.1 中的右图所示。这一**初级味觉区**（primary gustatory area）包括部分**脑岛**（insula）和其上的**岛盖**（operculum）。初级味觉区能让我们分辨上述基本的味觉。而**次级味觉皮层**（secondary gustatory cortex）位于邻近的**眶额叶皮层**（orbitofrontal cortex，OFC），来自初级味觉区的信息将传送至此。次级味觉皮层对于食物辨识和食物选择尤其重要。

眶额叶皮层还代表着**次级嗅觉皮层**（secondary olfactory cortex），其在食物选择中的作用显而易见。味觉和嗅觉很少分开，如果你试试捂着鼻子吃某个东西就会认识到这一点；通常而言，普通的感冒就有这种效果！突然，食物不再是原来的味道了，而两种感官却未受损伤。味觉是唯一直接投射到皮层的感觉信息。而所有其他感觉通道的信息在传送至初级感觉区之前都要先经过丘脑。嗅觉感受器把气味送至**嗅球**（olfactory bulb），即大脑最靠前的部位。不久我们将发现，这一脑区的解剖学结构在嗅觉特长中起着很重要的作用。信息随后直接送至**梨状皮层**（piriform cortex），此处即初级嗅觉皮层，位于颞叶与额叶的结合处，如图 2.1 所示。梨状皮层担当了**初级嗅觉皮层**（primary olfactory cortex）的角色，但很多其他的脑区也与气味知觉有关。最重要的**次级嗅觉区**（secondary olfactory area）包括**杏仁核**（amygdala）、**丘脑**（thalamus）和**海马**（hippocampus）。稍后我们将看到，气味与味觉一样都拥有一张享乐的便笺（杏仁核），提醒我们储存在记忆（海马）里的很多不同的快乐经验。所以这些次级嗅觉区很自然地成为**边缘系统**（limbic system）的组成部分，边缘系统是参与情绪调节非常重要的大脑网络。

2.3　知觉系统的适应性

迄今为止，我们已经明白，关于外部世界信息的加工发生在不同的脑区，这取决于信息来自哪个感官。把信息分为感官类别及其相应的脑区看起来可能非常强调天生因素，而实际情况则不然。人类非常擅长于适应，主要的一个原因是大脑具有反应和重构其组织的能力，从而反映新的环境需求。大脑的这种特性称为**大脑可塑性**（brain plasticity）。这里我们将考察当大脑被剥夺某种感觉输入时会如何反应。

大部分人的感官都正常，但有些人却不太幸运。比如，盲人就不能用眼睛看到周边的环境。这种情况下"视"皮层又会发生什么？很难想象横跨 1/3 脑区的视皮层一点也没有为盲人所用，那将是很大的浪费。实际上，盲人的大脑发生了惊人的功能重组，视皮层被用来支持非视觉刺激的知觉。通常情况下，当视力完好的人通过特定的感官感知刺激时，负责此感官输入加工的脑区激活度高，而其他知觉的脑区则激活度低。这反映了学界普遍的看法，当我们全神贯注（比如关注两个物体表面之间触觉的区别）时，我们将无视其他知觉输入。大脑对聚焦于触觉分辨做出的反应是，躯体感觉皮层进一步激活，同时，其他知觉脑区（如负责视觉的枕叶皮层）的激活将减弱（Sadato et al.，1996，1998）。不过，盲人在利用触觉感知刺激时，还会调用初级视觉皮层。枕叶貌似对盲人没有任何用处，却也能加工来自其他感觉通道的信息。其他研究也证实了这一结果，盲人会运用视皮层来支持他们对触觉、声音甚或嗅觉和味觉刺激的知觉（Kupers & Ptito，2014）。

对于盲人，"视皮层"这个词显然不妥。盲人利用它来支持其他非视觉通道的知觉，凸显了大脑惊人的适应能力。部分不能执行其正常功能的大脑开始支持其他的脑功能。你或许想知道盲人额外的（视觉）脑区能否让他们对非视觉刺激产生更好的知觉，事实似乎的确如此。盲人在通过触觉、听觉、嗅觉或味觉分辨刺激的能力通常好于视力正常的人（Renier，de Volder & Rauschecker，2014）。为证实视皮层是盲人知觉更好的真正原因，研究者要把它与知觉表现直接联系起来。很多研究表明，视皮层的活动与知觉表现之间存在正相关——视皮层激活越大，知觉表现越好。更有力的证据来自一位不幸的盲人，由于中风，他两边枕叶的（视觉）皮层受损。中风前，此人能熟练地阅读**盲文**（Braille）——基于触觉模式（由平面上突出的点构成）识别的书面语。在枕叶受损后，此人发现阅读盲文极其困难。有趣的是，所有其他的躯体感知觉都完好无损。这表明视皮层主要支持盲文的阅读技能，这种技能通过大量的练习才能习得，本身并非基本的触觉（Hamilton，Keenan，Catala & Pascual－Leone，2000）。

　　神经心理学的脑损伤病人案例是宝贵的证据，因为它们证明脑结构与其功能之间存在直接的联系。但是脑损伤病人非常稀少，很难在研究脑损伤病人的基础上得出普遍的结论，因为我们可能受到每个个案特异品质的误导。幸运的是，科技进步能让我们使用**经颅磁刺激**（transcranial magnetic stimulation，TMS），这是我们在第 1 章介绍过的神经刺激技术。经颅磁刺激可以暂时用来使某个特定部分的脑区失效，引发虚拟的脑损伤。一项研究在枕叶内侧运用了 TMS 脉冲，结果发现这使盲人参与者很难识别盲文字母和常见的罗马字母（Cohen et al.，1997）。虽然盲文和罗马字母都要通过触摸来感知，但只有扰乱枕叶才导致失去识别字母的能力。而在躯体感觉皮层（负责涉及触觉的双手）施加TMS 则对字母识别没有任何影响。视力正常的参与者则得出了完全相反的结果。其触觉识别罗马字母（盲文没有用于这组参与者）期间，在枕叶内侧施加脉冲对他们的表现没有任何影响。然而，躯体感觉皮层的扰乱则带来很大的困难。

　　上述例子证明了大脑惊人的适应性。问题仍然是，大脑如何实现功能重组，从而使普通的视觉区变为加工触觉信息的枢纽？最可能的设想是：失明直接导致脑内神经联系的重组。皮层之间的这种联系称为**层间联结**（corticocortical connections），很可能是代表不同感觉通道脑区之间的预先存在却并未利用的神经联系。实验剥夺视力正常的参与者一段时间的视觉信息，结果证实这些神经联系预先就存在。利用 TMS 和 fMRI 测量发现，即使蒙住参与者的眼睛一个小时，也会导致视皮层更高的兴奋度（Boroojerdi et al.，2000）。如果视力正常的参与者蒙上眼睛五天并学习盲文，他们在读盲文期间就会开始运用视皮层。更为重要的是，他们比视力正常的控制组（接受的盲文培训一样但没有蒙眼）成绩更好。未蒙眼的控制组在读盲文时不会使用视皮层（Merabet et al.，2008）。真正令人惊喜的是，蒙眼组视皮层的高敏感性导致触觉甚至听觉更好的表现（Facchini & Aglioti，2003；Kauffman，Théoret & Pascual – Leone，2002）。感觉信息的短期剥夺甚至能引起脑内联系的重组。为了更好地加工来自其他感官的信息，视觉系统做出了适应。然而，一旦视力恢复，视皮层的参与及伴随出现的更高的知觉敏感性将在 24 小时内消失。稍后在触觉特长部分，我们将回答视觉皮层本身是否是盲人触觉优势的主要原因。

2.4 视觉特长

如前所述，大脑有适应视觉刺激消失的机制。尽管如此，视觉大概是我们探索周围环境所运用的最主要的感觉。视觉的重要性突显于以下事实：有 1/3 的脑区用于视觉输入的加工。无怪乎每个人都很有资格成为视觉专家。我们谈到视觉特长，往往想到的是在某个领域非常专业的人。比如，我们会想到经验丰富的放射科医生，他们很擅长在放射影像中找到病灶。不过，在日常生活中我们全都是视觉专家。你能迅速认出熟人的面孔，也能飞快地察觉你面对的是何种物体。你还能流利地阅读这些句子，不必把单个的字母凑在一起认读单词。你或许认为这没有什么特别的，因为大部分人都能毫不费力地完成这类"壮举"。然而，对面孔、物体和书面文字的辨识却像任何其他视觉特长一样了不起。我们将会看到，这些日常技能背后的机制与专业领域（如放射医学）的机制并没有什么不同。这就是为什么理解日常技能背后的认知机制和神经基础如此重要。这里我们先要思考日常技能（如面孔认知），然后再关注更专业的特长领域，如放射医学、音符解读和指纹识别。

2.4.1 面孔知觉

面孔在我们的生活中占据特殊的地位。面孔极其重要，因为其携带了我们日常生活所需的丰富信息。我们不仅能迅速地识别面孔的主人，还能根据面部表情辨别他们有什么样的感受。如果不能察觉面孔，我们在与他人的社会交往中会遗失一个重要的信息来源。面孔除了无可置疑的重要性之外，还碰巧是我们练习最多的刺激之一。我们遇见的面孔可能比任何其他的刺激都要多，无怪乎我们只要飞速地一瞥就能认出我们熟悉的人。面孔知觉是非常快速和轻松的加工。例如，你只要瞬间就能认出奥巴马或威尔·史密斯（美国艺人）的图片。你立刻就能认出自己最好的朋友。你不必把注意力集中在他们的眼睛、鼻子或者嘴巴上，无论这些部位对于他们而言多么有特色。你甚至可能忽视掉男性朋友刮掉的标志性的胡子，只是觉得他的面孔有点怪怪的！

2.4.1.1 面孔知觉的整体加工

面孔知觉背后认知机制的真实生活示例是女演员詹妮弗·格雷（Jennifer Grey）的个案。美国老一代和喜欢浪漫电影的新一代会记得 20 世纪 80 年代最流行的一部电影《辣身舞》（*Dirty Dancing*）里的她，詹妮弗在这部影片里扮演女主角。詹妮弗非常受欢迎，也很有名气，不仅是因为她非常有特色的长相。由于某种原因，她决定做手术"矫正"自己的鼻子，鼻子是她别具一格的面孔特征之一。这一微整容手术却给她的整张面孔带来深刻的影响。詹妮弗突然看似完全变成另一个人！新的外貌磨灭了她别具一格的面孔，片约几近于无，给她的演艺生涯造成巨大的伤害。在单个面孔特征上的细微变化彻底改变了面孔认知。詹妮弗·格雷的个案说明，就面孔而论，整体远大于部分之和。

这个不幸的故事说明为何面孔知觉被认为是**整体加工**（holistic processing）最好的例子。整体加工指复杂刺激加工为一个整体、一个单元的能力，尽管该刺激由单个的要素构成。整体加工解释了为何詹妮弗在手术之后无法被人认出，还可以解释为何你不太可能注意朋友刮了胡子。把注意力聚焦在作为整体的面孔，而不是聚焦在面孔的单个要素，你就可能注意不到这些要素的细微变化。胡子对面孔知觉的损害可能并不如鼻子上激进的整形外科手术那么严重。相形之下，阅读行为被认为恰好是整体加工的对立面。即使你是熟练的读者，不必仔细察看每个单一的字母，在你理解整个单词之前你仍然需要注意某些单个的字母。这种**分析或结构加工**（analytic/structural processing）显然比面孔知觉中表现出来的毫不费力的整体加工更为笨拙和费劲。在这个意义上，整体加工类似于第 1 章介绍的**块**（chunk）。刺激的各个要素并不会单独被感知，相反它们合在一起组成一个有意义的单元，感知为一个整体。

为了更好地理解面孔知觉中的整体加工如何进行，让我们思考图 2.2 左侧的面孔。看到左侧，你非常可能立即就认出了撒切尔夫人，她是英国的前首相。现在看看它边上的面孔。没错，这是同一个人，只不过颠倒呈现了。你从颠倒的面孔里也能轻松地认出撒切尔夫人，但很可能比第一张正常呈现的面孔要花更多的时间。人们要辨认颠倒呈现的面孔，需要更多的时间，也会犯更多的错误。这就叫**倒面效应**（inverted face effect，IFE），反映了面孔的整体加工。你很可能已经注意到，颠倒图片里的撒切尔夫人总有些怪异，但你又很难准确地指出问题之所在。如果你把这本书翻转 180 度，再从正常角度看这张图片或许能发现端倪。在最初的震惊之后，你很快就意识到颠倒图片里的眼睛和嘴巴竟然也颠倒了！汤普森最先证明了撒切尔效应（Thompson，1980），要完全理解汤普森选择这张面孔的精妙之处，你最好生活在 20 世纪 80 年代的英国，那时撒切尔夫人正处在巅峰时期。不过，颠倒的图片如果从正常角度来看，你立刻就会发现眼睛和嘴部有问题，因为照片看起来很怪异！撒切尔夫人照片的例子凸显了面孔的整体加工，以及如果我们碰到反常的面孔朝向这种加工是如何失效的。该研究还强调了一个事实，细节（如面孔各个部分之间的空间关系）在整体加工中起着重要作用。

图 2.2　面孔知觉中的整体加工——倒面效应

人们加工颠倒呈现的面孔更慢。从颠倒的撒切尔夫人照片里你会发现有些不对劲。把图片翻转 **180** 度，恢复照片正常的朝向，就会立刻发现撒切尔夫人的面孔有什么问题。（**Adapted with permission from Thompson，1989**）。

　　很多研究者认为，面孔加工的整体特性更有力地表现在所谓的**复合面孔效应**（composite face effect，CFE）。在复合面孔效应里，两半不同的面孔被组合成一张完整的面孔（Young，Hellawell & Hay，1987）。例如，图 2.3 里的面孔就是由两位名人的半张脸组成的。谁在上，谁在下？如果你辨认这两位名人有困难，请看边上的另一张图片——这里的两个半张脸并未对齐，更容易分辨。没错，现在你发现奥巴马在看着你，而威尔·史密斯（美国艺人）正在闪现他那标志性的微笑！如果两个半张脸对齐构成一张完整的脸，人们就很难认出奥巴马和史密斯了。对齐的两个半张脸制造了一张全新而陌生的面孔，因为整体加工自动地在新面孔上发生了。

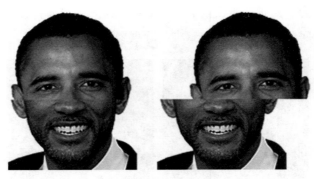

图 2.3　面孔知觉中的整体加工——复合面孔效应

如果面孔由两种不同的面孔组成（上半部是奥巴马，下半部是史密斯），并且两个半张面孔对齐，人们就很难认出这两张面孔（左图）。如果两个半张面孔未对齐（右图），人们就更容易辨认这两个人。（**Adapted with permission from McKone et al. ，2013**）。

2.4.1.2　面孔知觉的个体差异

理解某种技能的一种方法是寻找不具备该技能的人。熟练的认知技能当然很有用，学界通过研究它已经获得很多有价值的启发。不过，技能失效时，或许是我们洞察其背后的认知机制最好的机会。要寻找无法加工面孔的人并不是很容易，因为绝大多数人都很擅长面孔知觉。但也有一些不幸的人的确很难识别面孔。这些人就可能罹患了**面孔失认症**（prosopagnosia），患者识别不了面孔，即使所有其他的认知能力完好无损。面孔失认的人能识别面孔，但他们运用了完全不同的策略。面孔失认的人无法通过随意地一瞥就识别面孔，他们要非常仔细地察看面孔各个部分的特征。你可以根据伴侣典型的面孔特征来识别伴侣，但面孔失认的人只能根据典型的鼻子、嘴巴或者眼睛特征来识别伴侣。面孔失认的人无法对整个面孔形成知觉，即使他们非常仔细地察看面孔的各个部分。整体加工（面孔知觉的显著特征）在面孔失认的人身上并不能正常运转。

面孔失认症处在面孔知觉能力范围缺失的极端，为整体加工在知觉特长中所起到的作用提供了更多的证据。大部分人都很幸运，能有效地识别面孔。你可能听到有些人抱怨，他们不能很好地识别面孔，甚至你自己都可能有这方面的问题。这肯定是与面孔失认症不一样的问题，但有些人在面孔识别上的表现的确更糟。人们的面孔知觉能力普遍都很高，但可以肯定的是，人们能区分哪些人擅长识别面孔，哪些人不擅长识别面孔。检测面孔识别能力的一种方法是，短暂地呈现许多面孔，然后询问参与者能否在以前未看过的新面孔之中认出前者。很多研究关注这些问题，类似的程序也证明人们在面孔知觉能力上存在差异（综述参见 Yovel，Wilmer & Duchaine，2014）。这里我们要探讨的问题是这些个体差异背后的原因。

面孔知觉能力差异背后的一个主要原因毫无疑问是整体加工的变异性。毕竟，面孔失认的人不能识别面孔，因为他们无法理解单个的面孔特征是如何构成整体的。用整体加工的差异来解释面孔知觉能力的差异，这种假设貌似有理。检验这一假设的一个直截了当的方法是，先评估整体加工水平，然后看它是否与面孔加工能力有关。在上一段落我们谈到了如何评估面孔知觉能力。而复合面孔效应常用来测量整体加工水平。例如，复合面孔效应中参与者在对齐和未对齐面孔上表现出的差异就代表了整体加工水平。研究者通过实验证明，这样测出的整体加工水平的确能预测面孔知觉能力的个体差异（Richler et al. , 2011）。整体加工对面孔识别能力的预测力是中等的，但这种效应是可靠的。

上述研究的样本较小，只有 38 名参与者。而北京师范大学的刘嘉教授及其同事们则进行了一项大规模的研究，有 337 名参与者（Wang, Li, Fang, Tian & Liu, 2012）！研究结果非常清楚，复合效应作为测量整体加工的工具与面孔知觉能力呈正相关。人们的整体加工越好，就越能识别人的面孔。该研究再一次发现这种相关是相当小的，但刘嘉等研究者更深入地进行了研究，他们把参与者分为特别擅长面孔识别的人和面孔识别存在困难的人。很显然，最擅长面孔识别的参与者在整体加工方面也要好得多。刘嘉的研究之所以重要还有另一个原因，与之前的研究不同，刘嘉等研究者在实验中加入了控制任务，也就是测量了参与者识别客体的能力。参与者不仅要识别短暂呈现的面孔，还要识别短暂呈现的鲜花。于是面孔知觉能力就表现为参与者在面孔和中性客体识别上的绩效差异。这种减法让刘嘉等研究者把面孔知觉从一般的客体知觉中分离出来。剩下的就是对无偏差的面孔识别能力的测量，而将一般的视觉能力排除在外。整体加工也独立于一般的注意机制。刘嘉等研究者利用了一个范式来测量一般的视觉注意，该范式中的个别元素异于整体（由小正方形组成的圆形或者相反）。这个任务（Navon 任务）的成绩与整体加工和面孔识别都没有关系。

我们已经看到，人们的整体加工能力不仅是面孔知觉的驱动力，而且能解释人们之间的个体差异。那么，我们又如何解释整体加工的差异呢？大量的证据表明，"暴露"在整体加工的发展过程中起着至关重要的作用。例如，很多好莱坞电影都会有这样的场景：一种肤色的证人常常误认另一种肤色的嫌疑犯。毕竟，"他们看起来都一样"。众所周知，人们能更好地识别与自己同族的个体，而非其他种族的个体。这一效应被称为**同族效应**（own‐race effect），如今很清楚这里并没有涉及政治不正确的内容。完全可以根据与不同面孔的接触和经验来解释这种现象（Michel，Rossion，Han，Chung & Caldara，2006；Tanaka，Kiefer & Bukach，2004）。在其他种族稀少的社会，或者种族之间互动不普遍的地方，同族效应尤其突出。如果人们暴露在其他种族的面孔之下，同族效应很快就会消失。因此，在种族之间存在很多互动的社会很难发现这种效应。

进一步的证据来自所谓的**同龄效应**（own‐age effect），表明暴露和经验是面孔识别的驱动力。如果他人与自己年龄相仿，人们能更好地识别他们（de Heering & Rossion，2008）。同龄效应在年轻人身上尤其明显，他们很难识别老年人。毕竟，年轻人并不会经常与老年人进行社会交往，老年人也不会经常寻求与年轻人的社会接触。老年人也会表现出同龄效应，但不如年轻人那么显著，因为他们的确拥有过年轻人的经历。暴露也是解释下面这项研究结果的关键因素。研究者发现，儿童如果暴露在家长极其严重的愤怒表达和身体威胁之下，比没有这些不愉快经历的儿童识别愤怒表达要快得多。就识别愤怒的面部表情而言，这些遭受虐待的孩子根本不可能拥有什么特殊的能力。他们并不能根据人们的面孔更好地识别其他情绪，比如快乐和悲伤。更可能的情况是，他们这种不幸的特长来自过去暴露在这类面孔之下的悲惨经历。

2.4.1.3　面孔知觉的神经实现

鉴于面孔在我们生活中的重要作用，无怪乎这一日常知觉技能的神经基础得到广泛的研究。这里我将简单地讨论一些重要的脑区，重点论述它们与面孔知觉背后认知机制的关联。

考察面孔知觉的神经基础的一种方法是，呈现面孔图片让参与者被动地观察，同时测量他们的脑活动。面孔激活最大的脑区通常位于梭状回的中部，而梭状回则位于颞叶下部（底部）。如图2.4所示，这一脑区响应面孔的程度几乎是响应任何其他刺激程度的两倍。这就是哈佛大学的研究者把这一部分的脑区称为**梭状回面孔区**（fusiform face area，FFA）的原因（Kanwisher et al.，1997）。来自许多不同研究方向的聚合证据表明，梭状回面孔区在面孔知觉中无比重要。例如，神经心理学研究表明，面孔失认的人受损的正是这一脑区（Van Belle et al.，2011），如前所述，这类人不能对面孔进行整体加工，因而很难对人进行识别。同样，操纵整体加工（如倒面效应和复合面孔效应）也会引起梭状回面孔区的不同反应。比如，同样的面孔正立呈现比颠倒呈现激起了梭状回面孔区更强烈的反应，如图2.4所示。正立面孔在梭状回面孔区更大的激活可能反映了正立面孔典型的整体加工特征。倒立面孔需要不同的加工策略，因为异常的朝向妨碍了整体加工，正如前一节所述。梭状回面孔区表现出的倒面效应的敏感性在其他刺激（如地点）上并没有观察到。这一点很重要，因为它把梭状回面孔区的激活与面孔典型的整体加工联系在一起。

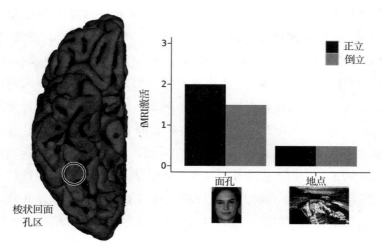

图 2.4　面孔知觉的神经基础——梭状回面孔区

梭状回面孔区（圆圈处）位于下颞叶皮层（从大脑底部往上看，左图）。如果呈现面孔，梭状回面孔区比其回应其他种类的刺激（如地点，右图）激活更大。梭状回面孔区对面孔的倒立效应敏感，因为它对正立的面孔比倒立的面孔反应更强烈。而其他类别的刺激（如地点）并不会引起梭状回面孔区对这两种朝向激活的任何差异。

　　通过电生理技术可以短暂而精确地测量大脑的活动，如EEG。当人们看到一张正立的面孔时，放置在枕—颞位置的电极在呈现之后大约 130～200 毫秒可侦测到较大的负电反应。其他客体也能引起同样的反应，但面孔的负电反应要大得多，如图2.5 所示。面孔知觉的这种神经特征被称为 N170，N 代表负电反应，而 170 代表平均耗费的以毫秒计的时间（Bentin，Allison，Puce，Perez & McCarthy，1996）。很遗憾，运用电生理技术的缺点是不可能对反应进行精确定位。我们知道 N170 来自枕—颞脑区，但它的精确位置却不清楚。不过，我们的确知道在同一个参与者身上，面孔的 N170 波幅与梭状回面孔区的激活高度相关（Sadeh，Podlipsky，Zhdanov & Yovel，2010）。所以，看起来N170 和梭状回面孔区两者都表现了同一认知过程的神经实现。当我们操纵整体加工时，再来思考梭状回面孔区与 N170 之间的相似点，这一假设就更加可信了。图 2.5 表明，倒立面孔比正立面孔引起了 N170 更大的负电反应，正如它们对梭状回面孔区的激活要小于正立面孔。我们再一次看到，N170 波幅的差异很可能反映了整体加工所涉及的具有本质差异的加工过程。与梭状回面孔区一样，N170 的倒立效应是面孔特有的。对于除面孔外的其他刺激，正立和倒立的 N170 波幅之间并不存在差异。

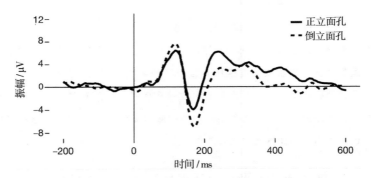

图 2.5　面孔知觉的神经基础——N170（EEG）

面孔引起枕颞脑区的电生理反应在呈现之后的 170 毫秒出现下沉的负波。N170 的负波波幅在响应面孔时比响应其他类别的刺激（如地点）更为明显。倒立面孔比正立面孔的负波下沉得更为明显，而其他类别的刺激则不会引起 N170 的倒立效应。

　　其他脑区也会对面孔有反应。**枕叶面孔区**（occipital face area，OFA）位于梭状回面孔区靠近枕叶的稍后位置，而颞上沟（superior temporal sulcus，STS）背部则位于颞叶外侧。学界认为枕叶面孔区为梭状回面孔区提供了输入，表现为腹侧通路里从枕叶到梭状回的视觉信息流。例如，枕叶面孔区对面孔个别部分细微的物理变化都较敏感，而梭状回面孔区在面孔发生替换时才会参与（Fox，Moon，Iaria & Barton，2009）。颞上沟的背部似乎对面孔个别部分的细微变化较敏感。意识到某个人正在微笑，很可能涉及对嘴巴动态和眼睛周围细小皱褶的感知。颞上沟的背部对于情绪知觉很重要。

面孔区域不可避免地卷入了面孔特长。我们已经了解到，面孔失认者的梭状回面孔区及其周围脑区都受到损害。因而，这些脑区在面孔呈现之后也不会出现典型的 N170 反应。有自闭症的人对面孔的感知可能也有类似的特征。这类人与他人的社会互动往往感到困难。面孔知觉对于人与人之间的沟通至关重要，我们似乎有道理预期自闭症患者和神经发育正常的人在负责面孔知觉的脑区上存在差异。研究者发现，面孔几乎不会引起自闭症参与者梭状回面孔区、枕叶面孔区和颞上沟背部的任何激活。但其他客体（如轿车和房子）却能很好地在自闭症患者的大脑里得到反映（Corbett et al.，2009；Humphreys，Hasson，Avidan，Minshew & Behrmann，2008）。有一个稍显怪异的研究考察了尸检中自闭症患者大脑神经元的数量及密度（van Kooten et al.，2008）。结果发现，自闭症患者大脑梭状回纹层里的神经元比正常组要少得多。面孔知觉能力及面孔知觉的神经特征（neural signature）究竟有着怎样的个体差异？擅长识别面孔的人是否在梭状回面孔区也有着更大的激活？最初的研究表明，事实可能的确如此。研究证据表明，同一批参与者面对正确识别的面孔比无法识别的面孔时梭状回面孔区表现出更强的激活（Grill－Spector，Knouf & Kanwisher，2004；Zhang，Li，Song & Liu，2012）。

不过，这些研究只是把面孔识别的成功与即将出现的梭状回面孔区反应联系在一起。梭状回面孔区在成功识别的面孔和未成功识别的面孔之间表现出差异，一点也不奇怪。然而真正的问题是，在核磁共振成像扫描仪之外识别面孔的基本能力是否与在此扫描仪之内面孔呈现所致的梭状回面孔区反应有着相关。在上一节，我们看到刘嘉的研究团队考察了面孔识别能力与整体加工之间的类似关系。刘嘉团队还进行了两项大规模的研究，试图阐明面孔识别能力与梭状回面孔区的面孔激活之间的关系（Huang et al.，2014）。他们的第一项研究测量了 294 名参与者识别面孔的能力以及被动观看的一张面孔（相对于物体）所引起的梭状回面孔区激活。结果发现，两者之间存在正相关，并在第二项研究（也有 200 多名参与者）中得到了重复验证。面孔引起梭状回面孔区的激活越大，人们在无关的面孔识别任务中成绩就更好。不过，两者之间的关联并不是特别强烈。换言之，梭状回面孔区的激活并不能充分说明全部的面孔识别能力。虽然梭状回面孔区对面孔感知能力只有较小的贡献，但这一脑区却只与面孔有关，而与其他物体无关。正如前述整体加工的研究，刘嘉等人利用控制条件测量了客体识别（鲜花）的能力。结果发现，客体识别能力和梭状回面孔区的激活事实上没有任何联系。

有人对 N170 与面孔识别能力进行了类似的研究。柏林洪堡大学的维尔纳·萨默（Werner Sommer）带领的研究团队测量了面孔引起的大脑电生理反应，并将它与面孔识别能力联系在一起（Herzmann，Kunina，Sommer & Wilhelm，2010）。他们的第一个研究发现，N170 的潜伏期与面孔识别能力存在显著的关联。面孔知觉能力更好的参与者，其 N170 反应启动得比面孔知觉能力更差的参与者更快。N170 更早的启动反映了面孔识别能力更好的参与者更快速和更有效的整体加工。这种关联是中等的，并在另一项有着 100 多名参与者的研究中得到重复（Kaltwasser，hildebrandt，Recio，Wilhelm & Sommer，2014）。更重要的是，这两项研究都包括一连串的测试，旨在测量各种能力，涉及一般智力、记忆、加工速度和客体识别等。但没有一种能力可以预测识别面孔的能力，也无法解释 N170 的潜伏期和波幅。与梭状回面孔区一样，N170 似乎也只与面孔有关联。

2.4.1.4　面孔是独特的吗

我们已经看到，面孔涉及专门的认知机制。倒面效应和复合面孔效应说明了我们识别面孔的惊人效率。大脑对面孔的反应也有特殊的神经特征。梭状回面孔区和 N170 似乎对面孔也特别敏感。某些研究人员甚至声称，高效率的整体加工及其神经特征仅仅与面孔有关（Kanwisher & Yovel，2006）。**面孔特异性观点**（face specificity view）的支持者们主张，面孔的加工方式迥异于其他刺激，因而可以很自然地说，面孔的知觉涉及完全分离和具有本质差异的加工过程，这与其他客体的知觉是截然不同的。他们断言，面孔在日常生活中对于我们如此重要，以致可以非常靠谱地认为，人类已经演化出面孔知觉的独特而高效的机制。这一演化的论断也受到以下事实的削弱：面孔也是某些最经常遇到的刺激，面孔的整体加工可能是单纯的面孔体验和特长的结果。**特长研究法**（expertise approach）假定，在特殊领域里具有日积月累经验的人会变得更擅长区分该领域里单个样例之间的差别（Bukach，Gauthier & Tarr，2006）。例如，对轿车感兴趣的人也许不仅能轻易地区分不同的福特和科尔维特轿车，而且能分辨不同款式的福特野马。正如面孔一样，只要经验丰富，人们也能整体性地加工其特长领域里的刺激。

研究者考察了人们对犬类特长知识的加工，首次用证据支持了特长假设（Diamond & Carey，1986）。例如，虽然许多人都要费力地分辨拉布拉多寻回犬和金毛寻回犬，但是犬类专家却能非常迅速地一眼指出这两个品种狗之间的差别。研究者还发现，犬类专家识别倒立的狗照片明显比识别正常朝向的狗照片更糟糕（Diamond & Carey，1986）。但是倒立的狗照片并不会影响新手对狗的识别成绩；因为他们在这两种情况下都一样差。然而，专家和新手都表现出正常的面孔倒立效应。由于上述开创性的研究，特长效应在很多特长领域都得到了重复（Curby & Gauthier，2010；综述见 Tarr & Cheng，2003）。我们已经看到，整体加工对于解释我们识别最熟悉的面孔（如同龄或同种族的面孔）更为有效。稍后我们还将看到，整体加工也是某些典型的知觉领域（如放射医学）特长的标志。第 3 章我们还将把棋类（认知领域）研究与类似的整体加工联系起来。

另一种证明整体加工是特长之基础的方法是，训练人们掌握自己以前所不熟悉的人工刺激。美国范德堡大学（Vanderbilt University）的伊莎贝尔·戈捷（Isabel Gauthier）和她的同事们创造了一种叫作"greebles"的新生物（一种独特的图形字符）。通过某些特征可以区分这些"生物"，这些特征与鼻子、耳朵等面部特点及四肢并没有什么不同（Gauthier，Tarr，Anderson，Skudlarski & Gore，1999）。经过几个星期的反复练习，这项研究的参与者开始熟悉这些不同的"新生物"。在大量练习之后，人们开始对这些"新生物"表现出整体加工。他们能很快地识别这些"新生物"，甚至不用仔细观察它们的标志性特征。然而，他们对此种"生物"的有效识别受到倒立的影响，这也体现了复合效应。该研究表明，即使是与先前未知刺激的较短体验，也可能导致整体加工。

　　上述"greebles"研究是所谓的**训练研究**（training study）的一个例子，在训练研究中，参与者对特定的刺激并不熟练，要对这些刺激进行一定程度的练习，然后测量他们的行为和神经变化，以期研究刺激训练的结果。

2.4.1.5　作为大脑模块的梭状回面孔区

　　同样的讨论不可避免地引起人们对面部加工之神经基础的思考。这个议题取决于大脑组织的问题。一种可能性是，人类的心理及其生物实体化（大脑）是围绕着一个高度专门化的模块系统组织起来的。在这个模块系统中，一个模块只负责一种加工（如面部处理），而另一个模块则处理不同的刺激（如客体）。**心理/脑模块**（mind/brain module）的观点是由福多（Fodor, 1983）提出来的，三十多年后这个观点仍然是解释大脑工作的颇有影响力的理论框架。然而，大脑也可能运用一般的加工机制，这种机制具有处理一系列新问题的能力。大脑模块的排他性及其模块的专门化可能并不是必需的。

　　大脑的组织是一个重要的理论问题。实证方面的争论主要集中在 FFA 上，因为 FFA 似乎是大脑模块的完美代表。FFA 不仅对面孔的反应比对其他刺激的反应更强烈，而且那些难以识别面孔的人（如面孔失认症病人）大脑里涉及 FFA 的脑区也受到了损伤。如前所述，面孔之外的其他刺激方面的特长似乎运用了整体加工。相应地，FFA 在许多领域也应该能区分专家和新手。结果可能并不总是明确的，但在大多数情况下，轿车和鸟类专家都比他们不太熟练的同事更多地运用了 FFA。面部特异性假说的支持者认为，轿车和鸟类都与人的面孔有一些相似之处。因此，这种结果可能是实验刺激与面孔的视觉相似性所造成的，而不是因为专家运用了整体加工。正如我们稍后将看到的，更敏感的数据分析新技术提供了证据，表明放射医学影像（可以说根本不像人脸）也调用了 FFA。但人们仍然可以反驳说，这些专家对自己特长领域里的刺激调用 FFA，与他们对面孔的加工方式并不一样。这可以证明，面孔与人们所体验的其他刺激相比，在加工方式上存在本质差异。然而，我们需要思考的是，即使是最伟大的专家，在鸟类方面有多少经验，而在面孔方面又有多少经验。面孔方面的经验远远超过任何其他视觉类别的经验。面孔和其他视觉类别在接触数量上差别很大，这一事实可以解释 FFA 调用上的不同（Bilalić, Langner, Ulrich, & Grodd, 2011）。

总之，FFA 似乎确实是一个专门化的模块。然而，它更可能是针对整体加工的一个专门模块，而不是针对面孔本身。作为一个整体来加工特定领域的刺激是特长的一个标志，面孔恰好是最熟练的刺激之一，因此也是最有效的刺激之一。

2.4.2 放射学特长

放射学特长实际上攸关生死。要治疗和治愈疾病，我们先要注意放射影像。放射科医生的工作就是如此——在放射影像蕴含的丰富信息中发现异常之处。放射科医生的特长是引人注目的：一位经验丰富的放射科医生只需一瞥，瞬间就能发现影像中的问题。这一节我们将首先考察非凡的放射学特长背后的认知机制。我们将看到，整体加工是面部知觉的核心，也是放射学特长的基石。因此，毫不奇怪的是，放射学特长的大脑实现过程也是前一节所述整体加工的典型表现。

专栏 2.1　超越 FFA 的视觉特长

如果您认为视觉特长的神经实现过程总的来说是以 FFA 为中心的，或许情有可原。前文详细论述了 FFA 在面孔认知整体加工中的作用。正如您将很快看到的，FFA 也是其他视觉特长领域的中心主题。在关于大脑组织的争论中，FFA 也是辩论的焦点。学界对 FFA 萌发的巨大兴趣就是源于这两个（未必有关的）因素。然而，一般的特长（以及特殊的视觉特长）并不只局限于 FFA。特长涉及如此多的过程，其中一些过程相当复杂多变，以至于很难相信特长的所有过程能在单一的脑区得以实现，即使该脑区是 FFA。

美国莱特州立大学的阿萨夫·哈雷尔（Assaf Harel）和他的同事德怀特·克拉维茨（Dwight Kravitz）以及马里兰州贝塞斯达的美国心理健康研究所的克里斯·贝克（Chris Baker）进行了一系列的研究，以证明大脑其他脑区对特长的影响（Harel，Gilaie－Dotan，Malach & Bentin，2010；Harel，Kravitz & Baker，2013）。他们认为 FFA 之所以在知觉研究中具有如此突出的作用，正是因为某些研究者对这一认知过程的观点。正如我们在知觉解剖部分（第 2.2 节）所看到的，输入从外界环境经由感觉器官接受和传导，然后在负责其神经实现的脑区得以加工。这种加工是自动、快速、层级化和高度专门化的。看到一张面孔，不可避免地会引起面孔感知。这种由刺激驱动的、自下而上的加工过程反映在知觉特长研究所采用的实验范式之中。大多数情况下，参与者只是观看一连串的视觉刺激。如果知觉是自下而上的，那么这些刺激的出现就应当自动引发典型的神经反应。哈雷尔和他的同事们一致认为，自下而上的加工是知觉特长的重要组成部分，但他们也主张，内源性的自上而下的加工也在知觉中发挥作用。我们到底想对刺激做什么，我们需要注意什么地方，以及我们掌握刺激的哪些知识——所有这些因素都在知觉中起着一定的作用。一张面孔可能会引起面部知觉，但面部表情却可能引起情绪，而情绪识别则可能唤起与这个人有关的记忆。更为重要的是，如果我们对这个人有过糟糕的体验，我们可能会开始寻找与此经历有关的面部特征，而忽略其他方面。任何（视觉）知觉，无论正常水平的还是熟练的，都很可能涉及刺激特征和观察者的目标之间的相互作用。

哈雷尔和同事们令人信服地证明了自上而下的因素（如注意和记忆）对正常的视知觉的影响。他们在操纵任务焦点的同时呈现目标图片。在某些情况下，参与者必须注意图片中物体的物理特征，比如颜色。在另一些任务中，参与者必须考虑同一物体的概念特征，比如物体是否是人造物，或者是否可以移动。如果只发生自下而上的加工，不同的任务应该导致相同的神经反应——毕竟，这两种任务都使用了相同的物体图片。事实上，哈雷尔发现这些任务调用腹侧脑区和前额叶的方式是不同的。聚焦物理特征会在早期视觉区（包括 V1）和邻近的枕叶皮层外侧引起激活。而聚焦概念特征则会更多地调用腹侧通路的其他区域，即梭状回。外侧前额叶也是如此。该研究表明，根据特定任务的需要，非视觉的脑区也参与了知觉。更为重要的是,该研究说明了对视觉刺激不同方面的关注(通过任务要求引发)可以改变视觉通路不同区域的神经反应。

哈雷尔和同事们随后在专家的视觉加工中证明了同样的效应(Harel et al., 2010)。他们召集了两组人,一组是轿车专家,他们非常了解轿车,能轻易区分不同的轿车;另一组是轿车新手,对轿车并不了解。组员要进行的第一项任务是观察一系列的轿车和飞机影像,并指出连续呈现的两张轿车影像是否是重复的(中间出现的飞机影像可以被忽略)。哈雷尔证实了 FFA 在视觉(轿车)特长方面的重要性,因为轿车专家的 FFA 内部和周围都出现了更大的激活。哈雷尔所做的 fMRI 分析并未局限于 FFA,而是测量了整个大脑。他发现专家很多脑区的反应都比新手更强烈。如专栏 2.1 中的附图所示,轿车特长表现在早期视觉脑区和物体相关的脑区,以及某些顶叶和额叶脑区。哈雷尔接下来要查明这种特长效应是否会受到自上而下加工的调节。这次的任务与以前一样,但要求轿车专家和新手指出重复出现的飞机影像,而忽略轿车。然而,研究者关注的神经反应仍然与轿车有关。这两项任务之间唯一的区别是注意轿车还是注意飞机;两项任务都呈现了相同的影像。当任务要求不太关注轿车时,特长调节上的差别完全消失了:突然之间,轿车专家对轿车影像的神经反应与对轿车知之甚少的人并没有显示出差异。

哈雷尔和同事们的研究表明,仅仅看到视觉刺激未必会引起专家和新手有差别的神经反应。只要专家的注意力被吸引，再加上他们对关于刺激全部知识的了解，神经差异就变得很明显，不仅表现在 FFA 上，而且表现在整个大脑皮层之上。任何特长都涉及许多认知过程，而不仅仅是简单的观察行为。正如我们稍后将看到，放射医学特长包括最初的整体感知，也包括与识别可疑区域有关的搜索和决策过程。认知特长的主要例子是国际象棋，它也一样涉及很多认知过程。甚至面孔知觉也涉及不同的方面：从对人的认知到对人情绪的判断。因此，这些过程将不可避免地调用 FFA 以及许多其他的视觉和非视觉脑区，这取决于当前任务所需的加工方式。这诸多的认知过程展示了自下而上和自上向下的加工是如何结合在一起来支持（知觉）特长的（综述见 Harel，2015）。

专家与新手，轿车 > 飞机

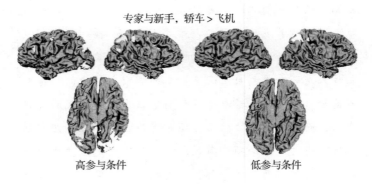

高参与条件　　　　　　　　　低参与条件

专栏附图　超出 FFA 的特长

当汽车专家需要主动地观察汽车刺激时（高参与条件，左图），他们调用了许多脑区。而当他们需要观察其他类别的刺激时，同样的汽车刺激并不会引起太多的激活（低参与条件，右图）。（Adapted with permission from Harel et al.，2010）。

2.4.2.1　放射医学特长中的认知机制

放射科医生经常报告说，一眼就能"看清"整个放射影像。他们甚至在检查影像个别部分之前就形成了影像的整体印象。在放射学术语中，这种印象通常被称为**要点**（gist）或**格式塔**（gestalt），而导致最初印象的加工则被称为**全局加工**（global processing）。在许多方面，全局加工都类似于我们前述面孔知觉部分提到的整体加工。这两种加工都是自动进行的，重点在于解析整体中各个元素之间的关系。最终的结果是形成了整个影像的快速印象，即使单个元素并没有经过仔细的检查。对于放射科医师的全局加工，目前还没有进行过类似于面孔知觉中整体加工的研究。考虑到全局加工和整体加工明显的相似性，这可能会让人感到意外。这两个研究方向彼此独立发展，过去几乎没有任何交叉。尽管如此，你会发现放射学特长的研究已经足以媲美与整体加工类似的其他独创性的研究方法。

毋庸置疑，放射科医生的确擅长发现放射影像中的异常之处。毕竟，那是他们的工作。即便效率和速度是当今的流行词，放射科医生通常仍有很多时间仔细检查影像。犯错的代价是巨大的，医务工作者一直在努力防止错误的发生。美国宾夕法尼亚大学的昆德尔（Harold Kundel）和诺丁（Calvin Nodine）是世界领先的放射医学特长研究者，他们向经验丰富的放射科医生呈现图像，并且不限制他们检查的时间，以此来模拟这种工作环境。放射科医生的表现近乎完美，发现了 97% 的异常之处（Kundel & Nodine，1975）。他们出错的地方是影像中看来异常的部分，但结果证明这些地方并不具有威胁性。放射科医生宁愿错误地把肿块视为危险的，也不愿错过任何可能危及生命的异常之处。昆德尔和诺丁接着研究了放射科医生在没有充足的时间琢磨影像的情

形下是否还能有杰出的表现。他们展示了一张图片，只持续 200
毫秒，只能容人短暂地一瞥。即使没有时间仔细检查图片，放射
科医生仍然设法发现了 70% 的病灶。他们通常能够看到所有较
大的病灶（如肺炎），如图 2.6 所示。他们错过的通常是肺部的
小肿块（即小瘤，见第 1 章图 1.1）和骨折。

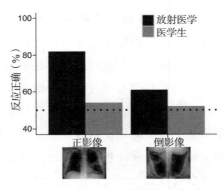

图 2.6　放射医学特长的认知机制

经验丰富的放射科医生在正立的胸腔 X 光影像检查中能很好地发现病灶，
即使 X 光影像只呈现 200 毫秒。医学生的表现则是机遇水平（虚线）。当 X
光影像颠倒呈现时，放射科医生的表现会大幅变差，几乎与医学生水平
相当。

　　昆德尔和诺丁的研究表明，放射科医生未必需要仔细检查影
像才能找出病灶。他们只要看一眼就够了。我和德国图宾根大学
（Tubingen University）的同事们重复了昆德尔和诺丁的研究，但
具体安排上有所改变。首先，要求放射科医生和医学生指出，
200 毫秒呈现的放射影像是否包含病灶，这与昆德尔和诺丁的研
究一样。正如你能想到的，放射科医生表现得相当好，发现了
80% 的异常之处，而医学生则接近机遇水平（50%），见图 2.6。
我们研究的关键操作是颠倒放射影像，正如面孔知觉的研究一

样。突然之间，放射科医生对影像的正确甄别几乎超不过 50%。影像的倒置对放射科医生的表现有很大的影响。整体加工（而在放射学特长的研究中通常被称为全局加工）似乎也是放射学特长的一个标志。

卡莫迪和同事们提供了关于放射学特长全局加工的另一个证据，他们应用了一种范式，该范式与前述面孔知觉一节中提到的整体—部分范式有相似之处（Carmody，1980）。卡莫迪和同事们向放射科医生呈现了被分成六等分的放射影像。分开后的影像小于整体，因而小图像比整个的大图像应该更容易发现异常之处。然而，一张又一张孤立呈现小部分图像时，放射科医师对异常部分的感知受损严重。经验丰富的放射科医生会仔细考虑这些小部分的影像，但他们可以从完整的影像中获取额外的信息，而这些信息在个别的影像片段中是无法获得的。有时候，整体大于部分之和，这似乎适合放射学特长，正如面孔知觉一样。

放射学特长全局加工的进一步证据来自对眼动记录的研究。当有经验的放射科医生和医学生（只经过放射医学的初步训练）搜索影像里的病灶时，他们表现出迥异的搜索策略。通过眼运仪的测量发现，放射科医生的搜索路径比医学生有效得多。放射科医生几乎立刻将目光锁定在异常之处，正如第 1 章的图 1.1 所示。因此，他们的注视点更少（看向影像某个部分的时间超过100 毫秒），覆盖的图像面积也更少。相比之下，医学生需要检查整个影像，使用的策略也很仔细，要检查影像的每个角落（Krupinski，2000；Kundel，Nodine，Conant，& Weinstein，2007）。放射科医生就好像知道病灶的位置，即便在他们查看影像之前。更合理的解释是，第一眼就能让经验丰富的放射科医生对影像进行全局加工。然后形成的印象直接引导放射科医师注意病灶，而无须在影像的无关方面浪费时间。新手们没有依赖全局加工和第一印象的优越条件。他们被迫采用一种深思熟虑的策略，即不放过放射图像中任何细微的信息（见第 1 章和图 1.1 关于放射科医生和医学生的眼动记录）。

考虑到放射科医生令人难以置信的成就时，我们会很自然地认为他们拥有特别好的视觉能力。但在除放射影像外的其他视觉领域，情况似乎并非如此。诺丁和亚利桑那大学的伊丽莎白·克鲁平斯基（Elizabeth Krupinski）向放射科医生和普通人呈现了复杂的场景，要求他们在其中寻找某个物体，任务场景很多，包括著名的"沃尔多在哪里"（Where's Waldo）系列（Nodine & Krupinski，1998）。尽管放射科医生更擅长在放射影像中发现病灶，但如果要求他们必须在复杂的图画中寻找沃尔多时，他们的优势就不再存在了。哈佛大学的杰里米·沃尔夫（Jeremy Wolfe）带领的团队进行了一项类似的研究（Evans et al.，2011），这一次他们的目标是再认记忆。研究者给放射科医生和普通人呈现了一些场景、物体和放射学影像。正如你所预料的，放射科医生比普通人能更好地识别已经看到的放射影像，即使放射影像和以前未看过的其他图像一起呈现。然而，这一结果在场景和物体的控制刺激上却没有区别。放射科医生有着出众的认知和记忆能力，但这种优势仅限于他们的特长领域。

由于超强的知觉能力并不能解释特长现象，问题依然存在：究竟是什么让放射科医生在眨眼之间就抓住了放射影像的本质？目前的放射医学特长理论假设：由于广泛的暴露，放射科医生已经获得了海量的放射学影像知识。这种知识通常被称为图式，包括与正常影像有关的视觉模式，但也特别地包括与异常影像有关的视觉模式（综述见 Reingold & Sheridan，2011）。一旦看到新的影像，专家级的放射科医生就会将该影像与记忆里已有的图式进行比较，从而快速获得影像的全局印象（这个过程据说是自动进行的，不会进入意识之中）。这种全局印象既包括微小变化（偏离图式），也包括潜在的异常（Myles － Worsley，Johnston & Simons，1988）。全局印象是放射学特长两大理论的要素：**全局—局灶理论**（global － focal theory，Kundel et al. ，2007）和**两阶段理论**（two － stage theory，Swensson，1980）。这两种理论都认为，全局印象使放射科医生能够在第二个（焦点）阶段迅速查明和调查可疑的影像区域。相比之下，经验不足的医学生由于知识储备不足，无法有效地形成全局印象，故而需要更仔细地检查图像以发现可疑区域。这些可疑区域随后将被识别为需要进一步检查的情况，或者是异常，或者只是虚惊一场（综述见 Nodine & Mello － Thoms，2000；Reingold & Sheridan，2011）。

2. 4. 2. 2　放射学特长的神经实现

我们已经看到了放射学特长背后的认知机制。正如我们将在下一章中看到的，就认知特长而言，它们实际上大同小异，比如放射学特长与国际象棋特长。专家们在丰富的经验基础上，掌握了其专业领域里的客观规律。一致的内容存储在记忆中，只有当专家面对新的情况时才会被激活。然后，记忆结构使专家能够快速掌握情况，并将注意力指向环境最显著的部分。放射影像（如胸部 X 光片子）携带了丰富的信息，但放射科医生通过记忆里储存的先前经验可以减少影像的复杂性。新手的视觉或认知能力并非天生就更差，但他们缺乏指引知觉的特定知识结构，因而容易淹没在错综复杂的情势之中。虽然放射学特长这方面的认知机制得到了很好的研究，但我们才刚刚开始研究其神经实现过程。这里我们先讨论放射科医生在被动观察放射影像时大脑会发生什么变化。然后我们将考虑大脑面对更复杂的放射学特长（如识别病灶）的调节方式。最后，我们将发现，大脑的调节方式是多么神奇，足以应对高效的全局加工所需的计算负担。

我和同事们测试了经验丰富的放射科医生和医学生，使用了所谓的"1 – back 任务"（Bilalić，Grottenthaler，Nägele & lindig，2016）。我们要参与者观看一系列的刺激，并识别当前的图像是否与他们刚刚看到的图像完全相同。这是个简单的任务，并不需要太多的专业知识。然而，即便如此，如果呈现的刺激是放射影像（胸部 X 光片），放射科医生的表现也优于医学生。对于放射影像的重复，放射科医生反应更加准确和快速。但呈现的刺激是面孔、地点或工具的图像时，放射科医生的优势就消失了。这项研究再次证实了特长的领域特异性，还能让我们有价值地洞察放射医学特长的大脑实现过程，因为我们利用功能性核磁共振成像（fMRI）测量了参与者的大脑活动。我们采用了一种叫作**多体素模式分析**（multivariate voxel pattern analysis，MVPA）的技术，它比传统的 fMRI 分析更敏感。只要条件之间或者参与者之间的单个体素的激活没有差别，fMRI 分析通常会忽略，而 MVPA 则不然，它利用了所有相邻体素的激活模式。通过这种方式，激活模式中甚至最细微的差异也能找出来。我们发现，放射影像激活了大脑的一大片网络，就像人们对复杂的视觉刺激所预计的那样。如图 2.7 所示，放射科医生和医学生的主要差异集中在颞叶，更确切地说，是在左右脑的梭状回（FG）。这部分的梭状回也是面孔知觉中活跃的同一脑区（FFA），根据它的激活模式可以可靠地指出，观看放射影像的人是放射科医生还是医学生。为了进一步考察 FFA 在放射医学特长中的作用，我们研究了放射科医生和医学生的 FFA 是否也能区分正常呈现和倒立呈现的放射影像。

放射科医生仍比医学生更准确地发现了倒立 X 射线影像的重复，但要花更多的时间才能准确识别。即使是在重复识别的简单任务中，放射科医生的这种倒立效应也很明显。这种效应也反映在放射科医生的 FFA 激活中，利用这一激活能可靠地分辨呈现的 X 光片子是正立的还是倒立的。相比之下，医学生的 FFA 却不能区分 X 光片子不同朝向。

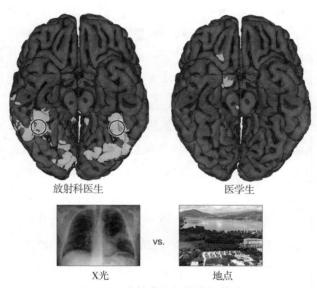

图 2.7　放射学特长的神经基础

能可靠地区分放射科医生及医学生所看到的放射影像和地点图像的脑区。最敏感的脑区位于放射科医生的 FFA 内部及周围，如图中的黑色圆圈所示。图中的大脑是从底部（下部）视角看的。颜色代表对放射影像的敏感程度——颜色越明亮，X 光片子和地点图像的区分就越明显。

有研究者采用了另一种方法来研究放射科医生和外行（没有放射医学经验的普通人）之间的差别（Haller & Radue，2005）。研究者巧妙地处理了放射影像，人为地修改其中一小部分（使影像的一部分变得模糊），然后要求参与者搜索研究者做出的这种改变。放射科医生实际上并不比外行能更好地发现放射影像中的修改之处。这可能并不令人意外，因为尽管这些图片是放射影像，但任务本身并没有体现放射学特长。然而，如 fMRI 测量所示，放射科医生和外行的大脑激活存在差异。放射科医生的颞中回、颞下回以及额中回、额上回表现出更强的激活。研究者认为颞叶的激活反映了先前存储的放射影像的自动提取，以及它们与当前图像的比较。实验任务并没有要求参与者做这样的加工，但是所有的放射学特长理论都假定这种加工是自动的，并且任何时候呈现放射影像都会发生。颞叶激活不足（通常与记忆的提取有关）证实了这种解释。

最近，由伦敦大学学院的凯茜·普赖斯（Cathy Price）带领的研究小组测量了经验丰富的放射科医生在诊断胸部 X 光片子病症时大脑的活动（Melo et al., 2011）。这项研究并没有外行组成的控制组，因为外行要做出此类诊断很困难。相反，该研究采用了两个控制条件。除了在 X 光片子里识别病灶外，放射科医生还必须识别 X 光片子里插入的动物和字母。命名疾病与识别动物和字母的脑激活非常相似。它们都涉及枕叶（正如人们对视觉刺激所预期的）、额下回（IFG）和广泛的下颞叶皮层。由于这三种情况都涉及同样的视觉刺激（X 光片子）及同样的加工：视觉搜索、识别和命名，所以这种相似性是意料之中的。这些情况脑激活的唯一差别体现在左脑额下回和后扣带回（posterior cingulated gyrus，pCG）。当放射科医生说出疾病名字时，额下回和后扣带回的激活程度显然要比他们说出动物和字母时更强。研究者解释说，这些额外的脑激活是由于每个任务的难度不同造成的。动物和字母比病灶更容易识别，而病灶则会调用额外的脑区，以进行更高级的认知加工，比如推理和决策。

普赖斯的研究涉及放射科医生的典型任务，即在放射影像中识别病灶。这项任务是复杂的，放射学特长正是如此，它必然包含许多单独的过程。全局加工很可能在一开始时就已发生，然后是搜索加工。这项任务涉及疾病命名的识别、再认和加工。识别病灶伴随着诸多不同加工的发生，要把脑激活与单独的任务成分联系起来就显得愈发困难。明尼苏达大学的史蒂芬·恩格尔（Stephen Engel）采取了不同的方法。恩格尔和同事们并未采用复杂的任务，而是跳过了识别疾病的加工过程（Harley et al.，2009）。先用箭头作为线索把经验不同的放射科医生的注意力引向某个特定位置，稍后该处会出现胸部 X 光片。他们的任务是判断线索指向的地方是否含有肺结节，肺结节可能表示存在肿瘤。线索使放射科医生得以绕过全局加工，以及对结节的实际搜索。他们可以立刻聚焦于线索指向部分的判断。如此一来，恩格尔侧重于放射学特长的最后阶段，即决策过程。毫不奇怪，经验丰富的放射科医生能更正确地区分线索化的组织是危险的还是良性的结节。研究者特别感兴趣的是视觉加工重要脑区的激活模式。恩格尔分离出许多这样的脑区，包括外侧枕叶皮层（lateral occipital cortex，LOC）和 FFA。LOC 在对物体及其形状做出反应时，也成为腹侧视觉通路上第一个复杂的节点。在决策过程中，缺乏经验的放射科医生的 LOC 表现出更强烈的激活。它的激活与放射学的表现存在负相关：放射科医生对结节的区分越准确，LOC 所表现出的激活就越小。而 FFA 的激活模式则明显不同。放射学表现与 FFA 的激活呈正相关。放射科医生判断越准确，就越多地调用 FFA。随着放射学特长的发展，FFA 的参与和 LOC 的剥离很好地说明了一个观点：放射学特长更多地依赖整体加工而较少依赖分析加工。熟练的放射科医生并不需要运用分析式的形状加工，正如 LOC 激活被抑制。相反，他们要依赖对结节的整体加工，体现在 FFA 激活的增强上。另外，不太熟练的放射科医生在职业培训初期，需要更多地运用对结节深思熟虑的分析式加工，因为他们缺乏整体加工所必需的知识。这还反映在相反的激活模式中：更多地调用 LOC，更少地调用 FFA。

恩格尔的研究考察了放射学特长的最后阶段，即判断所识别的可疑组织是否危及生命。这项研究还包含一种整体的操作：在一个条件下，X 光影像被分成 25 等份，然后随机打乱并呈现给放射科医生。然而，参与者的成绩并不会因此变差，FFA 对打乱的 X 光影像的神经反应也没有差异。这里并没有出现随机化效应，可能原因是，恩格尔的研究对结节将要出现的位置给出了线索提示，从而避开了最先的全局加工阶段。我们最近的研究旨在充分考察第一个阶段，即放射科医生形成图像整体印象的阶段（Bilalić et al.，2015）。如前所述，这项研究在如此短的时间内（200 毫秒）展示了 X 光图像，几乎不可能多看一眼，更不用说彻底地搜索图像了。然而，如图 2.6 所示，经验丰富的放射科医生非常擅长区分有病灶的和没有任何异常的 X 光图像。另外，医学生则基本上靠猜，因为他们的表现确实并不比机遇水平高。除了行为反应之外，我们还测量了放射科医生和医学生在放射图像短暂呈现过程中的大脑激活。放射科医生和医学生负责处理放射图像的脑区非常相似，如第 1 章的图 1.5 所示。大脑的外侧尤其如此：两组人都调用了额叶、运动区、顶叶、枕叶和颞叶。而额下回和颞下回则存在细微的差别，它们更多地牵涉放射科医生的工作。当我们观察大脑下部（底部）及其激活模式时，这些差异是次要的。放射科医生很大程度上调用了左右脑的梭状回，而梭状回的激活在医学生中几乎不存在。

上述结果很符合以下假设：全局加工（放射学特长的一个标志）的发生地是梭状回。医学生的梭状回没有激活在意料之中，因为他们只接受了放射医学的初级训练，因此要形成全局加工能力还有很长的路要走。当我们将参与者的表现与大脑激活联系起来时，最有趣的结果出现了。结果表明，参与者的表现与右脑海马的激活高度相关。放射科医生的区分越成功，他们的内侧颞叶皮层（medial temporal corex，MTC）就越活跃。我们已知 MTC是负责记忆整合的脑区，也有可能是提取 X 光片子所识别的病灶的地方。FFA 里发生的整体加工可以掌握 X 光片子的基本信息，但随后信息也有可能被转发到内侧颞区，对感知到的影像异常之处进行实际匹配。下额叶回的参与（在放射科医生中也更为明显）可能表明了决策过程的最后阶段，即提取病灶的语言标签。放射学特长的这一神经实现模型是推测性的，有待进一步的检验。例如，不同的神经成像技术可以以更精确的时间维度提供FFA、MTC 和 IFG 之间的相互作用。

2.4.3 指纹特长

指纹特长是现实生活中另一项非常重要的技能。无辜者的命运取决于正确地鉴定犯罪现场所发现的指纹。你可能想知道为什么我们要谈论指纹特长。毕竟，你已经在电视上很多次看过，指纹匹配的过程是完全自动化的，因此是绝对可靠的！现实情况略有不同。犯罪现场留下的指纹通常不完整，由于施加的压力不同、灰尘甚或当事者的饮食都会导致指纹模糊难辨。图 2.8 上部的是墨迹指纹，清晰可见。它比犯罪现场留下的整体或部分指纹都要清晰得多。自动进行的计算机匹配可能会得到很多指纹，它们与犯罪现场的指纹可能都匹配，但法庭鉴定人员的工作是确认两个指纹是同一个人的。几乎所有法庭出示的指纹证据都是基于指纹专家的视觉匹配的。

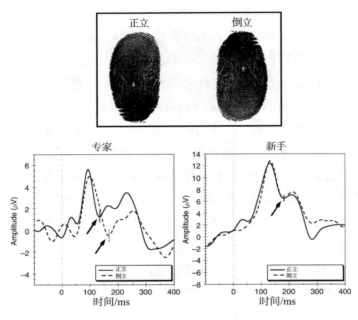

图 2.8 指纹特长的神经基础

专家级的指纹鉴定师比学生（新手）更准确地再认先前看到多的指纹。当指纹以正立和倒立两种方式呈现时，专家表现出典型的 N170 反应，即倒立指纹引起更大的负电反应，而新手没有出现 N170，他们也不能区分正立和倒立的指纹。（Adapted with permission from Busey & Vanderkolk, 2005）。

这些指纹专家接受了大量的训练，尽管他们的判断并非万无一失，但最近针对专职的指纹检验员进行的研究证明，即使存在时间压力，他们的准确率也接近完美。你或许认为即使是外行也能取得类似的成绩，因为指纹的相似性是显而易见的。你的观点部分是对的，因为即使是门外汉，他们的表现也不俗，可以正确地区分 75% 的配对指纹（Tangen，Thompson & McCarthy，2011）。1/4 的犯错率在专家看来是不可饶恕的，因为许多无辜的人会因此被错误地关押起来。虽然粗看之下指纹好像并不复杂，但指纹的确是复杂的视觉刺激。指纹具有典型的特征，每个指纹都可以说千变万化。门外汉几乎看不到这些，但指纹专家会利用诸如指纹的纹脊和交叉点来进行对比。指纹特征之间的关系对于指纹特长至关重要。不出所料，随着训练的增加，鉴定人员越来越善于把握指纹特征之间的关系，直到它成为一个几乎自动化的过程。如果这让你想起了面孔知觉和整体加工，说明你还没那么健忘！指纹的脊线并不完全与面孔的眼睛、鼻子和嘴巴一样，但它们有规律地出现，为整体加工提供可能的现实基础。

印第安纳大学的视觉科学家托马斯·布西（Thomas Busey）和印第安纳州警察实验室的指纹鉴定师约翰·范德科克（John Vanderkolk）进行了一项研究，他们比较了经验丰富的指纹鉴定师和大学生，为上述观点提供了行为证据（Busey & Vanderkolk，2005）。不用说，鉴定师对指纹分类要比学生擅长得多。然而，布西和范德科克观察发现，鉴定师匹配部分的指纹要比匹配完整的指纹更加困难。这是一个有点令人惊讶的发现，因为部分的指纹中要比较的信息更少。因此，部分指纹理应比完整指纹更容易匹配。这两位研究者认为，问题可能出在专家的整体加工上。部分指纹并不包含正常指纹的所有信息，这让部分指纹很难显现为一个整体，因为重要的部分缺失了。这一怀疑得到了研究结果的证实：学生缺乏知识的储备，无法运用整体加工，所以部分指纹对他们的影响要小得多。他们匹配完整指纹和部分指纹的成绩基本上是一样的。

　　布西和范德科克更进一步地进行了研究，他们采用了面部知觉研究中典型的倒置范式，以正立和倒立两种朝向给鉴定师和学生呈现了指纹，同时记录他们头皮上的电位变化。如果指纹专家对指纹的感知是一个整体，而不是单个元素，那么我们也应该发现指纹具有典型的面孔倒置效应。置于大脑枕颞区的电极记录了典型的早期负波振幅，应该能区分正立和倒立的指纹。你可能认为指纹或许并不完全适合倒置效应。不管你怎么旋转指纹图片，纹脊和其他特征仍然存在！你应该知道，鉴定师都是针对正立的指纹进行训练和匹配的。换句话说，颠倒的指纹对他们来说也是极不寻常的。

　　图 2.8 展示了在呈现正立和倒立的两种指纹之后，鉴定师和学生大脑枕颞区的电位波幅。你会注意到，鉴定师和学生的波幅起初都在上升，但很快就下降了，在 130～170 毫秒达到了最大的负值。然而，鉴定师面对正立指纹和倒立指纹的负峰（N170）却是不同的。正立指纹引起的负峰比倒立指纹更小。相反，学生面对正立指纹和倒立指纹的波幅几乎相同。鉴定师面对指纹表现出的波幅与面孔类似。为了强调这一点，布西和范德科克也使用了正立和倒立的面孔（图 2.8 并未显示）。鉴定师和学生的脑电模式都是一样的，这反映了面孔特长和面孔的整体加工：倒立面孔的 N170 部分比正立面孔更明显。

　　布西和范德科克令人信服地证明了整体加工也是指纹特长的核心成分。随着特长的成熟，复杂的视觉刺激（如指纹）在专家眼里也被感知为一个整体。假设整体加工受到阻碍，如将刺激颠倒过来，专家的表现就会变差。面对倒立刺激所付出的努力反映在神经信号上。专家的大脑枕颞区附近对倒立刺激的脑电反应（N170 部分）比正立刺激更明显。

2.4.4 乐谱

音乐是独特的专业领域。虽然许多特长只涉及一种感觉，但音乐却真正是多种感官共同活动的代表。声音是音乐必不可少的部分，正如我们将在听觉特长一节所看到的。音乐制作和表演也非常倚重动作成分，我们将在第 4 章的动作特长部分探讨音乐制作等内容。通常而言，音乐人演奏音乐时先要阅读乐谱上的音符。这种音乐符号的视觉解读本质上主要是视觉的，在这里我们将讨论它的神经基础。

音乐符号以五线谱的形式呈现，音符的位置和间距是音乐人的重要线索。一开始，读乐谱是出了名的难。这与我们认字读书并没有什么区别，因为在我们能处理一连串的音符之前，要分别注意单个的音符。大量的练习使单个音符的解读变得更快，而且能让我们快速处理整个序列的音符。音符当然不像面孔，但它们也由频繁出现的元素组成，这些元素组成普遍的模式。熟练的音乐人能同时感知若干个音符，迅速发现它们之间的关系。初学者和不太熟练的音乐人则需要更多的时间来理解相同的材料，因为他们必须检查单个的音符，思考孤立的音符彼此之间的联系，一次一个音符（Sloboda，1984）。

如果这让你再次想起面孔和指纹知觉的整体加工，一点也不奇怪，因为类似的加工在起作用。研究者进行了一项精妙的研究（Wong & Gauthier，2010b），以证明在熟练解读音乐符号时也发生了类似的整体加工。他们在标准的五线谱上先后呈现了两组各 4 个音符。然后要求参与者指出，第二组的 4 个音符是否有一个与前一组对应的音符（即在相同的位置）相同。音乐专家在这个任务上的表现比那些不熟练的同事更好。然而，研究者还操纵了另一个看似无关的相邻音符！现在，目标音符可能是相同的，但是所有其他的音符都是不同的。针对看似无关的刺激进行的这种一致性操作对音乐新手并没有影响。相比之下，音乐专家则受到不一致试次的干扰。音乐人越熟练，因而可以想见他们就越能解读音符，就越大地表现出一致性效应。一致性操作可能不会困扰新手，因为他们聚焦的是单个音符，但应该会影响音乐专家，因为他们把一系列的音符视为一个整体，同时理解音符之间的整体关系。他们不能忽略无关的音符，因为它们构成了整体，因此当目标音符的变化与其他音符的变化不一致时，音乐专家就会受到妨碍。

合乎逻辑的下一步将是研究 FFA（负责面部整体加工也可能负责一般知觉特长的脑区）是否涉及音乐符号的整体加工。这就是研究者在其后续实验中要做的。FFA 并不能区分音乐专家和新手，因为两组人的 FFA 激活程度都类似，但两组人 FFA 的差别却更为微妙。当考虑到任务表现（以参与者对音符序列的反应速度来衡量）时，FFA 的激活与专家的技能水平是正相关的——他们的任务表现越好，FFA 的激活就越大。而新手则出现相反的模式——表现好的新手比表现差的新手 FFA 的激活更小。值得注意的是，尽管任务本身并不特别难，而且很难代表视觉解读方面的音乐特长，但它很好地反映了音乐人的经验和训练程度。换句话说，FFA 表现了专家组内部整体加工的细微差异，尽管两组之间的 FFA 激活并没有出现总体差异。

音乐需要多种感官协同作业，甚至解读音符也只是整个作业的一小部分（视觉）。音符是视觉符号，代表乐音，也是动作的线索。专家和新手在解读音符时，除了视觉的脑区，还应有听觉和运动脑区存在差异。研究者的另一项研究恰好证明了这一点（Wong & Gauthier，2010a）。图 2.9 表明，音乐专家很多脑区的激活都比新手更强烈。与先前一些研究（Stewart et al.，2003a，2003b）一样，专家调用了背侧通路的脑区，如缘上回（supramarginal gyrus，SMG）和顶内沟（intraparietal sulcus，IPS）。这些脑区很重要，不仅在视觉和听觉信息之间映射，而且加工空间信息。因此，它们可能与音符彼此关系的空间加工有关，也可能与书面音符转译为乐音有关。专家的听觉脑区——西尔维裂缝（sylvian fissure，SF，也称为侧裂）——也更为激活，这并不奇怪，因为该脑区专门负责音高和节拍的加工。专家的前运动区（PMd）和躯体感觉皮层（在音乐表演中负责四肢的皮层表征）以及其他一些脑区的激活都增强了。空间、听觉、前运动和躯体感觉等脑区的活跃很好地展示了音乐的多感官协同特征。即使是视觉任务（如阅读音乐符号）也会成为真正具有特长的多感官协同任务。

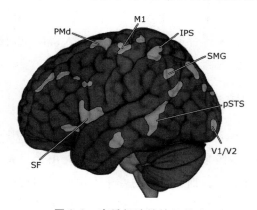

图 2.9　音乐视读的神经基础

音乐专家在完成音乐符号的视觉阅读任务时比新手调用了更多的脑区。激活的脑区包括视觉区（V1 和 V2），还包括许多其他感觉加工的脑区：听觉皮层（侧裂）、空间脑区（缘上回和顶内沟）、前运动区（背侧前运动皮层，PMd）、初级运动皮层（M1）、后颞上沟（pSTS）和躯体感觉皮层。（**Adapted with permission from Wong & Gauthier，2010**）。

2.5　听觉特长

　　若干年前，法瑞尔·威廉姆斯和罗宾·西克的歌曲《模糊地带》（*Blurred Lines*）横扫世界各地的流行音乐排行榜。2015 年，美国一家法院勒令法瑞尔和西克支付 700 多万美元给已故的马文·盖伊的家人，这是该歌曲迄今为止所赚金钱的一半多。这首歌被认为与盖伊 20 世纪 70 年代的热门歌曲《必须放弃》（*Got to Give It Up*）太相似了。如果你仔细听这两首歌，可能会注意到节拍和韵律的相似之处。除非你是训练有素的音乐人，否则你的分析很可能止步于此。熟练的音乐人可以告诉你，两首歌曲的音阶不同，盖伊在 A 大调上演唱，而西克在 G 大调上演唱，诸如此类的细节对你来说没有什么意义，除非你是一位训练有素的音乐人。在这里，我们将看到大脑如何使音乐人得以识别歌曲的各种特征，从简单的音高到更复杂的旋律。

2.5.1　绝对音高及其神经实现

　　如果训练有素的音乐人了解《模糊地带》的根音，他们可以用根音作为参照来弄懂其他音符。旋律是由音程关系构成的模式，即使没有根音，训练有素的音乐人也能辨别这些关系。但要精确地说出音符的名称，他们要利用根音作为参照点，从而推敲出其他的音符。这种能力（在给出参照点时能命名所有的音符）被称为**相对音高**（relative pitch）。少数音乐人可以不依赖外部参照点而说出音调的名称。这种罕见的能力可谓万里挑一，被称为**绝对音高**（absolute pitch，AP），也叫**完美音高**（perfect pitch）。绝对音高一度被视为音乐才能的象征。毕竟，音乐天才的代表莫扎特就拥有绝对音高！然而，事实证明，绝对音高对于音乐技能的习得并没有帮助作用，对于音乐人它甚至可能成为一种阻碍而非助力（Miyazaki，1993）。更有趣的是，尽管人们普遍认为绝对音高是一种天生的技能，你要么拥有绝对音高，要么根本就没有这种才能。但显然人们通过后天大量的练习也能获得绝对音高（Takeuchi & Hulse，1993）。尽管如此，绝对音高仍是一个值得探讨的主题，它使我们能够研究人类的大脑和心理如何处理最简单的声音。

绝对音高的早期研究采用了电生理学的测量方法。克莱因及其同事（Klein et al.，1984）测量了音乐人识别音调时顶叶的电位变化，这些音乐人或者拥有或者没有绝对音高。在刺激呈现后约 300 毫秒，观察到顶叶出现正电位。该电位变化被称为 **P300**，它被视为记忆保持和更新的指征。当人们在脑海中操纵环境内容时，正如音乐人试图弄清楚音高时会援引一个参照音调，在他们的顶叶上就能监测到 P300。克莱因所做的研究也是如此，因为没有绝对音高的一组必须识别音高时，他们表现出明显的 P300。相形之下，绝对音高组并未出现 P300。拥有绝对音高的音乐人不必把音调与想象的参照音高进行比较，以此估量音调的频率。他们直接对音高进行分类，不需要使用工作记忆，不像依赖于相对音高的音乐人。认知策略的这种差异反映在神经反应中。

后来的研究使用了空间分辨率更好的神经成像技术，以精确地找到绝对音高的大脑位置。麦吉尔大学的罗伯特·查托雷（Robert Zatorre）在一个设计巧妙的实验中使用了 PET，旨在厘清绝对音高和相对音高的神经基础（Zatorre，Perry，Beckett，Westbury & Evans，1998）。在一种条件下，两组音乐人（拥有绝对音高和没有绝对音高的人）都只能被动地听音调。图 2.10 表明，两组人都运用了右颞上回（STG）和右额下回（IFG），这两个脑区都属于前述听觉特长解剖学结构中的背侧通路。考虑到控制条件使用的是噪声，STS 和 IFG 的激活反映了对音调属性的加工。两组人被动地听音调时唯一的差别是，绝对音高组调用了左侧的后背外侧前额叶皮层（pDLPFC）。众所周知，pDLPFC 对于刺激之间联系的学习很重要。在本研究中，可以认为 pDLPFC 会提取所听音调的语言标签。这一假设在查托雷的另一项纵向研究中得到了证实（Zatorre，2005），在该研究中，不懂音乐的人要学习音调与其语言标签之间的联系，从而学会对一些音调进行分类。结果发现，左侧 pDLPFC 是唯一负责改善音高分类的脑区。为什么即使绝对音高组被动地听音调，pDLPFC 仍然是活跃的？绝对音高组的音高分类并不存在个体可以随意关闭的开关。在实验结束后，对音乐人的访谈证实了，具有绝对音高的音乐人会自动标记他们听过的音调，即使这不是任务内容。因此，查托雷及其同事们证明，拥有绝对音高音乐人的 pDLPFC 会自动提取所听音调的语言标签，即使他们不必明确地对音调进行分类。

该研究设计（Zatorre et al.，1998 年）起初也包含了一个更明确的任务，要求音乐人指出音调所在的音阶位置（小调或大调）。此时两组的 pDLPFC 都激活了，如图 2.10 所示，因为无绝对音高组必须根据间隔分类来提取言语标签。无绝对音高组可以比较音调与他们"心耳"中的参照音调，从而盘算出音调间隔，这反映在 pDLPFC 的激活之中。与此相反，绝对音高组可以立即对音高进行分类。两组音乐人之间的这种认知策略上的差异反映在不同的脑实现过程中。例如，无绝对音高组相比绝对音高组更多地运用了 IFG。IFG 对信息的保持很重要，很可能反映了无绝对音高组对音调进行精细分类的认知策略。绝对音高组 IFG 激活的缺乏是意料之中的，因为具有绝对音高的音乐人能直接对音高间隔进行归类。

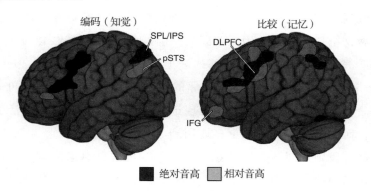

编码（知觉）　　　　　　　　　比较（记忆）

SPL/IPS　　　DLPFC

pSTS

IFG

■ 绝对音高　■ 相对音高

图 2.10　绝对音高的神经基础

具有绝对音高的音乐人在被动地听音调时，会调用左脑的背外侧前额叶皮层（DLPFC），该脑区涉及联想学习（即说出物体或音调的名称）。具有相对音高的音乐人如果没有参照音调就无法判断音高，也不会调用背外侧前额叶皮层（见左图）。如果要求他们必须说出音阶（小调或大调），这两组音乐人都会调用背外侧前额叶皮层（见右图）。然而，具有相对音高的音乐人还调用了额下回（IFG），因为他们要保持音调以便比较。而具有绝对音高的音乐人则不需要这种保持，因为他们凭借其绝对音高就能自动地判断音阶。图中 SPL/IPS 为上顶叶和顶内沟；pSTS 为后颞上沟。（Adapted with permission from Zatorre et al.，1998）。

来自哈佛医学院（Harvard Medical School）的研究很好地说明了两组音乐人加工策略的差别：绝对音高组可以自动提取，而无绝对音高组则需要深思熟虑，涉及更多的脑区（Schulze，Gaab & Schlaug，2009）。研究者精心设计了一个实验，以区分早期的知觉加工和后期的记忆加工，同时利用fMRI记录参与者大脑的激活。研究者给两组音乐人先呈现一系列的音调。这反映了听觉刺激编码的知觉阶段。随后要求音乐人辨别第一个音调是否与后来呈现的一些音调相同。这个阶段需要把音调保持在记忆里，以便后来进行比较。研究者发现两组人在做这个任务时都调用了共同的大脑网络，包括 STG 以及 IFG 的后部，而 STG 延伸到相邻的颞上沟（STS）和下顶叶（inferior parietal lobule，IPL）及相邻的顶内沟（IPS）。在早期知觉阶段直接比较两组音乐人，发现绝对音高组的左脑 STS 激活更多，而无绝对音高组则更多地用到了顶叶（SPL/IPS）。而后期记忆阶段则发现，无绝对音高组采用了更深思熟虑的策略，因为在相同的枕叶（SPL/IPL）脑区无绝对音高组比绝对音高组激活更大。

上述研究表明，就绝对音高和相对音高来看，认知策略及其神经实现之间有着密切的联系。极少数拥有绝对音高的音乐人能直接对听到的声音进行分类。非常敏感的听觉脑区在接触音调时就会进行加工和分类，随后从 pDLPFC 检索并提取相应的言语标签。不具备绝对音高的音乐人则要比较听到的音调和他们"心耳"中的音调，以此推测音调。他们也要调用听觉脑区，其后检索音调名称时仍要调用 pDLPFC。然而，他们的策略需要将音调信息保持在工作记忆里并进行操作。这就是相对音高的音乐人要调用额下和顶叶脑区的原因。

2.5.2　绝对音高的解剖

音乐经常被用来证明大脑惊人的适应能力。稍后第 4 章我们将看到大脑如何适应音乐表演的动作需求。这里我们感兴趣的是大脑如何适应听觉需求。我们将首先回顾一些研究，精确地识别音乐人和普通人听觉脑区的差异。不过，我们更为关注的是促成绝对音高主要脑区的结构性差异。

许多研究发现音乐人和普通人大脑结构差异的根源在听觉脑区。比如一项研究发现，音乐人的海希耳氏回的前内侧部分（尤其是右脑）包含的灰质比普通人更多（Schneider et al., 2002）。更令人印象深刻的是，海希耳氏回的大小能可靠地预测音乐人的音乐水准。海希耳氏回包含的灰质越多，音乐人就越有音乐才华。研究者还发现音乐人与普通人的海希耳氏回存在结构性差异（Gaser & Schlaug, 2003）。这些差异表现在海希耳氏回的内侧部分，学界普遍认为该脑区代表着初级听觉皮层。令人困惑的结果是，激活的中心位于左脑脑回，而非前述研究的右脑脑回。研究结果略有差异的原因之一可能缘于研究样本的特异性。该研究只包括一组音乐人（键盘手），并且全部都是男性。最近的一项研究采用了大样本，由精通各种音乐器材的男女两性组成（Bermudez, Lerch, Evans & Zatorre, 2009）。在测量大脑的各种数据之外，还测量了皮层厚度。音乐人的次级听觉区更厚——包括海希耳氏回及其前方脑区和上颞叶内侧脑区。尽管音乐人左脑和右脑的次级听觉区都比普通人更厚，但右脑听觉区的差异更为明显。与前述研究一样，研究者也测量了灰质的体积。结果发现，音乐人左脑和右脑的初级听觉区（海希耳氏回）的灰质更多。再次发现，右脑初级听觉皮层的差异比左脑要大。该研究也是第一个发现额叶存在差异的研究。音乐人左脑和右脑的背外侧额叶皮层都比普通人要厚，该脑区涉及信息的保持。

有些研究直接考察了绝对音高的生理结构基础。这些研究明确指出，有绝对音高的音乐人与无绝对音高的音乐人及普通人之间最明显差别的是 STG 的后部，这一部位又称为**颞平面**（planum temporale，PT）。研究者考察了很多男音乐人，结果发现具有绝对音高的人左脑的颞平面比其右脑的颞平面更明显（Schlaug et al.，1995）。左脑颞平面的这种不对称性既没有出现在无绝对音高的音乐人身上，也没有出现在进行匹配的控制组普通人身上。左脑颞平面的不对称性可能是左颞平面皮层更大所致，也可能是因为右脑颞平面更小所致。一项研究发现，绝对音高有无的两组音乐人相比，两组人左脑的颞平面并没有表现出差异，但有绝对音高组右脑的颞平面却更小。

前面提及的一项研究（Bermudez et al.，2009）也纳入了具有和没有绝对音高的音乐人。在测量皮层厚度时，该研究发现有绝对音高的人 DLPFC 后部的皮层更薄。该脑区与前一小节介绍的脑区相同，主要负责音高与其言语标签之间的联系（Zatorre et al.，1998）。这部分脑区的厚度还能预测绝对音高能力。绝对音高能力最为突出的音乐人后背侧额叶最小。研究也测量了两组音乐人的灰质，但结果不如皮层厚度那么明确。

2.5.3 复杂的音乐才能及其神经实现

我们已经看到，基本声音的知觉发生在初级听觉皮层。训练有素的音乐人可能运用 A1 和后背外侧前额叶皮层（pDLPFC）来感知《模糊地带》和《必须放弃》这两首歌曲基本音高组成方面的雷同。歌曲都由基本的成分（音调）构成，但音调以序列方式组合在一起，从而构成旋律。这里我们将看到训练有素的音乐人怎样感知音调模式。

旋律基于单个的音调，音调组合的模式带来典型的时间韵律。音乐的层次性也体现在大脑实现的过程上。很多研究证实基本音调的加工发生在初级听觉皮层（Griffiths，Büchel，Frackow-iak，& Patterson，1998；Patterson，Uppenkamp，Johnsrude，& Griffiths，2002），而连续的音调带来的时间特性却是在颞叶的前部和后部进行加工的（Griffiths et al.，1998）。研究者确认右脑的 STS 是旋律起伏的神经实现部位（Lee et al.，2011）。针对不精通音乐的普通人的研究证实，旋律知觉从初级听觉皮层沿前外侧通往 STG 和颞极（planum polare，PP，即颞叶上表面的前部）。而针对音乐人的研究表明，除了抽取音高之外，声音信息的加工还涉及远离初级听觉皮层的脑区。一项研究发现，两段和弦的主动和被动辨别都涉及右脑的 STS（Klein & Zatorre，2011）。

2.6　触觉特长

与通常单独出现的听觉刺激不同，在日常生活的诸多情境中，我们不必仅仅依赖于触觉。如果你阅读时拿着这本书（或者笔记本电脑、平板电脑），你肯定会感觉到它在你手里。如果有必要，通过触觉省察你肯定能认出自己持有的物品。然而，繁杂的触觉省察并不存在现实需要，因为在你拿到这本书之前，你就已经看到它了。这也是正常视力者的触觉能力并未完全开发的一个可能原因。他们只是没有足够的机会来单独地练习触觉技能。相形之下，盲人不能依靠视觉，除了触碰和抚摸，通常没有识别物体的其他方法。与视力正常的人不同，触摸在盲人的生活中至关重要。他们使用的书面语是盲文，盲文基于在纸面和其他表面上凸起的点阵的精细触觉辨别。盲人利用触摸应对周围的环境和识别物体。

由于盲人使用触觉能力的机会很多，我们有理由预期他们比被蒙眼的视力正常的人更擅长触觉任务。的确，盲人在涉及触觉的很多任务上都比正常人表现更好。例如，对于识别指垫上二维刺激的触觉任务，这与盲文的感知并没有什么不同，盲人的成绩通常更好。然而，研究结果并不像人们预计的那样清晰。在一些简单的任务上，比如辨别条形长度或纹理敏感性，盲人的表现并不比被蒙住眼睛的正常人好（Kupers & Ptito，2014；综述见 Sathian & Stilla，2010）。结果矛盾很可能是由于**迁移**（transfer）问题，即将一个任务中学到的方法应用到另一个任务之上的能力。对于盲人和视力正常的人并未表现出成绩差异的任务，其中各种工作内容即使是盲人也并未经常遇到和练习。在我们讨论触觉特长练习的重要性之前，让我们先思考一下大脑是如何适应视力正常之人和盲人的触觉特长的。

想象你被人蒙上了眼睛，给你两个物体，要求你只能凭借触摸来分辨。你很可能先用手指仔细地触摸物体，据此检查物体。手指的运动不可避免地会引起你的初级运动皮层的激活，而手指与物体的接触则会引起初级躯体感觉皮层的激活。随着你深入地探察物体，你获悉的物体信息会在顶叶皮层的顶内沟进行整合。很快你的 DLPFC 就会被激活，因为你开始根据所获悉的触觉信息猜测物体的名称（Harada et al.，2004）。物体的形状也可能在枕叶的 LOC 进行编码。该脑区的激活有点令人困惑，虽然通常不明显，因为 LOC 属于视觉脑区，其对物体形状的视感知比触感知激活更大（参见第 2.4.2 节关于放射医学特长的例子）。一种可能是你在检查物体时唤起了想象，这可能导致 LOC 的弱激活。换言之，前额叶和顶叶皮层引起 LOC 以自上而下加工方式的激活：并非外界的刺激而是我们自己的观念和想法触发了 LOC 的激活。正如关于大脑可塑性部分的讨论，"视觉皮层" 这一术语只是一个指代的标签。枕叶和颞叶皮层本质上可能是多通道的，可以在任何感觉通道上对物体的属性进行编码。因此，LOC 可以对物体的几何特征进行编码，不仅从视觉获取信息，而且能从其他感觉（如触觉）获取。初级躯体感觉皮层或许自下而上地将触觉信息传递给 LOC。这意味着 LOC 激活是外周刺激（经由躯体感觉皮层）作用的结果，正如大部分自下而上加工一样。这种多通道解释似乎是正确的。使用脑电图的研究表明，与形状有关的 LOC 激活早在触觉刺激的 150 毫秒之后就已出现（Lucan, Foxe, Gomez - Ramirez, Sathian, & Molholm, 2010）。在如此短的时间内，自上而下的表象加工不太可能发生。多通道假说的其他证据来自耶路撒冷希伯来大学的阿米尔·阿马迪（Amir Amedi）所做的研究（Amedi, Malach, Hendler, Peled, & Zohary, 2001；Amedi, Jacobson, Hendler, Malach, & Zohary, 2002），该研究发现识别物体几何形状所必需的视觉和触觉输入都会激活一部分的 LOC。

　　当盲人做同样的任务，只通过触摸来识别物体时，他们调用了与视力完好的人相似的额顶脑区。最大的差异表现在盲人视觉皮层的参与。除了前面提到的 LOC（在盲人中激活更大），内侧枕叶皮层（包括 V1）和 FG（在视觉特长部分曾提及）都参与其中（Stilla, Deshpande, LaConte, Hu, & Sathian, 2007；Stilla & Sathian, 2008）。LOC 和梭状区是客体 - 选择性的脑区，而 V1

是由视网膜输入精确映射的脑区。这些特别对应精确和粗糙视觉特征的视觉区也可以区分盲人触觉敏锐度的高低。那些擅长触觉任务的盲人在这些视觉区有更大的激活。正如第 2.3 节中关于大脑可塑性的讨论，触觉信息不会直接进入视觉皮层。相反，调用的是视觉和躯体感觉皮层之间已有的通路。假设用右手感受物体，来自左脑初级感觉运动皮层的信息被传送到两侧的视觉皮层以备进一步加工。这与视力正常之人的触觉加工形成了鲜明的对比：信息从左脑初级感觉运动皮层传送到右脑的 IPS。视觉皮层并没有额外的激活。事实上，IPS 的激活可预测视力正常的参与者的触觉敏锐度（Stilla et al.，2007）。

某些更微妙的识别（如对称性识别）在盲人和正常人的大脑中也有不同的神经实现过程。以图 2.11 所示的设备为例，该设备的表面插着许多小针，形成垂直的对称或不对称图案（Bauer et al.，2015；Cattaneo et al.，2014）。你能区分对称的和不对称的图案吗？结果是，正常人蒙住眼睛也能很好地完成这种触觉任务，他们能正确地将呈现的 4 张点阵图案中的 3 张归类。然而，盲人表现更好，他们能正确地分辨 10 张图案中 9 张。图 2.11 表明，盲人和视力正常的参与者都运用了前额叶（DLPFC）和顶叶（IPS）区域进行对称性检测。不同的是所谓的视觉皮层，盲人调用了很多脑区：枕叶、外侧枕叶皮层（LOC）、颞中回（middle temporal gyrus，MTG）、颞下回（inferior temporal gyrus，ITG）和梭状回（FG），而视力正常的参与者则根本没有运用这些脑区。更不用说，如果让视力正常的参与者利用视觉检测这种对称性，那么他们就会像盲人参与者在触觉检测中一样调用枕颞脑区。

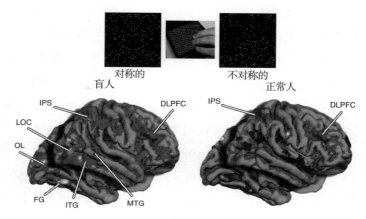

图 2.11　盲人的触觉特长

盲人和蒙眼的正常人都必须指出设备上突出的点阵图案是否对称（上方的图）。两组人都调用了前额叶皮层（DLPFC）和顶叶皮层（IPS）相同的脑区，但盲人还调用了枕颞皮层的诸多脑区（枕叶；LOC；MTG；ITG 和 FG）。脑区 fMRI 激活的强度用颜色来表示：颜色越亮，激活越大。冷色（蓝色）用来表示控制任务比实际的触觉对称任务有着更大的激活。（Adapted with permission from Cattaneo et al.，2014）。

2.7　味觉特长

　　与触觉刺激一样，味觉刺激很少孤立地出现。我们所爱食物的滋味不仅结合了它的气味和口感，而且包含它的视觉特征。这可能就是为什么人们在没有视觉（有时甚至是嗅觉）标签的情况下，识别味道的能力非常差的原因之一。理查德·怀斯曼（Richard Wiseman）曾经是位魔术师，现在是英国赫特福德郡大学（Hertfordshire University）的心理学家，他曾经进行了一项大型研究，要求 500 多人分辨廉价和昂贵的葡萄酒。这些葡萄酒是在 2011 年爱丁堡国际科学节（Edinburgh International Science Festival）上展出的，当时没有贴任何标签。展览的观众有机会品尝到这些葡萄酒，并要判断葡萄酒是便宜货（不到 5 英镑）还是昂贵的好酒（超过 10 英镑）。结果相当令人沮丧，因为人们判断的正确率几乎不比机遇水平好多少：白葡萄酒中的好酒和便宜酒被正确判断的比例是 53%；而红葡萄酒的这一比例只有 47%。

鉴于上述结果，你可能不会感到惊讶：如果葡萄酒没有了颜色特征，普通的葡萄酒爱好者也无法区分白葡萄酒和红葡萄酒。但让你感到惊讶的是，即便是葡萄酒专家——以判断葡萄酒好坏为生的人——对于没有明确标签的葡萄酒，也很难区分白葡萄酒和红葡萄酒。波尔多大学（Bordeaux University）的弗雷德里克·布罗切特（Frederick Brochet）曾请 50 多位葡萄酒专家介绍两种葡萄酒：白葡萄酒和红葡萄酒（Morrot，Brochet & Dubourdieu，2001）。品酒的主要内容是对味觉的言语描述。在这个例子中，品酒师将红酒描述为有"果酱味"，并提到它含有红色的水果，正如你对红酒的预期一样。问题是布罗切特使用的酒根本就不是红酒！而是与其他杯子里一样的白葡萄酒，只是用无味的染料染成了红色。没有一位品酒专家发现白葡萄酒和红葡萄酒都来自同一瓶。

由于诸如此类研究，许多研究人员认为品酒活动和品酒特长更多地是一种言语能力的练习，而非知觉技能的表现。葡萄酒是包含几十种不同物质的复合鸡尾酒。任何读过酒评的人都会注意到，品酒专家对美酒成分的描述充斥着华丽的辞藻。另外，经常喝酒的人并不擅长给自己感知到的口感贴上言语标签，因为在日常生活中人们很少这样做。你在享受美酒佳肴时，并不会对其味觉和嗅觉成分进行方法学的分析。现在很清楚的是，品酒专家经常声称自己能比普通人辨别更多的不同物质。这是游戏的一部分：只要描述令人赏心悦目，他们几乎不会有犯错的风险。然而，事实并非如此，品酒专家在鉴别酒品成分上并不比普通饮酒者更胜一筹。但研究表明，训练有素的品酒师的确比没有受过这类训练的人更能辨别昂贵葡萄酒的成分（Goldstein et al.，2008）。

品酒特长似乎确实存在，但这种特长可能在品酒圈子中被极度地夸大了。这种特长的神经基础是什么？迄今为止，只有两项研究探察了品酒特长的神经实现过程。这类研究缺乏的一个原因无疑是，要在神经成像设备（如 MRI 扫描仪）内部给参与者施加味觉刺激很困难。参与者躺在扫描仪里，研究者需要特殊的装置才能将液体输送到参与者的嘴里。同时，研究者要排除可能影响味知觉的视觉和嗅觉刺激。在第一项研究中，品酒专家和匹配的控制组都饮用了几小口葡萄酒（Castriota - Scanderbeg et al.，2005）。葡萄酒引起的大脑反应与葡萄糖液体的反应进行了比较，后者作为一种控制条件。第二项研究采用了同样的设计，但控制条件使用的是水而非葡萄糖（Pazart et al.，2014）。不同的控制条件可以解释研究结果之间的细微差别，但这两项研究得出了大体一致的结果。品酒专家分析了葡萄酒的味道组成，而普通参与者则以概括式的情感来感知葡萄酒。品酒专家比新手更多地调用了脑岛（从下前方延伸到尾部的 OFC），如图 2.12 所示。该脑区对于味觉和嗅觉刺激的统合以及味觉质量的判断都很重要。专家的分析式策略反映在 DLPFC 更强的激活上。正如前述听觉特长部分我们所看到的，DLPFC 与言语标签的提取有关。在这个研究例子中，DLPFC 的激活也可能与投射到味觉输入的注意有关。味觉成分的分析和识别不可避免地激活了负责记忆过程的海马及其周围脑区。相比之下，新手更多地调用了杏仁核，一般而言，杏仁核对快乐和情绪高度敏感。

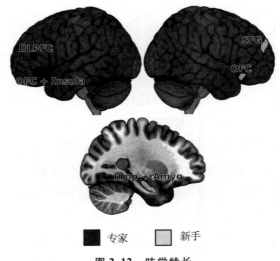

图 2.12　味觉特长

品酒专家（酒侍）在葡萄酒测试期间激活了脑岛、眶额皮层（OFC）和背外侧前额叶（DLPFC）。而新手调用了杏仁核（Amyg）和海马（Hipp），这反映了葡萄酒引起的情绪反应。图中的 SFG（superior frontal gyrus）为额上回。（Adapted with permission from Castriota – Scanderbeg et al.，2005）。

品酒专家的分析策略不同于视觉专长的整体加工特征，见第2.4.1.1 节。然而，味觉任务和视觉任务的本质可以解释这种差异。味觉专家（如酒侍）的主要任务是分析和识别味觉的各种成分。这就是为什么我们发现酒侍比普通人更多地采用分析策略。认知机制的差异自然影响到神经实现过程，并导致专家和新手不同的神经激活模式。

我们或许并不特别擅长区分不同的味觉刺激，但几乎没有人不知道自己偏爱的口味。在一项聪明的研究中，麦克卢尔及其同事揭示了我们偏好背后的神经原因（McClure et al.，2004）。研究者让参与者在没贴标签的可口可乐和百事汽水之间进行选择。当饮料没有任何标签时，参与者识别不出他们所偏爱的苏打饮料，这或许并没有什么好奇怪的。通常偏爱百事可乐的人选择可口可乐与选择百事可乐的概率一样，反之亦然。然而，当参与者品尝未标记的饮料，随后测量他们的大脑活动，结果发现偏好与内侧眶额皮层（mOFC）的激活高度相关。当参与者品尝他们之前选择的饮料时，mOFC 比品尝他们不喜欢的饮料时更加活跃。学界普遍认为 mOFC 是体验愉悦的脑区。这项研究表明，人们可能无法区分不同的品牌，但他们的大脑肯定知道自己喜欢什么！

麦克卢尔进一步研究了不同品牌的预期对大脑的影响。麦克卢尔并没有隐匿饮料的品牌，而是用视觉线索来暗示将要品尝的饮料。这种情况下，品牌的知悉并没有引起 mOFC 的激活，但调用了海马、mOFC 和中脑。研究结果表明，大脑存在两种不同的味知觉机制：一种直接与味觉的享乐特性有关，由 mOFC 调节；另一种神经机制通过先前对品牌的了解而使味觉体验产生偏差。一部分前额叶皮层（DLPFC）使味知觉产生偏差，而海马参与了与品牌相关的信息提取。

麦克卢尔的研究很好地说明了自上而下的加工对知觉的影响。一些信息可能会严重改变味觉刺激的感知，我们的味知觉非常倚重这类信息。例如，一瓶昂贵的葡萄酒可能比一瓶便宜的葡萄酒更美味，只是因为价格标签及其在我们心中激起的预期。的确，有项研究精确地解释了此类效应的神经机制（Plassmann et al.，2008）。研究人员给参与者两种葡萄酒，告诉他们一种酒相当昂贵（45 美元或 90 美元），另一种酒非常便宜（不到 5 美元）。你可能猜到，这些葡萄酒实际上来自同一瓶！尽管如此，参与者更喜欢价格昂贵的葡萄酒，认为喝起来更愉悦。真正有趣的发现是，当参与者品尝据称价格更高的葡萄酒时 mOFC（即前述与享乐有关的脑区）的确更为激活。图 2.13 表明，价签不仅影响偏好，而且还能调节神经活动！

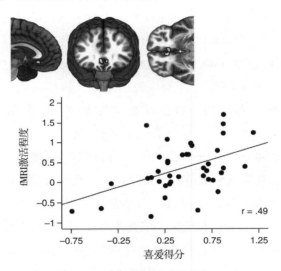

图 2.13　味知觉的自上而下加工

当参与者品尝自己信以为真高价酒时，内侧眶额皮层（mOFC—上图）比他们尝试低价酒时更为激活。高价酒和低价酒之间 OFC 激活的差异与这"两种"酒的喜爱得分是一致的。换言之，他们越喜欢高价酒，OFC 激活越大。（Adapted with permission from Plassmann et al.，2008）。

　　本节介绍的这些研究强调了一个事实，即没有任何刺激是孤立地进行加工的。味觉刺激尤其如此，它似乎对诸如个体的预期等因素特别敏感。一个原因可能是原生态的味觉刺激并没有被人们很好地识别，这自然是因为我们孤立地加工味觉刺激的经验有限。因为味知觉中纯粹的刺激驱动的、自下而上的加工并没有得到很好的发展，我们要依赖其他与期望相关的自上而下的机制。味知觉可能是一个极端的例子，但它强调了一个事实，即知觉是主动的过程，是完全客观的外界环境刺激与包含各种经验和期望的内在主观交互作用的产物。

2.8　嗅觉特长

格雷诺耶拥有辨别气味的非凡能力。他不仅能记住人的体味，还能根据人们气味的变化来推断人的情绪。格雷诺耶对气味的辨别，普通人只有在梦中才能做到。然而，格雷诺耶只是德国作家帕特里克·苏斯金德（Patrick Suskind）虚构的人物。这部引人注目的小说《香水》（*Perfume*）也搬上了大屏幕，其吸引力当然是由于主人公非同凡响的嗅觉特长。嗅觉是人类最不发达的感觉之一。嗅觉重要性有限的原因可以追溯到人类演化时期，那时我们开始直立行走而非四足爬行。鼻子是我们感知气味的唯一途径，却突然之间远离了气味本身。人类辨别不同气味的能力非常糟糕，更不用说记住气味了。人类究竟是否存在嗅觉特长？

诸如格雷诺耶的特长可能只存在于小说中，但是有坚实的证据表明，气味的经验能带来更好的嗅知觉。我们在神经可塑性部分考察了盲人超级敏感的触觉。盲人的嗅觉能力也更强。研究发现，盲人比视力完好的人能更好地辨别两种气味（Rombaux et al.，2010）。当给盲人呈现气味，让他们自由识别，根本不提供多项选择时，盲人也比正常人的表现更好。最有趣的发现是，盲人的嗅球也要大得多，嗅球是大脑最前端的部分，是气味加工的重要脑区。嗅球不仅分辨不同的气味，还过滤嗅觉输入，从而调节我们对环境的感知。盲人的嗅球几乎比正常人大 50%，所以盲人对气味的识别要好得多。

其他研究拓展了上述研究（Rombaux et al.，2010）发现，研究盲人嗅觉表现的功能性特征。研究利用 fMRI 发现，那些出生失明或者在生命早期失明的人，在识别气味时比正常人更强地激活了初级嗅觉区（杏仁核）和次级嗅觉区（OFC 和海马）（Kupers et al.，2011）。和其他研究一样，盲人也调用了大片的视皮层。这两项研究并没有把嗅觉表现的功能性变化和结构性变化直接联系在一起。比利时鲁汶大学（Louvain University）的研究者将盲人和视力正常的参与者的激活与他们在气味分类和辨别任务中的表现联系起来（Renier et al.，2013）。他们发现右脑梭状回后部（枕叶皮质附近的另一个视觉区，在"视觉特长"一节曾提到）能可靠地区分两类人：熟练的气味感知者（主要是盲人）和嗅觉迟钝的人（主要是视力正常的人）。右脑梭状回激活越大，气味的识别和分类就越好。重要的是，梭状回的这一特性仅在嗅觉任务中可见。在盲人表现同样更好的听觉任务中，梭状回并不能区分不同的小组及其表现。

对盲人的研究结果突出了视觉皮层的适应性。盲人比视力正常的人更多地依赖气味。甚至可以说，正因为如此，他们辨别气味的经验也更多。刺激经验对于嗅觉特长可能再次至关重要。芝加哥西北大学的杰伊·戈特弗里德及其同事进行了一项关于气味短期培训的研究（Gottfried et al.，2006）。他们让参与者闻 30 分钟玫瑰花香。正如你可能想到的，参与者很快就适应了，这一点通过行为和神经测量可以证明。根据自我报告，气味的强度迅速地减弱了，初级和次级嗅觉区的神经活动也随之减弱。这些都是你非常熟悉的感觉适应的典型行为和神经特征。几分钟后，即使是最难闻的气味也能让人忍受。激发感觉适应的目的是观察参与者在短时间暴露在某种气味后是否更善于辨别。确实如此，因为在 30 分钟的暴露之后，参与者对不同气味的分辨比之前更加敏感。不过，嗅觉敏感性的提升却局限于习得的刺激——各种玫瑰的花香。如果要对相似的气味进行比较，参与者的表现更好，但他们对两种之前没有嗅过的气味的敏感性没有差异。不仅没有迁移到未经训练的刺激，而且嗅觉敏感性的提升也相对短暂。24 小时后，参与者恢复到起初的嗅觉能力。

戈特弗里德及其同事的研究有力地表明，即使仅仅暴露在刺激之中，也可能改善对刺激的知觉。这项研究真正新颖之处是发现行为变化与神经变化有关。结果表明，随着知觉敏感性的提升，梨状皮层和 OFC 的激活增强。作者随后考察了这两个脑区是否可以直接预测参与者知觉学习的程度。OFC 与知觉敏感性有很强的联系。参与者在短暂暴露后辨别气味的能力越强，OFC 的激活就越强。

知觉敏感度通常存在个体差异，要么是因为刺激经验的不同，要么是由于某些先天因素。研究嗅觉神经基础的一种方法是测量正常人的嗅知觉水平，并将他们的表现与功能性和结构性的大脑测量联系起来。研究者测量了 125 名不同年龄的参与者的嗅觉能力，以及他们的嗅球的体积（Buschhüter et al.，2008）。他们发现擅长气味识别的人嗅球更大。这项研究重复了前述一项研究的结果（Rombaux et al.，2010）：盲人的嗅球更大，盲人比正常人的嗅知觉更好。该研究重要在于它考察了老年人。结果发现，嗅球的体积随着年龄的增加而减小，但老年人更大的嗅球与更好的嗅觉有关。换句话说，嗅觉特长可以作为与年龄有关的大脑皮层质量流失的缓冲器。研究者采用了类似的方法来测量 46

个人的气味知觉（Frasnelli et al.，2010）。不过，他们还测量了整个大脑的皮层厚度，而不仅仅是嗅球。结果发现，右脑内侧OFC和右脑岛（嗅知觉重要的脑区）更厚的人，也更善于对气味进行分辨和归类。

我们看到，很多重要的嗅觉脑区与嗅觉特长有关。最近的一项研究试图分离嗅觉特长及其神经基础的不同成分（Seubert et al.，2013）。研究者测量了100多人的嗅觉能力和大脑结构特征。他们发现，气味识别任务与嗅球的体积有关，嗅球越大，识别气味的能力越强。OFC和梨状回（另两个重要的嗅觉脑区）灰质的数量并不能预测气味识别能力。在人们必须分辨两种气味（辨别任务）和必须指出他们何时开始闻到气味（阈限任务）的任务中，发现了相反的模式。突然之间，更大的OFC与更好的表现有关，而嗅球的大小并不能预测识别和阈限任务的表现。不同的嗅觉脑区似乎特异于嗅觉特长的不同成分。OFC与嗅球里灰质的负相关（一个脑区里的灰质越多必然导致另一个脑区里的灰质越少）佐证了这一结论。

我们已经看到，嗅觉脑区的功能性和结构性特征可以区分人们对嗅觉刺激的感知能力。然而，即使是这些研究中表现最好的人也不可能成为专家。嗅觉专家可以说是所有知觉专家中最罕见的一群。幸运的是，在巴黎有一所国际学校专门培养未来的香水调制师。未来的香水师在这所学校接受的培训，与格雷诺耶在电影《香水》中的经历并无二致。学生们要了解数百种化学分子的特性。显而易见的问题是，香水学院的学生和毕业的香水师以及普通人之间是否存在神经学上的嗅觉差异。里昂大学（Université Claude Bernard Lyon）的研究者考察了香水学院的学生（Delon - Martin，Plailly，Fonlupt，Veyrac，& Royet，2013），学生至少接受了两年的香水技能强化训练。经过训练的香水师在嗅沟周围的眶额脑区有着更多的灰质，更精确地说位于直回（gyrus rectus）和眶内侧回（medial orbital gyrus）。该脑区与嗅沟相邻，接近公认的次级嗅皮层。香水学生的初级嗅觉皮层的前部、梨状皮层也比那些除了嗅觉训练之外拥有相似经历的参与者更为突出。

另一项研究（Plailly，Delon－Martin& Royet，2012）考察了香水师、学生和经验丰富的专家单纯地闻气味（不用分类或辨别）时的大脑活动。被动的气味知觉主要激活了左右脑的梨状皮层一直延伸到相邻的杏仁核的前部。这种激活并不依赖于经验：学生和经验丰富的香水师梨状皮质的激活强度相近。可惜的是，这项研究并没有把那些没有经验的参与者作为研究对象，他们的大脑激活可以与香水师比较。因此，我们不能肯定地说，梨状皮层的激活是嗅觉特长的标志。然而，脑结构研究、正常参与者的研究以及嗅觉培训研究都表明情况确实如此。

2.9　结论

像其他任何特长一样，大脑使知觉特长成为可能。这并不是原创性的说法，但你已经看到大脑在应对外部环境时是多么专业化。每一种感觉通道都有一套专职的、不重叠的脑区。然而，一旦不再需要其中一些脑区（就像盲人的视觉区一样），大脑会为了其他目的而调整和重复使用皮层。大脑突出的灵活性是对特定刺激的体验和实践的结果。这就是为什么放射科医生能在一瞬间发现病灶。他们对放射学图像的精细感知如此完美，以致根本不需要检查 X 光片子的每个角落来发现病灶。这种高效的知觉与其丰富的放射学影像经验直接有关。影像经验储存在放射科医师的记忆中，通过新的影像激活，可以进行整体加工和高效感知。放射学特长说明，不同的认知机制是如何以一种循环往复的方式结合在一起，从而使杰出的知觉表现成为可能。影像知觉会激活记忆中的经验，经验转而又引导注意力，因而再次影响知觉。这种循环也反映在大脑适应放射学特长的方式上。关于 FFA 及其在整体加工中的作用，已经说了很多。但这只是放射科诊断过程的第一个阶段，尽管很重要。放射科医生要判断识别的可疑区域是否危险。除了颞叶，边缘系统（海马）和额叶也在放射科诊断中起到一定的作用。在其他的感觉通道里，认知机制（使知觉特长成为可能）及其神经实现也存在清晰的映射。这将是接下来的两章关于认知（第 3 章）和运动特长（第 4 章）的一个反复出现的主题。

触知觉、味知觉和嗅知觉与视知觉和听知觉相比，可能并没有太多的专家。最明显的原因是这些刺激的体验很少孤立地出现。个体可以在不触碰、不品尝、不闻刺激的情况下，看到和听到刺激，但在用其他感官体验刺激之前，如果没有听到，我们很可能至少会看到刺激。例如，当我们单独研究味知觉时，可能会发现人们甚至不能分辨红葡萄酒和白葡萄酒。事实上，即使是品酒专家也可能受到愚弄，相信白葡萄酒是红葡萄酒，只要简单地操纵酒的颜色，这很好地凸显了我们对外界刺激知觉的主观性。过去的经验，加上我们的期望，都影响着我们对外部世界的知觉。味知觉可能是一个特别好的例子，说明了知觉的主动性和建构性的本质，但所有其他的感觉通道都是以同样的知觉原理为基础的。没有自上而下的加工，几乎不可能让我们极度丰富的世界找到方向。我们在此回顾了许多令人印象深刻的知觉技能，当然不可能全部都习得。就像生活中的其他事情一样，有得到就必须付出，付出能给我们带来经验和特长，无论是知觉的、认知的还是运动的。然而，特长值得我们经受各种艰苦磨炼。

本章总结

- 我们的生存取决于从环境中获取适当的信息。因此，我们的大脑有着大量的皮层区域，加工感官所收集的环境信息。然而，大脑获取的图像并不是环境刺激的精确复制品。我们对环境的感知不仅取决于刺激本身，还取决于许多内部因素（如我们对刺激的经验）。丰富的经验是知觉特长的基石。

- 大脑能适应环境的需求。如果枕叶皮层（与视觉加工有关）因为个体失明而变得毫无用处，那么枕叶将被用来进行其他感觉通道的加工。大脑未必会在不同的皮层区域之间制造新的连接，而是重新激活未使用但已经存在的脑区。再次指出，完好的感觉通道的长期经验是恢复激活的必要条件。

- 面孔知觉说明了视觉特长主要的认知机制：整体加工。作为一个整体，专家总能立即掌握视觉刺激的各个部分之间的关系。这是面孔知觉的情况，由于广泛的练习，大多数人都是面孔专家，但对于其他特长领域却也有更多的新手。新手并不拥有必需的领域知识，因此需要单独地检查刺激的各个部分，而不是将刺激作为一个整体聚焦。

- 大脑底部的一部分梭状回被称为梭状回面孔区（FFA），对面孔特别敏感。面孔的整体加工特征似乎会导致 FFA 的激活，因为非面孔的其他刺激（如放射学影像、指纹和音符）也会调用同样的脑区。FFA 可能是视觉特长的一个重要甚至关键部分，但与刺激驱动和注意加工有关的其他脑区也在视觉专家的杰出表现中起着一定的作用。

- 具有绝对音高或完美音高的音乐人能在不依靠参照声音的情形下，识别声音的频率，这一过程主要依赖于海希耳氏回的初级听觉区来识别声音，以及通过额下回提取所识别声音的标签。没有绝对音高的音乐人要比较听到的音调和想象中的参照音调，以此来计算频率。这种认知加工的差异反映在大脑的实现过程中，没有绝对音高的音乐人要调用额外的顶叶和额叶（与任务所需的工作记忆有关）。

- 大多数人都没有太多机会发展触觉特长，因为我们并不需要依靠触摸来探索环境。然而，失明的人却表现出更好的触知觉。盲人除了调用躯体感觉皮层外，还调用枕叶皮层来支持他们的躯体感觉加工。枕叶皮层对于触觉加工的可用性很重要，但刺激的经验（和练习）使得枕叶的参与首先成为可能。

- 味知觉和嗅知觉很少与其他感觉孤立。这可能是为什么仅仅依靠味觉或嗅觉（比其他感觉）更难正确感知的一个原因。少数精通这些知觉领域的人通常表现出大脑更多的参与，包括直接或间接负责加工来自嘴巴和鼻子信息的脑区。味觉和嗅觉的输入相对贫乏，这使得它们容易受到其他内源性因素（如预期）的影响。自下而上的（刺激驱动的）和自上而下的（内源性的）加工的相互作用是所有知觉的特征。味知觉和嗅知觉是一个特别突出的例子。

问题回顾

1. 知觉永远不能完美地复制外部世界。请解释为什么如此，并参照感觉信息的自上而下和自下而的加工。

2. 许多脑区涉及知觉特长。为什么有些脑区被称为初级区，而另一些被称为次级区？当人们失明（或生来如此）时，枕骨（视觉）皮层会发生什么？

3. 你怎么能一瞥就认出一张面孔呢？面孔认知典型的加工方式是什么？它在其他视觉特长领域有什么作用？

4. 当你看到一张面孔时，请解释你大脑里发生了什么。请试图找出研究人员对面孔认知有关的脑区感兴趣的原因。这些现象与自上而下和自下而上的加工之间的区分有什么关系？

5. 假设你没有绝对音高，而只有相对音高，请解释你将如何对声音分类，以及当你听到声音时你的大脑会发生什么。拥有完美音高的人大脑到底会发生什么？这与他们对声音的分类方法有什么关系？

6. 想象你被蒙住了眼睛，有人给你一个物体进行识别。你会用哪些脑区来判断你手里拿的是什么？相比之下，盲人会使用哪些脑区？请解释在触觉特长的神经实现过程中，视力正常的人与盲人有什么差异，这对于我们了解大脑的特性有什么启发。

7. 请解释为什么电视广告和品牌名称会影响我们作为消费者的行为。使用认知机制来解释它们对味知觉（和嗅知觉）的影响，并解释当我们受到电视广告的影响时大脑会发生什么。

拓展阅读

A recent review on the compensatory plasticity of visual deprivation by Ron Kupers and Maurice Ptito（2014）provides a wealth of information about the brain's functional reorganization. Holistic processing is one of the most investigated concepts, but, at the same time, one with many confusing definitions. Jennifer Richler, Thomas Palmeri, and Isabel Gauthier (2012) provide an overview of meaning, mechanisms and measures of holistic processing. The chapter by Eyal Reingold and Heather Sheridan in *The Oxford Handbook on Eye Movements* (2011) draws many parallels between the radiological and chess expertise traditions, two research traditions that share many common themes and findings, but which developed independently of each other. The chapter is a joy to read and has heavily influenced my understanding of expertise. Catherine Wan and Gottfried Schlaug (2010) review how music has long – lasting functional and structural effects on the brain. Finally, the reader interested in multisensory integration in everyday life may want to read the popular science book, *The Perfect Meal*, by Charles Spence and Betina Piqueras – Fiszman (2014).

第3章 认知特长

学习目标：

- 什么是认知专家？

- 认知策略是如何保证记忆专家记住海量信息的，计算专家（心算师和珠算师）是如何迅速进行复杂的数字运算的（而大部分人对此都需要运用电子计算器）？

- 大脑是如何适应认知特长的？为什么认知专家调用的脑区与新手不一样？脑区调用的差异与认知特长有何关系？

- 什么是组块和模板，它们是怎样影响专家解决问题的？特长中的记忆、注意和知觉之间存在什么样的关系？

- 特长是如何改变大脑的结构性特征的，大脑的结构性特征与特长的神经实现有着怎样的关系？

3.1 导言

国际象棋是一种看似简单的游戏。棋盘由 64 个小方格组成，共有 32 颗棋子，按照固定的规则移动。游戏没有运气成分，规则也不会变化，开局前兵和其他棋子的组合也永远不会变化。不过，任何下过国际象棋的人都明白，下棋远不似看上去那般简单。职业选手一生都可能在钻研棋艺，却还不能完全掌握它。即使是最简单的棋局（即兵和其他棋子的群集），继续博弈的下法也可能有十多种。要真正理解这种情况，你可能要研究这十多种可能性中的每一种，每次让人移动棋子并改变棋盘上的棋局。这完全不可能做到，有些人声称，国际象棋下棋的可能性甚至比整个宇宙所包含的原子还要多（Shannon，1950）。这种说法可能有点夸张，但却能让你了解棋手在棋局的每次关键时刻所面临的复杂情况。然而，有些棋手是如此优秀，在短短的几秒钟就能在众多可能的选项中找到最优解。

使普通人目瞪口呆的奇迹往往是所谓的同时博弈。象棋大师从一个棋盘走到另一个棋盘，在每个棋盘前停留数秒钟，有时可能同时与数百名对手下棋。在一次这样的表演赛中，著名的国际象棋世界冠军阿纳托利·卡尔波夫（Anatoly Karpov）曾面临突发情况。众多对手中有个小男孩，竟然在卡尔波夫与其他对手下棋时，违规地偷偷移动了棋子，擅自改变了棋局。当卡尔波夫走近这个小男孩时，轮到小男孩开始下棋，这步棋很关键，能挽救他的颓势。卡尔波夫从最初的震惊中缓缓平息下来，他抱怨道，他不在时，棋局与他离开前不一样了。那个男孩并没有承认自己在卡尔波夫走开时偷偷移动了棋子。不久，很多人聚集在棋盘周围。事情陷入了困境，卡尔波夫怎么才能证明那个男孩作弊了呢？当时卡尔波夫正在与60多个人同时在下棋，并没有人记录棋局比赛的过程。人们应该相信世界冠军，还是相信那个看起来无辜的小男孩？当这位世界冠军着手复盘他与这个小男孩的比赛时，从第一步直到决定胜负的关键落子，问题以一种不同寻常的方式得到了解决。那个男孩不得不承认了他的不端行为。虽然同时有很多对手，即使卡尔波夫只花了一分钟左右的时间和小男孩比赛，他仍然可以复盘这次比赛的每一步走子。这样的奇迹可谓超凡脱俗，但对卡尔波夫来说，只不过是家常便饭。如果有必要，卡尔波夫可以记住并复盘他在那场同时进行的表演赛中所下的每一盘棋。不过，他确实抱怨过，那个小男孩的走子并没有多大的意义，这让他很难记住，如果技术含量更高，他更容易记住！

国际象棋是认知特长的一个例子。国际象棋包含视觉内容，但大部分的"行动"发生在头脑里。棋手要在不依赖外部视觉辅助（即移动棋盘上的棋子）的情况下操纵和改变棋局。认知过程使棋手得以操纵感觉信息，这可以说是国际象棋特长的核心内容。感觉信息也重要，但可能并不如上一章知觉特长所涉及的例子重要。感觉只是后续诸多加工环节的一个起点。棋手还要执行他们所做出的决策，但是这部分的国际象棋技能也不是特别重要。下一章将探讨动作特长，我们将看到，肌肉运动反应是某些特长（如竞技体育）中至关重要的成分。本章我们侧重于认知内容，尤其是记忆。

棋手下棋不必记住每步棋。他们的任务是在为每步棋找到最好的下法。然而，正如卡尔波夫的轶事所表明的那样，在自己感兴趣的领域内，非凡的记忆能力是特长的自然产物。我们稍后会看到记忆也是认知特长的条件。这就是为什么本章开篇就介绍那些对日常刺激（词语或数字）拥有超常记忆的人的意义所在。我们将看到，他们的认知策略和神经实现与心算大师并没有太大的差异。使用外部设备（如算盘）进行异常快速计算的人在神经实现方面与心算大师并不一样。这种差异是不同的认知策略和不同的记忆系统参与的直接结果。认知策略及其神经实现之间的密切联系将是贯穿本章的主题之一。关于国际象棋和其他棋类游戏的小节将进一步说明，专家运用的认知策略与大脑适应这些策略的方式之间有着不可分割的关联。关于空间特长的小节侧重于大脑的结构性变化，能让我们更全面地考察认知特长。然而，在我们开始探求对认知特长的理解之前，有必要回顾一下我们对不同记忆系统的了解，以及大脑以什么样的方式组织记忆。

3.2　记忆系统及其神经基础

记忆对于人们有效地适应环境是必不可少的。如果我们不能依靠对外部世界的记忆，每次碰到问题时就要重新学习新东西，这是一个相当麻烦的想法。考虑到记忆在日常生活中的重要性，就不会奇怪记忆在特长里也起着至关重要的作用。然而，记忆有不同的种类。牢记你的电话号码不会像在别人问你电话后来回忆它时那样运用同样类型的记忆。正如你可能经历过，记住一个电话号码并不容易。如果你不重复这些数字，它们很快就会从你的记忆里消失。这种记忆储存信息的时间很有限（一般约 20 秒），顾名思义地被称为**短时记忆**（short–term memory，STM）。短时记忆里保存的信息，如果没有得到言语重复或复述很快就会逐渐消失。短时记忆里信息复述的目标是将其传送到更稳定的记忆存储系统中，我们称之为**长时记忆**（long–term memory，LTM）。传送是通过发现短时记忆里的新信息与长时记忆里已经拥有的信息之间共同的联系来实现的。例如，电话号码可能包括数字 1945，这可能会让你想起第二次世界大战结束的年份。下次你需要找回你的电话号码时，第二次世界大战及其结束年这一众所周知的事实将成为电话号码的**提取线索**（retrieval cue）。记忆专家记忆海量信息所使用的策略类似，我们将在下一节介绍。信息一旦存储在长时记忆里，就会保留数月、数年甚至数十年。随着长时记忆里存储信息的增加，真正的困难在于从长时记忆里堆积如山的材料中提取所需的信息。你可能经历过这样的情况，即很难回忆起长时记忆里拥有的信息，但你知道自己记住过。如果你在一段时间里没有用过某些信息，通常很难获取。

这是经典的记忆存储模型，但是学界已经进行了一些修正。特别是修改了短时记忆的概念，因为保持信息只是记忆的一个特征。有时我们需要主动地操纵短时记忆里的信息，如计算两个数字的乘积或者想象在特定的走子之后棋局将怎样变化。因此，短时记忆也有主动性，可以同时操纵和保持信息。短时记忆的新模型可以更恰当地称为**工作记忆**（working memory，WM）。这里我们不会深入探讨人类记忆最前沿的理论，而是要充分说明工作记忆一般涉及两大类刺激。其一是言语信息，如电话号码，其二是视空间信息，如国际象棋或算盘，本章稍后将介绍这些特长领域。根据刺激的性质，工作记忆会调用不同的脑区，如图 3.1 所示。言语工作记忆激活了**缘上回**（supramarginal gyrus，SMG）周围的后颞区的上部，靠近听觉皮层（见第 2 章），以及靠近布洛卡区的**腹外侧前额叶皮层**（ventrolateral prefrontal cortex，VLPFC）。布洛卡区对语言很重要，因此负责工作记忆里言语信息典型的复述。相比之下，视空间工作记忆调用了顶叶和枕叶交界的连接区域，这部分脑区称为**顶枕交界区**（parieto - occipital junction，POJ）。其他顶叶区域对于视觉和空间信息的转换很重要。言语工作记忆通常局限于负责语言加工的左脑。视空间的工作记忆涉及左右脑，尽管它倾向于右脑优势。右脑通常与视空间的加工有关。

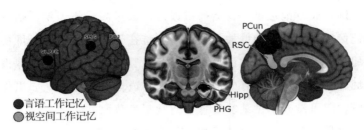

图 3.1 记忆的神经解剖

言语信息的工作记忆调用了左脑的缘上回（**SMG**）和腹外侧前额叶皮层（**VLPFC**），包括布洛卡区。视空间信息的加工位于左右脑的顶叶和顶枕交界区（**POJ**）（左图）。长时记忆里的信息储存在内侧颞叶、海马（**Hipp**）和邻近的海马旁回（**PHG**），同时内侧顶叶、楔前叶（**precuneus，PCun**）和压后皮层（**retrosplenial cortex，RSC**）也卷入了长时记忆的加工之中（右图）。

　　如果运气好，来自短时记忆和工作记忆的信息将进入长时记忆，那么我们在任何需要它的时候能用到它。从长时记忆里提取信息也涉及编码时活跃的同一前额叶脑区，但适应长时记忆的大部分脑区位于颞叶和顶叶的内侧，如图 3.1 所示。可以说，最著名的记忆脑区是**海马**（hippocampus，Hipp），海马位于内侧颞叶，形似海马（因此得名）。稍后，我们将看到海马是如何参与新信息的编码和巩固的，特别是当我们考虑空间特长时。然而，图 3.1 所描述的其他脑区对于信息的记忆同样重要。邻近的**海马旁回**（parahippocampal gyrus，PHG），尤其是它的后部，在棋盘游戏特长中是必不可少的，稍后我们将考察这一点。内侧顶叶脑区，包括位于扣带末端的**压后皮层**（retrosplenial cortex，RSC）及**楔前叶**（precuneus，PCun）的后部，构成了长时记忆的脑网络。例如，当人们回忆场景或空间布局时，这些脑区就会被调用。可以很肯定地说，在卡尔波夫没有盯着棋盘看时，那个不老实的男孩暗中私自移动了棋子，而卡尔波夫要记住与他下棋的走子，就会激活这些脑区。生活中的这些情景构成了我们所说的**情景记忆**（episodic memory）。大多数人并不会在情景记忆里储存棋局，而是储存日常生活中的其他实例。然而，专家也会储存其擅长领域中所遇到的情况。这种情景记忆对他们的出色的表现至关重要，本章稍后将介绍这一点。

情景记忆与**语义记忆**（semantic memory）相似，后者是一种对普遍知识的记忆（如美国的首都是哪个城市），因为我们可以用语言表达这种记忆的内容。换言之，能用言语表述的记忆是可陈述的，属于**陈述性记忆**（declarative memory）的一种。但是你肯定体验过一些动作，它们当然是你记忆的产物，是很难用语言来解释的。骑自行车、系鞋带甚至阅读这些文字，都要大费周折才能用语言表达这些活动。这种记忆被称为**非陈述记忆**（non-declarative memory），因为它不容易用语言说出来；也就是说，与情景记忆和语义记忆相比，非陈述性记忆是相当内隐的，而情景记忆和语义记忆则更为外显。如果你回头看看发展的早期阶段，问问你 7 岁的侄女，她可能的确会非常详细地向你解释系鞋带的各个步骤，以及系鞋带该有的顺序。她的操作还处于记忆的陈述性水平，对活动所涉及的各个步骤都非常熟悉，但她系鞋带的表现远不及你顺畅。随着时间的推移和不断的练习，她将很好地学会执行整个程序，这样她就不必考虑单个步骤，而只需不假思索地执行它们。这种记忆也被称为**程序记忆**（procedural memory），指的是以明确规定的顺序自动完成多个部分的记忆。程序记忆是各种特长的典型特征，因为自动化的执行会带来非常有效率的绩效，我们将在这一章的认知特长中介绍它的各种形式。然而，程序记忆在动作特长中尤其常见，因为动作特长一般涉及复杂的运动序列。在关于运动技能的第 4 章，我们将思考程序记忆的许多例子。

3.3 记忆特长（超常记忆）

正如我们所看到的，记忆有许多不同的类型。然而，在日常语言中，记忆通常被理解为记住现实生活中所遇到的新信息的能力。你在聚会上遇到的人的名字、某个熟人的电话号码、你在讲座里所听到的材料、你在报纸上读到的事件：日常生活中要记住的事情太多了。你一定听说过人们抱怨他们的记忆力不好，这通常意味着他们不能长时间地保持住新信息。从本章开头提到的卡尔波夫的逸事来看，国际象棋专家似乎没有这个问题。正如你稍后将看到的，他们在应对自己所擅长领域之外的项目时，确实也遭受着记忆容量有限的困扰，这与我们普通人完全一样。他们只擅长记住自己专业内的有意义的材料。那么，什么样的人是记忆专家呢？嗯，有相当多的人专攻记忆和再现大量的信息，几乎包括任何类型。这些记忆专家会参加比赛，展示他们惊人的记忆奇迹。他们采用巧妙的认知策略来克服记忆容量先天的局限。这些策略对所有人都是可用的，我们将看到，个体通过较少的练习就可以扩大正常记忆容量的四五倍。最后，我们将看到大脑如何储存难以置信的大量信息，并在需要时快速地提取它们。

3.3.1 天生的记忆能手

人们可能会认为参加世界锦标赛的记忆专家都是"天生的"，他们先天就拥有超强的记忆力。令人失望的是，他们并没有令人难以置信的记忆能力，而是依靠一些技巧来实现更好的记忆效果。有没有人天生就有更好的记忆力？你可能听说过拥有**摄**

影式记忆（photographic memory）的人，他们能飞快地汲取大量的信息，然后不犯错误地把它们再现出来，就好像现实的快照存储在他们的记忆中一样。遗憾的是，这种完美的记忆即使存在，也是非常罕见的，即使德伦·布朗和其他魔术师希望你不这么认为。记忆研究人员约翰·梅里特（John Merritt）在报纸上刊登了一则招聘广告，寻找那些拥有完美记忆的人。这则广告附有随机的圆点构成的图案，读者可以在快速一瞥之后尝试再现出来，以测试自己的记忆能力。这条广告在 20 世纪 70 年代重复刊登了好几年。虽然有几个人打电话来声称自己拥有摄影式记忆，但经过仔细地探察，没有一个人能被证实（Merritt，1979）。我们掌握的最好证据是哈佛大学本科生伊丽莎白的案例研究。据称，她能够在头脑中把两幅由 1 万个随机的点组成的图像合并在一起，得出悬浮的 3D 图像，并且这两幅图像在不同的时间点呈现（Stromeyer & Psotka，1970）。伊丽莎白能在头脑中显现 3D 图像，这意味着她能够完美地记住第一幅由 1 万个随机点组成的图像，这是在呈现第二张图像之前的一天呈现给她的。显然，这样的天才很少见，这篇论文的第一作者查尔斯不拒绝与他的参与者结婚的机会，而参与者后来拒绝再接受测试。

人类的记忆还远谈不上完美，并不能如实而充分地体现我们周围环境的一切。前一章曾提到，我们的大脑从感觉通道接收到的图像是对外部世界的一种表征，而不是完全复制。尽管这可能让我们很失望，但指望大脑像摄像机一样真实再现是不现实的。不过，要找到那些不需要依赖深思熟虑的策略就能拥有真正惊人记忆能力的人，还是很现实的。确实有这种情况的报道。最早有记录的调查是由法国智力研究的先驱阿尔弗雷德·比纳（Alfred Binet）进行的，他对超常记忆也很感兴趣。比奈对两位有超常记忆的人进行了测试（Binet，1894），他们能在几分钟内记住一个 5×5 的数字矩阵。然后，不管回忆的顺序如何（如从左到右或者从下到上的对角），他们都能完美地再现这些数字。穆勒测试发现，德国数学家拉克（Rückle）能更快地完成这种任务（Müller，1911）。

著名的苏联神经心理学家亚历山大·鲁利亚（Alexander Luria）也许是对超常记忆研究最多的学者（Luria，1968）。记者舍雷舍夫斯基有着非凡的记忆力，也能像其他出色的记忆能手一样快速记住数字矩阵。舍雷舍夫斯基与众不同的才能是，能够将数字与自然而然产生的联想联系起来。与我们稍后介绍的其他记忆能手不同，舍雷舍夫斯基不必刻意将新出现的数字与他记忆中已经掌握的内容联系起来。数字联想不请自来，以致这个可怜的家伙即使在不需要它们的时候也无法将其关闭。数字联想阻碍了他的其他认知过程，他常常无法忘记无关信息。经过大量的调查研究，鲁利亚得出结论，他的记忆力确实非同寻常，有别于其他普通人。

3.3.2　策略型记忆能手

在我们回到天生的记忆能手之前，让我们先考虑一下其他不那么有天赋的人如何才能获得类似的超常记忆力。自 20 世纪末以来，每年都会举办世界记忆锦标赛。参赛人员要进行一系列的挑战，比如记忆一副扑克牌，或者在一个小时内按照一定的顺序记忆尽可能多的数字。记忆力最好的人用了仅仅 20 秒就记住了整副的 52 张牌，而记住 2500 多个数字只需要一个小时，平均一秒多就能记住一个数字！有些人甚至能在头 5 分钟内记住 500 多位数字（平均每秒几乎能记住两个数字）。杂技演员要记住各种纷繁复杂的动作，确实令人叹为观止。然而，他们并不拥有摄影式记忆，甚至通常没有特别突出的记忆力。当他们面对不熟悉的刺激时，例如不同图案的雪花，他们的表现与记忆平常的普通人相似。问题是，这些专门领域内的记忆能手是如何克服其自身有限的记忆能力的？

事实证明，记忆专家会使用**记忆策略**（mnemonic strategies），也称为**记忆术**（mnemotechnics）。记忆术是一种利用预先规定的、已经存在的记忆内容来提高人们对新材料记忆能力的方法。这类方法很多，但是所有方法都要以记忆的固有特性为基础。如果我们能把新的信息整合到已有的知识库中，就能更有效地记住这些信息。一旦整合完成，就可以从已经存在的知识中获取大量的线索，这些线索可用来从我们的记忆里提取新存储的信息。我们对一个主题了解得越多，整合新的相关信息就越容易。如果这听起来太抽象，请再想想卡尔波夫的例子，以及他令人难以置信的奇迹——回忆起那天下过的众多棋赛中的一场。卡尔波夫之所以能够记住整盘棋，是因为他已经看过成千上万盘类似的棋局，并存储在自己的记忆里，或者至少记住了棋局的片段。而以走子的形式出现的新信息就很容易与已有的（国际象棋）知识联系在一起并整合进来。一旦走子被存储在已有的知识网络中，卡尔波夫只须激活新信息周边的烂熟于心的知识点并提取走子的序列。现在你大概可以猜到，为什么那次比赛卡尔波夫比平时更难记住准确的走子顺序。那个小男孩不寻常的下法更难与卡尔波夫已有的知识整合，而已有的知识库是建立在正常、规范的下法基础之上的。

记忆术五花八门，但全都强调与已有知识的联系。这一点在最有名的助记方法，即**轨迹法**（method of loci，又译位置法）中表现得很明显。其主要思想是沿着非常熟悉的路线准备一些熟知的地点。然后，位置将用来存储新出现的信息，方法是在新信息和位置之间建立联系。例如，你每天乘公共汽车去上班，你肯定熟悉你家和工作场所之间的公共汽车站。现在，你要记的第一条信息可以与你上班路上的第一个站联系在一起，并将第一条信息"放置"在那里。第二条信息存储在第二站，以此类推，一直到工作场所为止。如果你将要记忆的信息与地点（公共汽车站）联系起来，对记忆很有帮助，因为事后要提取信息将变得更容易。当你要提取信息时，你只需要在内心的眼睛（心眼）中想象那条熟知的路线。当你看到车站时，与它们有关并"放置"在其上的内容将开始向你显现。你只需要沿着这条路线走下去，一条又一条地提取你先前放置在那里的客体或信息项。

如果你在学校、院校、工作或社交聚会中需要运用记忆，轨迹法是一种促进记忆的有效方法。不过，如果你打算参加世界记忆锦标赛，你很可能需要走很长的路。就我们的目的而言，最重要的是，这条路线已在你们的长时记忆里牢固确立了。长时记忆是一个稳定的结构，通过在新信息和稳定的长时记忆内容之间建立联系来整合新信息。正如我们将看到的，这不仅是记忆术的核心，也代表着任何认知特长的主要组成部分。

3.3.3　记忆训练

研究特长的一种常见方法是让专家与新手竞争。这种方法我们在第1章中称为**特长研究法**（expertise approach），它并不排除预先选定专家的可能性，不管这种可能性有多小。例如，研究更可能选择视空间能力更好的人来下棋，而不是视空间能力一般的人。然后，如果他们达到专家级的棋艺水平，就可以排除练习和所习得的领域特异性知识之外因素的影响。排除这种可能性的方法是进行**训练研究**（training studies），即一路上追踪个体如何出现优异的表现。这种研究方法也称为**纵向研究**（longitudinal studies），在特长研究中相当罕见，因为大多数技能都需要很长时间才能掌握。然而，纵向研究的确能提供大量有用的信息。这里我们将考察这样一个真正具有开创性的研究。

安德斯·埃里克森（Anders Ericsson）在卡内基梅隆大学（Carnegie Mellon University）期间，对超常记忆能手进行了一次著名的研究。他和已故的威廉·蔡斯（William Chase）一起，追踪了一位称为"SF"的本科生寻求提高自己数字记忆能力的过程。我们稍后将在国际象棋和出租车特长一节中遇到蔡斯。他们使用了测试短时记忆容量或**数字广度**（digit span）的典型任务，每秒钟读取一个又一个数字，并且立即进行回忆。SF 智力一般，基本的记忆能力也与其他大学生相当。然而，他是一名优秀的长跑运动员，也是一名狂热的田径爱好者。一开始，SF 很难找到记忆 12 位以上数字的策略。然后他意识到这些数字让自己想起了非常熟悉的跑步时间。3、4、9、2 这四个数字可以"转译"成 3 分 49.2 秒，这几乎是 20 世纪 80 年代一英里赛的世界纪录。突然之间他的记忆能力增强了，在不到 200 个小时的练习中，他的记忆容量从普通的 7 位提高到令人难以置信的 80 位！SF 首先将数字分为 3 到 4 位的若干单元。之后，再把这些数群组合成更大的数群，而这些数群又不可避免地聚集成更大的"超级数群"（Ericsson & Chase，1982；Ericsson，Chase & Faloon，1980）。这种层级结构的示例见图 3.2（Ericsson & Delaney，1998）。

虽然 SF 的智力和记忆力都很一般，但他能坚持不懈地练习近两年，这难道不是他的过人之处吗？不管其他人多么聪明，能在如此长的一段时间内努力聚焦于他们的目标（并取得类似的结果）吗？埃里克森测试了另一位参与者DD，他也是长跑运动员，与SF熟识。DD坚持了将近三年，使用了与SF相同的记忆策略，将他的数字广度提高到了102（Chase & Ericsson，1982；Ericsson & Staszewski，1989）。后来，利用德国学生进行了重复的训练研究，使用记忆术而不是跑步时间。两名坚持训练的学生的数字广度记忆分别达到90和80，是正常记忆容量的10倍以上（Kliegl，Smith，Heckhausen & Baltes，1987）。

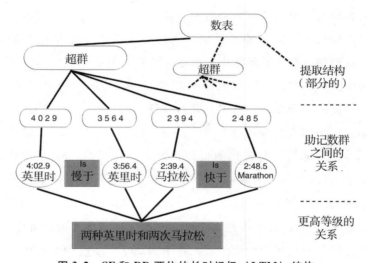

图3.2 SF和DD两位的长时记忆（LTM）结构

数群与助记类别编码模式之间产生的关联示例，指向提取结构中的超级数群。附加的关系存储在长时记忆里，便于回忆最新的数字列表。（**Adapted with permission from Ericsson & Delaney，1998**）。

一旦SF和DD改进了他们数字存储和提取的策略，研究者（Ericsson & Chase，1982）使用了与比纳、穆勒和鲁利亚所做研究相同的数字矩阵。结果发现，SF和DD的表现与其他记忆能手出奇地相似，那些人据说天生记忆力惊人。后者不仅需要同样长的时间来记住这些数字矩阵，而且回忆的时间模式也类似。当他们必须从左到右回忆数字时，他们的速度非常快，很可能是因为这是他们学习矩阵的方式。问题发生在回忆顺序改变的时候，例如要求他们必须从对角线回忆数字时。突然之间，回忆时间变长了，但是所有记忆能手延长的时间相似。要说其他看似天生的记忆能手使用的记忆策略不同于 SF 和 DD，并非不可能，但可能性非常低。如果事实的确如此，提取时间就会有所不同。比纳、穆勒和鲁利亚的研究对象很可能使用了与 SF 和 DD 类似的记忆术，都以与已有的知识发生关联为基础。换句话说，他们的记忆能力毕竟没有那么异乎寻常。

3.3.4　熟练记忆和长时工作记忆

上述 SF 和 DD 的案例研究有力地证明了每个人都可以获得优异的记忆力。然而，问题是如何才可能做到。如果深厚的知识储备是一个先决条件，那么要在长时记忆里大量堆积如山的各种信息中提取必要的信息难道不应该是个问题吗？因而有必要解释一下记忆能手是如何在长时记忆里储存信息的，信息已经与既有知识打包在一起，但要设法很轻松地提取出来。为了解决特长的这一矛盾之处，研究者（Chase & Ericsson，1981，1982）提出了**熟练记忆理论**（skilled memory theory）。根据该理论，专家的长时记忆借助于**意义编码**（meaningful encoding）、**提取结构**（retrieval structures）的建立（有利于编码和提取）、**编码和提取的加速**（speedup of encoding and retrieval）等原理而获得了工作记忆的特征。该理论还提出，任何编码如果要有效率，就必须利用已有的知识储备。

SF 和 DD 就是最好的例子，因为他们利用了长时记忆里已有的跑步时间。他们运用了一种层级结构，在这种结构中，数群被聚集在一起，只会被更大的数群囊括，如图 3.2 所示。在所有记忆力快速提升的参与者身上都观察到了这种层级结构。这些抽象的层级化的知识表征被称为提取结构，其建立可用来有效地存储和提取长时记忆里的信息。这些结构类似于连接长时记忆和短时记忆的"中时记忆"（Chase & Ericsson，1982）。它们代表长时记忆结构里的索引材料，但是它们的用途很广，因为它们能让人们从任何可识别的位置进行直接提取。因此，提取结构（以前用于长时记忆的信息编码）为专家提供了线索，这些线索可以反复生成，从而有效地打开存储的信息仓库，而无须费力地大肆搜索。数字广度专家的提取结构是经过精心设计的，并且是与长时记忆直接连接的。

经过大量的练习，将数字组成越来越多的数群并不能进一步提高绩效。但很明显，编码和提取的速度和精度都随着练习不断提高，已接近短时记忆的速度和精度。例如，经过 500 个小时的练习，每组数群的编码时间从 5 秒减少到 1 秒（Ericsson & Staszewski，1989）。尽管提取结构的记忆机制结构很强大，但工作记忆基本的局限性仍存在，证据是合在一起的数群包含的个数（不会超过 4）以及最后的超群数（也不会超过 4）。因此，专家只是借助于意义编码、提取结构和加速，巧妙地规避了记忆系统信息的局限性（Ericsson，1985）。

埃里克森（Ericsson，1985）拓展了熟练记忆理论的范围，提出了一种通用的特长理论（如包括心算、蒙眼下棋和点餐等领域）。十年后又修正了熟练记忆理论（Ericsson & Kintsch，1995）。他们的**长时工作记忆理论**（long–term–working memory theory，

LT－WM）与熟练记忆理论有着同样的重要假设，即专家掌握的"记忆技能"有助于他们将相关信息编码到长时记忆里，以便在任何需要的时候可以从长时记忆里快速提取信息。熟练记忆理论认为，掌握的记忆技能完全是各种提取结构（即层级化组织的提取线索），**长时工作记忆理论**与此不同，它修正了获得的记忆技能，使其还包括基于长时记忆可用知识与线索之间的有意义的关联。这一点如图 3.3 所示。根据该观点，熟练的记忆高手的惊人表现既可以完全基于提取结构或者在认知结构基础之上刺激之间建立的有意义的联系，也可以建立在两者结合的基础之上。

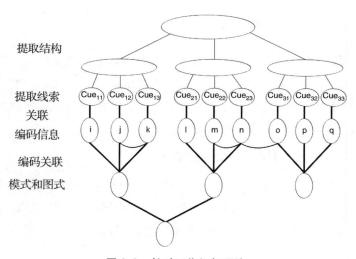

图 3.3　长时工作记忆理论

LT－WM 里的提取结构基于两种不同类型的编码。图的顶部显示了提取线索的层级结构，与熟练记忆理论提出的编码信息有关。长时记忆里存储的信息与特定的提取线索有关。通过提取结构可以激活提取线索，用于访问长时记忆里存储的信息。图的底部显示了基于知识的关联，可以将编码信息彼此关联起来，连同模式和图式在长时记忆里建立的整合式记忆表征。（**Adapted with permission from Ericsson & Kintsch，1995**）。

在大多数活动中 LT－WM 典型的机制和过程据说是类似的，即使并不完全相同。日常活动（如文本理解）与以识记为主要目标的活动（如数字广度记忆、心算和珠算）及特长领域的活动（如医疗、棋艺）的 LT－WM 的原理相同，虽然特定的提取结构和知识关联具有领域特异性。在特长领域，埃里克森和金茨（Ericsson & Kintsch，1995）主要感兴趣的是，展示记忆专家如何使用新获得的 LT－WM 来支持其绩效的计划、推理和自我监控。例如，在国际象棋中，除了对各个棋子之间有意义的关系进行编码外，主要的假设是，额外的提取结构对于赢棋是必不可少的。

3.3.5 记忆专家的神经基础

我们现在知道，记忆专家杰出表现的认知机制是什么。接下来我们将看到大脑如何适应记忆专家的记忆术。首先，我们将回顾使用特长研究法比较专家与新手的研究。然后我们将转向训练研究，追踪人们获得记忆技能的过程。

3.3.5.1 记忆专家——功能的实现

伦敦大学学院（University College London）的马奎尔（Eleanor Maguire）和她的同事们（Maguire，Valentine，Wilding & Kapur，2003）比较了世界记忆锦标赛的 10 名选手和记忆能力一般的控制组。记忆高手们并不比控制组更聪明，但在涉及记忆数字的任务中，真正的差异是显而易见的。给参与者呈现一个 3 位数字的刺激 4 秒钟，然后再呈现 5 个 3 位数字的刺激，每个刺激都持续 4 秒钟。参与者必须记住数字序列，因为随后要给他们呈现 3 位数字的刺激，并问及这些刺激是否曾经出现在数字序列中。在这项任务中，记忆高手明显比控制组的表现要好。当任务以雪花的图案为刺激，这很难与已有的记忆联系起来，记忆高手们的优势就消失了。这些结果证实了记忆参与者在实验后的口头报告，他们表示，他们在数字任务中使用了轨迹法，但在雪花任务中却无法运用，尽管他们尝试过。马奎尔在他们记忆数字和雪花图案时，利用**功能性核磁共振成像**（functional magnetic resonance imaging，fMRI）测量了他们大脑的活动。如图 3.4 所示，与控制组相比，记忆高手们与空间记忆及巡航有关的诸多脑区在所有任务中都有着更强的激活：**小脑**（cerebellum）、**内侧上顶回**（superior parietal gyrus）、压后皮层（RSC）和海马后部。这种激活模式与记忆高手们事后的报告是一致的：在所有任务中他们都使用了轨迹法。正如你将记住，轨迹法需要表象和空间巡航。当研究人员只考察数字任务时，他们发现记忆高手们的右脑扣带皮层、左脑梭状皮层和左脑额叶后下沟的活动进一步增强。这些脑区以参与学习联想而闻名。最有可能的情况是，记忆高手们将看到的数字与其轨迹法中特定的位置联系起来时，会用到这些脑区。

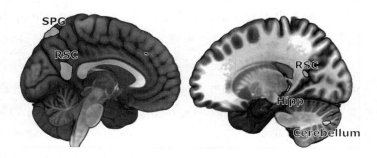

图 3.4　记忆高手们的神经实现

记忆高手们运用了轨迹法，这导致小脑、内侧上顶回（SPG）、压后皮层（RSC）和海马（Hipp）后部的额外激活，而新手不会运用记忆术，则没有类似的激活。（**Adapted with permission from Maguire et al.，2003**）。

你知道数学常数圆周率 π 的值吗？π 是圆的周长与其直径的

比值。回想一下你的数学课，你可能记得它大约是 3.14，但实际上它是一个无理数，它的小数位永远不会结束。在大多数情况下知道两三位小数就足够了，但有些人热衷于识记 π 尽可能多的小数位。哥伦比亚大学的阿米尔·拉兹（Amir Raz）研究了这样一个人，他能记得 π 的 65 000 位小数！这个人的化名是 PI，是一名本科生，智力和记忆力都很一般。他运用了轨迹法，创造生动和奇怪的联想来记忆 π 的数字。拉兹及其同事们（Raz et al.，2009）测量了 PI 在提取 π 的数字时大脑的活动。由于回忆所有 60 000 多位数字需要一段时间，研究人员将提取限制在前 500 位数字。当比较数字提取与数到 100 的大脑激活时，在内侧额回和部分的**背外侧前额叶皮层**（DLPFC）发现了激活的增强。工作记忆似乎只部分地参与了精细复述过的记忆材料的提取，这是我们期望从 LT－WM 中得到的结果。

拉兹更进一步地检查了 PI 使用轨迹法编码一组新数字时会发生什么。他给 PI 呈现了 100 个数字（10 行，每行包含 10 个数字），PI 利用轨迹法来记忆数字矩阵（然后再正确地再现这些数字）。对新材料的编码与对熟知材料的提取两者之间的激活存在明显的差异。编码之初，额叶、运动联想区和脑岛以及楔前叶周围的视觉联想区、舌回（lingual gyrus，LG）和梭状回都一起变得活跃。随着编码加工的继续（记住，有 100 个数字需要记忆！），视觉联想区的激活逐渐消失，而 DLPFC 和**眶额叶皮层**（OFC）出现了新的激活。在早期阶段，PI 利用了视觉联想，这激活脑岛以及视觉和运动联想区。随着后期阶段记忆负荷的增加，PI 开始运用负责工作记忆的前额叶脑区（DLPFC），因而放弃以前激活的其他脑区。

如果你认为 PI 记忆 π 的事迹惊人，那请看看当前圆周率背诵世界纪录保持者中国人吕超，他能记住 π 小数点后的 67 890 位数字！吕超是上海大学的胡谊和埃里克森的研究对象，吕超能根据先有的数字固定（视觉的或语音的）联想对数字进行成对编码（Hu & Ericsson，2012）。先有的编码和提取结构有助于记忆，正如我们在前面关于记忆高手们的小节中所看到的，但是它们要结合使用其他策略。在吕超的例子中，生动的故事被用来连接相邻的数字。讲故事的策略需要额外的编码时间，这也是吕超在数字连续地快速呈现时（视觉）数字广度记忆并没有超过平均水平的主要原因（Hu，Ericsson，Yang & Lu，2009）。如果允许吕超花尽可能多的时间识记新刺激，他能记住大量的信息，他记忆 π 数字的世界纪录就是明证。在最近的一项研究中，胡谊及其同事们（Yin，Lou，Fan，Wang & Hu，2015）测量了吕超在编码 2 位数数群的序列和 1 个字母的序列时的脑活动。研究还涉及回忆阶段。与之前拉兹的研究不同，该研究纳入了控制组。控制组在数字和字母的记忆任务上实际上并不比吕超差。2 位数数群和字母都是快速地连续呈现，没超过 2 秒，这使得讲故事的方法对于吕超并不是特别有用。吕超仍然报告说运用了记忆术，而控制组的参与者则依赖于普通的复述策略。

尽管在记忆数据上没有差异，但是在大脑激活上却存在鲜明的对比。吕超在 2 位数字的任务中运用了讲故事的策略，当比较数字任务与字母任务（所有的参与者都依赖复述策略）的编码阶段时，吕超在与情景提取有关的脑区上比控制组有着更强的激活。这些脑区包括左脑 SPG、左脑 DLPFC、左脑前运动皮层（PMC）和双脑额极（FP）。相形之下，控制组在左脑额中回、脑下回以及枕叶视觉区上比吕超有着更强的激活。这些脑区通常与材料的复述有关，这正是控制组参与者在更复杂的 2 位数字任务中使用的记忆策略。在回忆阶段的分析中也得到了类似的结果。与其他关于记忆能手们的研究一样，吕超的超强记忆能力并不涉及工作记忆，这反映在他大脑活动的功能重组上。

3.3.5.2 记忆专家——结构性特征

上述一些研究也考察了大脑解剖的结构性差异。马奎尔已经使用基于**基于体素的形态测量学**（voxel - based morphometry，VBM）来比较记忆专家们与他们匹配的控制组的灰质，这是一种检测整个大脑灰质体积的技术，结果并没有发现两组之间存在任何差异（Maguire，2003）。拉兹及其同事（Raz et al.，2009）也比较了他们的 π 专家 PI 与 50 多名控制组参与者，这些人的性别和年龄都与 PI 进行了匹配。皮层质量唯一存在差异的脑区位于扣带回的右前部，刚好在胼胝体前部的下方。该脑区通常与理解自我和他人状态的过程（被称为心智化以及情绪加工）存在关联。你可能还记得，PI 所用轨迹法的核心部分涉及生动的和充满感情色彩的图像的创造。图像越情绪化，越容易被记住。我们有理由相信，他的记忆技术的不断发展以及对情绪内容的长期加工都导致扣带回最前部（与情绪有关的脑区）的增大。

测量大脑结构性变化的其他更敏感的方法有可能解释记忆专家们更多的特征。最近的一项研究考察了印度教吠陀祭司的大脑，发现皮层厚度可能对大量信息的获取更为敏感（Kalamanga-lam & Ellmore，2014）。研究人员要求吠陀祭司记忆师生口耳相授的吠陀古文中的赞美诗。如果把这些赞美诗写下来，会有1000 多页，要花上整整两天的时间才能全部背诵出来。难怪吠陀祭司的学徒生涯需要 10 年左右，有很多信息需要记住。结果表明，所有的训练都反映在他们左脑 OFC 和右脑颞下回（inferior temporal gyrus，ITG）的厚度上：与匹配的控制组相比，祭司这些脑区的皮层都更厚，如图 3.5 所示。这两个脑区在研究长时记忆的各种范式中都有所发现。

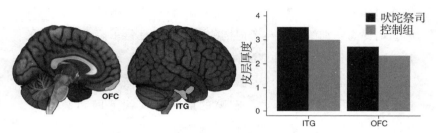

图 3.5 吠陀祭司结构性的大脑改变

吠陀祭司花了很多年来记忆赞美诗，他们左脑 OFC 和右脑颞下回 （inferi-or temporal gyrus，ITG） 皮层比匹配的控制组参与者更厚。（Adapted with permission from Kalamangalam & Ellmore，2014）。

虽然并没有明确的神经机制来解释这些差异，但大量信息的记忆似乎会改变皮层厚度。当我们将吠陀祭司与典型的专家大师们进行比较时，还请务必记住吠陀祭司储存了大量的信息。甚至与 π 专家相比，更不用说其他使用轨迹法的记忆者，吠陀祭司在记忆里存储的信息要多得多。这可能是吠陀祭司的大脑出现结构性变化、而记忆专家们的大脑却没有相应变化的原因之一。我们将在本章最后一节讨论出租车司机的结构性变化时回到这一点。

3.3.5.3 记忆专家——训练研究

记忆专家非常少，这反映在针对记忆专家的神经成像研究的稀缺上。解决这个问题的一种方法是运用埃里克森和蔡斯以前采用的训练法 （Ericsson & Chase，1980，1982）。要保持若干年的记忆动机可能很困难，但鉴于记忆术非常有用，几周或几个月应该不是问题。这里我们要考察这类训练研究能揭示关于杰出记忆神经实现的哪些秘密。

近藤和她的同事们（Kondo et al.，2005）测量了受试者在接受轨迹法简单指导之前和之后的大脑激活情况。要求参与者编码并回忆一些视觉图像。甚至是短期的轨迹法训练都能导致成绩的大幅提高：训练后参与者记忆的图像数量翻倍了。更为重要的是，记忆术训练具有明显的神经特征。在编码和回忆两种条件下，与记忆有关的颞叶（左脑 FG 和舌回）训练后都比训练前更加激活，如图 3.6 所示。左右脑的前额叶（额下回和额中回、IFG 和 MFG）在训练后的编码过程中相比训练前更为激活，而额外的下颞叶脑区（PHG 和 LG）只有在参与者训练后回忆图像时才出现激活。学会记忆术后，在记忆条件下左脑楔前叶也更为激活。左脑下顶叶（inferior parietal lobe，IPL）的情况也是如此，虽然没有达到显著性水平，但在我们下面讨论的记忆研究中却很重要。记忆方法的习得，无论该记忆方法看来多么肤浅，都足以彻底改变大脑的激活模式。

瑞典卡罗林斯卡学院（Karolinska Institute）的尼贝里及其同事们（Nyberg et al.，2003）也对参与者进行了轨迹法的训练。与近藤的研究不同的是，参与者不仅在训练前后都接受了扫描，而且在学习轨迹法的过程中也接受了扫描！在掌握轨迹法的过程中，最激活的脑区是顶叶皮层的下部，即左脑下顶叶，一直延伸至枕叶皮层的上部。该脑区与近藤研究中训练后回忆激活的脑区是相同的。这并不是巧合，因为该脑区对于"心眼"中空间信息的视觉表征非常重要，而视觉表征是视空间记忆术（如轨迹法）的一个重要加工加工。随着学习的深入，参与者学会在轨迹法中运用越来越多的地点，而左脑海马也变得越来越激活。正如我们在记忆的神经解剖学部分（3.2 节）时所看到的，海马是信息编码的重要脑区，特别是对于轨迹法中所用到的空间类型的信息。一旦参与者掌握了记忆术，他们的记忆得分就会大幅提高，如近藤的研究所示，参与者后来的得分是其掌握记忆术之前的两倍。训练结束后，左脑的 IPL 在参与者使用该方法时再次被激活，而这个脑区在记忆术习得过程中就曾经被调用。类似地，左脑的 RSC（在马奎尔的研究中记忆专家们激活的也是这一脑区）在训练后也更为激活。左脑 RSC 的激活很可能反映了轨迹法所用的路径策略，正如马奎尔所认为的（Maguire，2003）。RSC 与左脑 IPL 一起担负起轨迹法典型的空间表像加工。左脑的 DLPFC（位于 MFG，见图 3.6 及近藤研究中的激活）在训练后也比训练前参与度更大。这一激活反映了轨迹法的最后一个阶段，即新近材料与固定位置之间关联的确立。

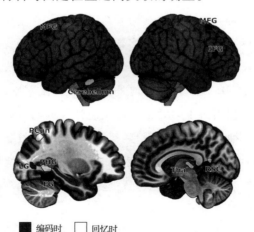

■ 编码时　□ 回忆时

图 3.6　记忆训练的神经实现

仅仅在短暂的轨迹法训练之后，参与者在编码信息时就调用了不同的脑区（图中 FG 代表梭状回；LG 代表舌回；MFG 代表额中回；IFG 代表额下回）；在回忆信息时也调用了不同的脑区（FG；LG；PCun 代表楔前叶；PHG 代表海马回；小脑；Thal 代表丘脑）。（Adapted with permission from Kondo et al.，2005）。

3.4　计算特长

你还是小孩的时候，很可能认为有一根棒棒糖很美好。但是两根或者（如果你能像我以前那样从姐妹们手中抢走）三根就更好了！这只是你接触数量概念及其在数字中的符号表征的开始。很快你就要正式学习加法和减法运算来操作数字。然后你学习了其他更复杂的运算，如乘法和除法，但是真正有意思的时候始于你后来在高中学习数学函数。然而，由于某些原因，正规教育很少使用棒棒糖作为教学工具，这也许可以解释为什么数学对许多学生来说不是一门特别有趣的学科。然而，我们的计算技能在日常生活中是至关重要的（只要想象一下，停电了，没有计算器可以帮助你计算!），不过大多数人都能很熟练地操作数字。有些人尤其擅长处理数字，本节我们将考察那些能在头脑中快速处理数字的人。有些人不使用任何外部设备（心算师），而另一些人则使用一种相当简单的设备，使快速计算成为可能，这种设备不是计算机或袖珍计算器，而是一种相当巧妙的设备，称为**算盘**（abacus）。在我们了解心算大师和珠算高手并探究他们的大脑之前，让我们先来看看大脑是如何适应我们日常的计算技能的。

回到棒棒糖的例子，当你意识到自己的一个兄弟姐妹比你有更多的糖果时，你不可避免地感到恐慌，而之前可能跟随着**顶内沟**（intraparietal sulcus, IPS）的激活，顶内沟是一条凹槽，将顶叶分为上下两个部分，如图 3.7 所示。当更多的糖果出现时，IPS 会对数量做出反应，变得更为激活。在最初的震惊之后，你可能开始计算需要花多少钱才能买到足够的糖果以超过你的同胞。如果一根棒棒糖要花 43 分（4 角 3 分），而你需要 6 根，你很快就能算出需要 258 分（2 元 5 角 8 分）才能买到"开心"。虽然大多数 9 岁的孩子都应该有这种计算能力，但计算涉及许多过程。你需要弄清楚如何处理两位数，首先 40 乘以 6，然后把中间结果（是的，它是 240）记在心里，再 3 乘以 6，最后把两个中间结果相加，得到总和（你将会转换成元、角和分）。

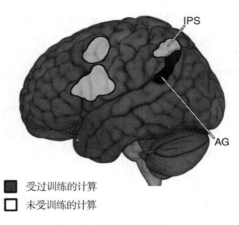

图 3.7　算术的神经基础

个体计算时会调用顶内沟（IPS）以及前额叶和前运动区，但在提取先前存储的算术数据时还会运用左脑的角回（angular gyrus，AG）。

计算中间发生了很多事情，即使你不必重新计算主要的运算过程（40 ×6 和 3 ×6），却要提取以前存储的乘法表和特定的乘积（240 和 18）知识。你仍然要保存中间结果（240），提取第二个乘积（18），并将它们相加得到最后的结果。数字的加工过程反映在涉及该过程的脑区中，如图 3.7 所示。IPS 显然会参与其中，但额叶（如左脑的布洛卡区）也起着一定的作用，这反映了该加工涉及目标设定、注意和工作记忆（所有这些过程都是看似简单的乘法运算所需要的）。除了 IPS，**角回**（angular gyrus，

AG）下方的脑区最有可能被激活。以前学过的数字知识存储在角回：从角回可以快速提取 40×6 或 3×6 的乘法结果。在你刚学习数学运算之初，计算 3×6 时要通过运算（3+3+3+3+3）来进行，而大脑则调用了 IPS 和额叶。当你获得了 3×6=18 这一知识，并把该知识点整合到整个计算加工之中，你的大脑激活将迁移到角回。有研究表明，运算技能高明的人比不太擅长计算的人更多地调用了角回（Grabner et al.，2007）。

3.4.1　心算师

我们已经看到，如何计算个位数和两位数这种相对简单的乘法（如果停电了，或者用不了手机和平板电脑上的计算器，这仍然是一项有用的技能！）。这种乘法运算其实并不简单，因为要保证我们完成计算任务，需要很多脑区协同工作。有些人不必利用外部辅助工具就能快速地进行乘法运算，比如 2 位数乘法（43×52）甚或 3 位数乘法（395×937），我们称为专家级的**心算师**（mental calculators）。这里我们要阐明他们的认知策略和大脑究竟是如何适应其杰出的计算特长的。

比利时鲁汶大学（Louvain University）的毛罗·皮塞蒂（Mauro Pesenti）对最有名的心算师德国的鲁迪·格曼（Rüdiger Gamm）进行了大量的研究（Pesenti et al.，2001）。格曼在校时算术并不太好，但在准备电视智力竞赛节目时，他对心算产生了兴趣。很快，他就发现自己每天都要练习几个小时，背诵算术结果，并想方设法突破自己工作记忆能力的瓶颈。例如，他可以立即说出 2 位数的平方（例如 24^2），因为他已经将所有 2 位数二次方的结果存储在长时记忆中。他不仅能在 5 秒内计算出复杂的乘法问题，如任意两个 2 位数的乘法（如 68×76），而且能快速而准确地计算出 9 次幂和 5 次方根。正如我们学过乘法表一样，格曼竟然学过平方表、立方表以及方根表。他还开发了解决复杂计算问题的一套程序和捷径，只需要几个步骤和中间结果就能得到答数。然而，他的数字记忆能力只略优于平均水平（按照标准的数字广度任务，大约为 11 位数字）。当作为刺激物的数字被字母取代时，格曼的记忆就变为平均水平了（Pesenti，Seron，Samson & Duroux，1999）。即使我们假设他的记忆能力高于平均水平，也几乎不可能在如此复杂的计算中努力兼顾必需的信息量。甚至更简单的计算，如我们以前使用的两个两位数的乘积（68 × 76），也需要若干次的计算和诸多的中间结果。你很可能勉强算出正确的结果，特别在经过一点练习之后，但是面对所有的计算要求，你肯定会觉得自己的工作记忆压力山大。

解决这个问题的方法，以及格曼为复杂计算所选择的方法，实际上与记忆专家使用的策略相同。格曼使用的算术表和程序是存储在长时记忆中的稳定结构，经过烂熟于胸的练习，与轨迹法中用到的位置路径并没有什么不同。计算问题一出现就激活这些结构，然后将计算信息快速地插入长时记忆里已经存在的类似信息之中。普通人在进行这类复杂计算时，必须在工作记忆中保留计算的中间结果。而格曼在长时记忆里已经对这些中间结果进行了编码，这让他有更多的资源用于其他的计算。在需要对中间结果进行进一步的计算时可以很轻易地提取出来，因为它们都与长时记忆里先前的知识联系紧密。例如，要将 68 乘以 76，格曼将提取 6 ×7 的乘积，并添加两个零（得到 4 200），然后将 76 的第二位数（6）乘以 60（得到 360），并将这两个数字相加（得到 4 560）。如果将这个数字保存在短时记忆中，它可能会被遗忘，因为在得到 5 168 这一正确结果之前，还需要将它加上（8 ×76）

的结果。然而，格曼将计算的中间结果（4 560）存储在长时记忆中，以便稍后需要将其加上 8 ×76 的乘积时可以快速地提取。就像记忆专家和专家棋手一样（参见第 3.1 节关于卡尔波夫的轶事），格曼在计算出最终和中间结果数小时之后仍能记住它们。整个过程在格曼的长时记忆里留下了确凿无误的痕迹。

皮塞蒂等人利用**正电子发射断层扫描**（position emission tomography，PET）研究了格曼杰出的记忆表现的神经基础（Pesenti et al.，2001）。其主要思想是比较格曼需要计算与只需提取结果这两种情况下的表现。计算条件即为上述两位数的相乘（68 ×76），而直接提取条件则为两位数的平方（73 ×73）。控制组的年龄和教育程度进行了匹配。给他们的计算题遵循同样的原则，但略有不同。控制组参与者的直接提取条件为两个个位数的相乘（4 ×7），计算条件为两个两位数的相乘，但仅限于乘积小于 1 000 的情况（如 31 ×27）。尽管格曼和控制组参与者的计算题不同，但都引发了相同的加工——计算和直接提取。

图 3.8 展示了实验中计算条件比提取条件更多调用的脑区。让我们先考虑格曼和控件组在计算结果时共同用到的脑区。这些脑区有视觉区，如双脑颞下回（inferior temporal gyri，ITG）和左脑枕颞交界处（occipito - temporal junction，OTJ），还包括顶叶，如左脑 SMG 和 IPS，额叶，如左脑中央前沟（precentral sulcus，PCS）、左脑额下沟（inferior frontal sulcus，IFS）和左脑 MFG，这些都是心理计算的特征。这一激活的性质表明，数字是在视觉短时/工作记忆里保持和操作的（也请参见图 3.7 心算所涉及的典型脑区）。除了这一共同的大脑网络外，在计算两位数的乘积时，还有一些脑区只有格曼有额外的激活，而控制组则没有激活。这些脑区是长时记忆存储和提取（情景性）信息典

型的重要区域，如 PHG 的前部和内侧额叶皮层（medial frontal cortex，MFC）以及前扣带回（anterior cingulate gyrus，ACG）的上部。

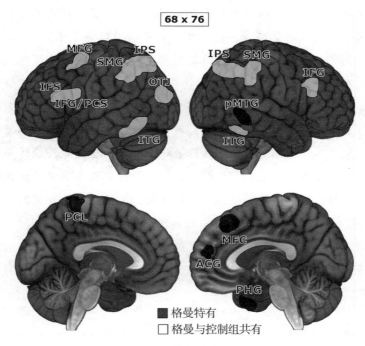

图 3.8　心算师的神经基础

心算大师格曼和控制参与者在进行心算时都激活了一些共同的脑区（左脑的顶叶—上额网络：下颞回 = ITG；枕颞交界处 = OTJ；缘上回 = SMG；顶内沟 = IPS；中央前沟 = PCS；额下沟 = IFS；额中回 = MFG）。心算大师（格曼）还额外激活了负责情景记忆的脑区：内侧额叶皮层（MFC）、前海马旁回（**PHG**）、前扣带回（**ACG**）和颞叶中后部（**pMTG**）。（**Adapted with permission from Pesenti et al.，2001**）。

　　需要注意的是，格曼额外使用的脑区不仅仅表现在比控制组激活更大。事实上，在两位数相乘期间，控制组的这些脑区根本没有被激活。因此，格曼的心算运用了额外的脑区，而控制组则完全没有调用这些脑区。这恰恰突出了专家与新手在进行心算时所用策略的性质。这并不是说专家与新手采用了相同的策略，只不过专家的策略更高效、更快速。专家的策略完全不同于新手。专家的策略实际上比新手的策略更为复杂，因为它们涉及与长时记忆有关的额外加工和内容。它们具有性质上的（而非数量上的）差异，这就是专家策略效率更高的原因。一旦我们了解杰出心算表现背后的认知机制，我们就不应该惊讶于专家们利用了额外的脑区来实施他们复杂的认知策略。考虑到这些额外脑区对专家策略的重要性，它们与长时记忆加工存在关联也不应该让我们感到奇怪。然而，这些脑区并非通常与特长神经特征有关的区域（见第1章）。专家高效而轻松的表现让我们预期他们在相同的脑区激活更小，因为专家需要的资源显然更少（见第1章内马尔的例子）。在心算师的例子里，我们再次看到大脑对认知机制的适应。

3.4.2 珠算师

在心中处理一堆数字是相当困难的。许多人依靠外部设备，如计算机或袖珍计算器，完全逃避这一具有挑战性的活动。如果这些外部设备不能使用，就可能会导致有趣的情况，如果你看到一家商店里满是绝望的收银员，他们在断电后不得不进行加减的心算，你就会知道这一点。亚洲人传统上使用一种称为算盘的工具，不会受这种意外情况的影响。算盘是一种木质或金属的装置，几根杆子上穿有算珠，如图3.9所示。在数学教育中，算盘是一种非常流行的教学辅助工具，孩子们不仅非常善于使用它来计算简单的算术运算，如加法，而且也用来进行更复杂的计算，如求根和算平方。这一切都很好，但算盘也较大，并不很适合用普通的钱包携带。你最好还是带个袖珍计算器和备用电池。然而，珠算专家并不需要真正地随身携带算盘，因为他们可以在心中操纵想象中的算盘。事实上，最优秀的珠算专家在计算复杂的算术问题时，即使不比心算师（如格曼）更快，也速度相当。当他们在心中操作算盘时，无疑比手动拨打算珠更快。大脑不需要电池，而且比手还快。

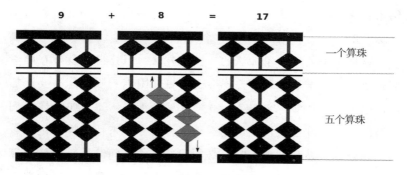

图 3.9 利用算盘的计算

在算盘上进行 9＋8 运算的视觉演示。见正文的详细解释。

在我们继续揭开珠算专家如何在心中操纵他们选择的设备之前，有必要看看算盘是如何工作的。图 3.9 中算盘的每一档（或杆）代表不同的组和数量。算盘的左档代表百，其次的档代表十，而右边一档代表个位数。算盘的另一个明显特点分为上下两框。如果你想在算盘上表示数字 4，你就从右档的下框向上推四颗珠子。这很好，但是当右档只有五颗珠子，即一颗在上框，四颗在下框时，如何表示数字 9 呢？上珠视为 5（其在中档则为50，在左档则为 500），你需要将上框的单个珠子向下移动（计为 5），然后将下框的四个珠子向上移动。当你拨打活动的上珠（5）和下珠（4）时，就得到所需的结果。现在可以在算盘上进行简单的计算了，例如 9 + 8，如图 3.9 所示。首先你要在算盘上表示 9，如前所述。完成之后，现在需要表示 8，这可能是个问题，因为你已经使用了一些算珠来表示 9。但是 8 也可以用相邻的中间一档来表示，而中间档表示十位。8 可以表示成 10 − 2，只需移动中档（代表 10）的下珠，然后移动右档下框的两个珠子（代表 −2）。然后你只需读出算盘上剩下的算珠来获取最终结果：中档里有一个下珠（10），右档有一个上珠（5）和两个下珠（2）。

这似乎是处理简单加法的一种笨方法，但算盘妙就妙在随着问题复杂性的增加，珠算并不会变得更加困难。假设您需要连加 7 个两位数，比如：28 + 42 + 43 + 74 + 43 + 57 + 38。如果你使用普通的方法，你会很快意识到这种计算给你带来什么样的记忆重负。在连加一系列的数字时，必须记住一些中间结果。而使用算盘，你只需移动正确的算珠来逐个表示两位数。最后，当你拨到最后一个数字时，你只需读出算盘上算珠当前表示的数字。没有记忆负担，不需要操心中间结果；你需要的一切都呈现在面前的算盘上。这就是为什么珠算专家与心算师不同，前者回想不起出现过的算术题，也不能识别中间结果。他们根本不需要运用长时记忆，因为所有信息都呈现在面前的算盘上。随着孩子们不断练习，他们拨打算珠来表示数字的速度会越来越快。经过大量的练习，他们能在心中想象算盘，并操纵"心眼"里的算珠。他们可以想象算珠在心中的移动，就像他们在拨打面前的算珠一样。只要到互联网上做个简短的调查，就足以证明在这个中间阶段，孩子们的手臂和手指仍然会动，就像算盘在他们面前一样。如果不允许他们移动手指，即使他们的手指并不没有真正地操作任何东西，他们的表现也会崩溃。然而，真正的珠算专家却不存在这个问题，因为他们能在没有外部双手辅助的情况下操作心中的算盘。他们对算盘的视觉表征是如此自动化和稳定，以至于他们已经不再依赖于身体手指的"肌肉记忆"。

珠算专家似乎终究拥有一个外部设备，只不过这个设备在他们心中，是外部设备的一种内在表征。我们怎么能确定这个设备具有视觉属性而不是其他呢？珠算专家可能天生就有较强的空间能力，因此他们的职业是先天决定的。日本著名心理学家波多野谊余夫（Giyoo Hatano）做了很多实验来阐明珠算特长背后的认知机制（Hatano，1988；Hatano，Miyake & Binks，1977；Hatano & Osawa，1983）。其中一项研究要考察珠算心算表征的本质。典型的实验设计是在珠算专家进行珠算时给予另一个任务。第二个任务，也称为**同时任务**（concurrent task），显然会干扰珠算，但这种**干扰设计**（interference design）的诀窍就在于此。同时任务可以是言语性质的，如重复说出某个词（如"八"），或者是视空间性质的，如在桌子下面的小键盘上按一定的数字模式（如1 -3 -4 -6 -7 -9）。如果算盘在专家的心中以视空间的方式表征，那么言语任务就不应该干扰珠算操作，因为它们将由不同的认知和大脑机制来执行。反之，视空间任务就会对珠算成绩产生负面影响，因为它们涉及相同的认知和神经机制，不会为同时执行的这两个任务留下足够的资源。珠算专家确实在言语任务上没有问题，但在视空间任务上却困难重重，这表明视空间任务涉及相同的认知和神经加工。珠算初学者的结果模式正好相反，他们更受言语任务的困扰，而不是视空间任务。新手使用的策略依赖于口头上复述数字、计算和中间结果（例如，28 +42 等于 70，然后加上 43 等于 113，以此类推）。视空间任务不像言语任务那样干扰这些言语加工。

算盘在专家的心眼中究竟是怎样一种心理表征？事实证明，算盘的内部表征并不是实物真实的复制品，根据第 2 章我们学过的视觉特长知识基础应能有此预期。算盘实物在视觉和空间上都太过突出，需要具体的刺激来重构，并在我们的心中保留所有丰富的细节。而算盘的各个部分，如一系列的档，形成了单独存储的单元。然后可以监控这些单一的档，并对其内容进行操作和跟踪（Frank & Barner，2012）。要注意整个算盘是不可能的，即使是最优秀的专家也必须选择自己的注意焦点。如果你觉得太抽象，可以考虑下面的例子：闭上眼睛，想象你的客厅，一处你非常熟悉的地方。现在，把房间放在你的心眼里，试着体会房间里的所有物体，比如家具。你很快就会意识到，这几乎是不可能的，因为当你移动到房间的一个角落时，其他物体突然从你内在的眼里消失了。它们并没有完全消失，因为你可以很容易地重新聚焦，注意仍在房间里的物体。它们仍然在那里，没有改变，即使你离开它们瞬间，"看看"另一个方向。你很了解你的客厅，对于各处预期出现的物体有着稳定的表征。这个例子与珠算专家利用心中的算盘来计算大同小异，他们对算盘的熟悉很可能比你对客厅的了解更深入。你客厅里的物品不会像算盘上的珠子那样频繁地变动，但经过大量的练习，你可能会掌握反复出现的模式。数字总是会以完全相同的方式表征，这是学习的一个重要条件，正如我们在第 1 章里所看到的。房间可能太大，不能精确地表征，而算盘可能有太多的档，棋盘可能有太多的方格，城市可能有太多的街道，以致无法在专家的"心眼"里如实地得到表征。但这并不意味着，我们不能表征和操作这些事物的各个部分，而在同时看到其他（目前未被注意的）部分。

　　算盘为孩子们提供了高效计算的强大工具，但似乎也提高了他们的数字计算能力。经过珠算训练的儿童，记忆能力（以数字广度来测量）略好于那些没有经过大量珠算训练的同龄人。与其他特长领域一样，这种优势仅限于数字，当使用其他刺激物（如字母）时，这种优势就消失了。事实证明，受过珠算训练的孩子在数字广度任务中，会开始在其心中的算盘上以视觉表示看到的数字，从而成功地克服了他们天生有限的记忆能力。当然，字母很难在他们心中的算盘上表征，这一事实解释了他们在字母任务中的平庸表现。另一方面，初学者会使用言语策略，就像大多数人在尝试记住一串数字时一样（试想一下，你会如何尝试记住一个新电话号码：一遍又一遍地重复这个号码，直到你最终记住它，或者至少能把这个号码写下来）。名古屋理工学院的田中聪（Satoshi Tanaka）进行的一项神经成像研究很好地说明了珠算专家和新手应对数字广度任务的不同方法。田中及其同事们测量了擅长使用算盘的儿童和不擅长使用算盘的儿童在记忆一串数字时的大脑激活（Tanaka et al. , 2002）。毫不奇怪，"珠算儿童"比那些没有受过珠算训练的孩子能回忆更多的数字。利用 fMRI 测量他们的大脑激活很能说明问题，如图 3.10 所示。受过大量珠算训练的儿童调用了视空间加工重要的脑区。而未受过珠算训练的儿童则没有表现出其珠算同伴一样的大脑激活网络。他们的激活表现在与言语工作记忆有关的左脑，该脑区对于数字广度任务中的策略是必不可少的。

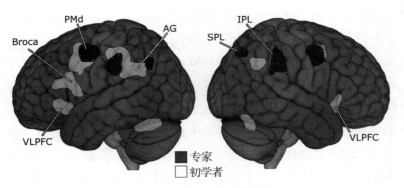

图 3.10 与算盘有关的数字广度

珠算专家在记忆数字（数字广度任务）时会利用自己心中的算盘。这反映在双侧大脑下顶叶（IPL）、上顶叶（SPL）和前运动背侧区（PMd）的激活。而初学者则运用了言语策略，这反映在左脑布洛卡区、腹外侧前额叶皮层（VLPFC）和角回（AG）的激活上。（Adapted with permission from Tanaka et al.，2002）。

　　珠算儿童顶叶的上部（SPL）和下部（IPL）都被激活，而没有受过珠算训练的同龄人则没有类似的激活。顶叶区域（尤其是上部）与珠算儿童数字的视空间表征有着直接的关联。算盘视空间表象的产生、操作以及珠算内容的保持都涉及这部分的顶叶。前运动皮层（PMd）的上背侧部分也只在珠算儿童中被激活，说明其在这一操作中起着至关重要的作用。我们将在下一章的运动特长中看到，该脑区对于有意动作（voluntary action，又译随意动作）是很重要的，而有意动作对于算盘的操作至关重要。这并不是孩子们在做记忆测试时手指运动的结果。更可能的情况是，他们在想象拨打算珠所必需的动作。而前运动皮层和上顶叶还通过密集的神经解剖组织相互联系，并很可能形成珠算特长背后的大脑网络。相形之下，没有珠算经验的儿童调用了布洛卡区以及邻近的腹侧前额叶皮层。当我们（口头）复述记忆材料并试图在我们的工作记忆中保持时，这些脑区是必不可少的。值得注意的是，这类激活偏向左脑，这证实了没有珠算技能的儿童所用策略的言语性质。儿童珠算专家的激活还包括右脑，这是说明他们运用了视空间策略的另一个证据，因为传统上认为视空间信息的加工由右脑负责。

　　田中的研究很好地说明了不同的认知策略如何导致不同的神经实现。然而，该研究采用的是记忆任务，而不是典型的珠算计算任务。华川及其同事（Hanakawa, Honda, Okada, Fukuyama & Shibasaki, 2003）研究了成年算盘专家和非算盘专家，使用的计算任务包括快速连加一系列的个位数（而珠算专家还要连加三位数和六位数）。图 3.11 所示的激活模式与田中研究所用的记忆任务激活模式相似。算盘专家调用了两侧大脑的前额叶和顶叶，具体而言是两侧大脑的中央前沟的上部（前运动皮层所在脑区）、双侧大脑顶叶的上部和下部，以及把顶叶分为两部分的顶内沟（IPS）。而非专家除了左脑的布洛卡区及内侧前辅助运动区（pre－supplementary motor area, pre－SMA）外，也调用了左脑同样的脑区。额叶的这些区域与算术任务存在关联，这些算术任务是通过普通的言语（复述）策略来完成的。非专家没有调用左脑上顶叶（SPL）的后部，这是两组之间差异的焦点。虽然专家的右脑比新手的激活更大，但最大的差异表现在左脑上顶叶的后部。华川的实验还要求珠算专家们连加一系列的 3 位数和 6 位数字，这是相当困难的算术任务，非专家是不可能完成的。同样，左脑上顶叶是区分连加 6 个三位数或 6 个个位数的脑区之一。区分简单和困难连加任务的其他两个脑区是右脑上顶叶和前运动皮层。计算越复杂，这四处额叶和顶叶脑区激活就越大。

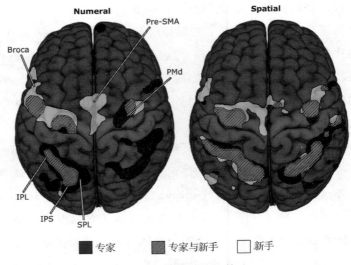

图 3.11　珠算的神经基础

在数字任务（左图）中，珠算专家激活了双侧大脑的额—顶网络，这些脑区是视空间策略所必需的（上顶叶 = SPL，下顶叶 = IPL，顶内沟 = IPS，前运动背侧区 = PMd）。新手则使用了言语策略，主要激活了左脑（布洛卡区和前辅助运动区 = pre – SMA）。新手在完成空间任务（右图）时也必须运用视空间策略，他们同样调用了双侧大脑的顶叶和前运动区。（Adapted with permission from Hanakawa et al. , 2003）。

　　华川的研究很有针对性，因为它包含两个控制任务。这里我们将重点关注空间控制任务，该任务的参与者必须按箭头提示在心中移动一个光点到某个位置。光点位于一个 3 ×3 网格里的特定位置，一系列的箭头提示参与者想象光点移动到哪里（以及光点在序列的最后将停在何处）。该任务在许多方面类似于珠算专家在数字任务中进行的操作。只不过他们在心眼里操作的不是网格和光点，而是算盘和算珠。因此，两组人的激活模式与珠算专家在数字任务中的激活模式几乎相同，也就不足为奇了，如图 3.11 中右图所示。非专家的参与者突然间不仅调用了上顶叶后部和前运动背侧区，而且右脑也参与其中！华川检查了左脑上顶叶后部的激活水平，在空间任务里并没有发现两组之间的任何差异。相形之下，在数字任务中，珠算专家的同一脑区明显有着更大的激活。实验设计通常包括控制任务，以证明其没有实验条件下所发现的效应。华川巧妙的实验设计恰恰突出了两组参与者相反的策略。当非专家组采用与专家一样的策略时，华川使用控制任务来证明非专家组存在相同的效应。因此，我们可以肯定，专家在心中想象和操纵着他们所选择的设备，凭借着双侧大脑额—顶区的帮助。

后来很多研究证实了额—顶网络在珠算特长中的作用。这儿我们要简略地回顾其中一些研究，因为它们能为我们洞察珠算特长背后的神经机制提供新视角。第一项研究同时利用 fMRI 和 EEG 测量了珠算专家和新手在两个数字相加过程中的脑活动（Ku, Hong, Zhou, Bodner & Zhou，2012）。结合高精度的空间技术（fMRI）和高精度的时间技术（EEG）不仅能向我们揭示哪些脑区参与了珠算特长，而且还能让我们看到整个计算过程中大脑激活是如何发展的。实验一开始，在刺激呈现后约 380 毫秒，数字的视空间转换（对于算盘专家）就会发生。除了上述的上顶叶外，中颞回（重要的视觉表象脑区）似乎也参与其中。稍后约 440 毫秒，珠算专家才调用背侧前运动区。该研究说明珠算特长中视空间加工和视运动加工之间时间上的分离。正如从参与者使用的认知策略可以预期，数字在算盘上的心理可视化发生于数字操作之前。

另一项研究调查了有 3 年以上珠算经验的儿童和没有珠算经验的同龄人大脑联结之间的差异（Hu et al.，2011）。结果发现，珠算儿童的大脑整个髓鞘化的程度要强于无珠算经验的儿童。这表明珠算儿童能更迅速地在不同的脑区之间传递信息。当研究者检查单独的脑区时，他们在运动区和视空间通路上发现了预期的差异。更有趣的是胼胝体的差异，胼胝体是连接左右大脑的桥梁。研究者认为，左右脑高度发展的联结，尤其是大脑的顶叶，是珠算特长所必需的。根据他们提出的理论，左脑（上）顶叶皮层负责算盘视空间图像的产生，而右脑（上）顶叶皮层则操作和比较那些已经建立的算盘心理表征。因此，珠算训练可以增强左右脑之间的联系，这是由于对心理算盘的生成和操作已有丰富的经验。这一理论看似有道理，特别是在图 3.10 和图 3.11 所示的前述结果的背景下，双侧大脑上顶叶的激活似乎是珠算特长的一个神经特征。然而，珠算儿童之所以选择这个领域，可能是因为他们已经拥有了发展更成熟的大脑联结。如果这是真的，那么珠算的训练就并非大脑结构差异的原因。虽然这种情况不太可能发生，但只有随机抽样的纵向研究（遗憾的是，我们目前还缺乏这些研究）才能让我们分开天性和教养的影响。

同样的结论也适用于 fMRI 研究的结果。毕竟，研究发现的额—顶网络只与珠算特长有关。为了明确因果关系，我们必须证明，如果额—顶网络不可用，珠算特长就会失效。最近，研究者（Tanaka et al., 2012）报告了一位神经心理学教授中风的病例，她的右脑受损，包括前运动背侧区和下顶叶。这位不幸的教授在中风前是位珠算专家，但此后就用不了算盘。正如她所说，"我大脑里的算盘丢了"。中风 3 个月后的 fMRI 检测证实，这位教授在解决算术问题时使用了算盘初学者常见的言语策略。在进行心算时，调用了布洛卡区、左脑背外侧前额叶和左脑下顶叶。三个月后，也就是中风后的 6 个月，该教授恢复了她的算术能力，根据她的自我报告，她可以再次利用心中的算盘进行计算。第二次的 fMRI 检测证实了这一点，显示了视空间相关脑区的活动，包括上顶叶（记住，受损的地方是下顶叶的下部）。利用干扰范式的实验进一步表明，该教授确实拥有算盘的心理意象。当同时任务使用算盘图片作为刺激时，她的表现突然变得很差，而用面孔图片做同时任务刺激则不会影响她的表现。该研究证明了上顶叶在珠算特长中的因果影响，尤其是右脑的上顶叶。

3.4.3 小结

心算师（如格曼）和珠算专家（如上面那位神经心理学教授）都会利用特定的认知策略来克服记忆先天的局限性。普通人对于相同的任务目标也能运用认知策略。然而，普通人的策略都基于复述和言语工作记忆，不如视觉策略有效，因为视觉策略可以将先前储存的知识与新的记忆材料联系在一起。大脑对这些难以置信的专长技艺并不会随随便便做出反应。大脑的反应要跟随所运用的认知策略，并引起专家和新手完全不同的激活模式，忠实地对应于他们采用的策略。珠算专家和心算专家使用的策略不同，这反映在不同大脑网络的激活上。比较图 3.8 和图 3.11 的激活，可以发现，心算师的情景性长时记忆与珠算专家的视空间加工具有不同的神经特征。

3.5 棋艺特长

我们已经看到，长时记忆的内容在记忆专家和心算专家的表现中起着至关重要的作用，对于珠算专家的表现也起着部分作用。这也许并不奇怪，因为记忆似乎占其惊人表现的很大一部分权重，即使在某些情况下并非全部内容。然而，国际象棋和其他棋类游戏的专家不必记住棋盘上的棋局和走法。他们的任务是寻找最好的解决方案，在游戏规则允许的无尽可能性迷宫中找到最佳出路。然而，即便如此，正如卡尔波夫的逸事（本章开篇的故事）所显示的那样，棋艺专家非常擅长记住棋盘上发生的一切。这儿我们将证明，记忆和最优解挑选能力之间的关联并非巧合。我们将看到，复杂加工（如问题解决）的神经实现也涉及记忆加工的脑区。在此之前，我们先考察棋艺特长的开创性研究，它引发了一般特长的研究。

3.5.1　特长科学研究之起始

　　荷兰心理学家阿德里安·德格鲁特（Adriaan de Groot）被公认为现代特长研究之父。在他之前的其他人员也研究过一些特长问题，如布赖恩和哈特，我们将在第 4 章动作特长里介绍他们，但德格鲁特的研究结果以及研究特长的整个取向在今天仍有深远的影响。德格鲁特自己就是一位国际象棋大师，他很好奇为什么最好的棋手几乎总能在各种棋局所呈现的无限可能性中找到最好的下法。他发明了一种具有许多特征的任务，这些特征今天被视为特长研究的参考标准（de Groot，1978）。正如第 1 章所述，研究人员面临的主要问题是如何在实验室里体现特长所有细微的丰富性，而这需要简单可控。德格鲁特选择了一个简单但又能代表特长领域的任务，他要求人们从两个大师之间未知比赛的未知棋局里**寻找最优解**（find the best solution）。在众多的可能性中选择最好的下法正是棋手比赛时要做的。寻找最优解任务具有代表性（或者用心理学家的话来说，具有**生态效度**，ecological validity），因为该任务体现了真实世界中专家的典型行为。另一个问题是在棋手寻找最优解时如何追踪其认知加工。这儿德格鲁特使用了**自言自语技术**（think - aloud technique，也称为**口语报告**，verbal protocols)，他让棋手说出心中的想法。国际象棋棋手有一套标准的术语来表达下棋的计划和走法。每个方格都有其水平坐标（从 a 到 h）和垂直坐标（从 1 到 8），可以用来确定棋盘上棋子的位置。当棋手利用象棋术语说出他们通常的搜索模式时，就很容易理解他们的思考过程："如果我将王后移到 h5，对手将把兵移到 g6，进攻我的王后，我将不得不将王后撤回到 h2。"不应将**自言自语技术**与**内省**（introspection）相混淆，内省是一种引出内心状态（如情绪）的技术。自言自语并不要求参与者检查和报告其内心状态，而只需要"详述"自己的想法，并不会干扰他们的表现。一个很好的例子就是前述心算的示例：两个两位数的相乘，比如 12×14，在计算的时候边想边说，自言自语。如果你尝试这样做，就会发现这根本不是一个问题。自言自语地计算可能比沉默地计算要慢一些，但要发现人们的想法，这是值得付出的小代价（关于口语报告的更多内容及其适用条件，请惨见 Ericsson & Simon，1993）。

德格鲁特找到了一种巧妙的方法，可以引出专家们出色表现背后的策略，但他的参与者也确实与众不同。1939 年，德格鲁特与欧洲选手一同坐船去布宜诺斯艾利斯参加一场国际象棋锦标赛，他有很多机会检测当时一些最优秀的棋手。即使是他的控制组，在后来回到阿姆斯特丹的家中接受测试，也由一些较优秀、明显高于平均水平的棋手组成，我们在第 1 章称为普通专家。这两组人都花了大约 10 分钟的时间寻找棋局最佳的下法，棋局选自大师们的对弈，就像图 3.12 中左侧的棋局（实际引用的棋局可参见第 1 章图 1.2）。两组人都提出了切实的解决方案，正如我们对实力较强的棋手所期望的那样，但国际象棋特级大师（国际象棋最优秀的棋手）所选择的解决方案明显高明得多。这是此成功的实验任务的合理预期，因为特级大师比仅仅是稍好的棋手要优秀。当德格鲁特分析自言自语报告时，真正令人惊讶的情况出现了。外行人普遍认为，特级大师能下出好棋，是因为他们可以看得更远。比赛时棋手在任何一步都可以选择很多种走法，每种走法都会引发进一步的可能性。如果他们要预测每走一步棋后会发生什么，需要考察的可能性太多了。他们将必须对每一种可能性进行深入"搜索"。德格鲁特可以追踪棋手选择的解决方案，因为他们在自言自语，也能够检查他们对每种解决方法看得有多远；也就是说他们的搜索有多深刻。事实证明，特级大师和较弱的棋手检查的可能性和深度都类似（见第 1 章图 1.2）。在搜索的广度（检查了多少种解决方法）或深度（平均每种解决方法接下来有多少步走法）方面没有差异。

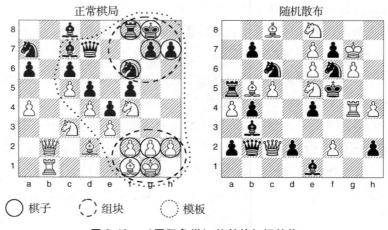

图 3.12　（国际象棋）特长的知识结构

在短暂（通常 5 秒）呈现普通棋赛（左图）后，专家比新手能更准确地记住棋局。专家能把棋局视为包含若干棋子的组块或模板，而新手只能看到单个的棋子。当棋子随机地散布在棋盘上时（右图），专家的记忆优势几乎完全消失了，因为随机位置是一种没有任何有意义的模式。

　　事实上，最好的棋手和明显稍逊的棋手都采用了相同的问题解决策略。一开始，他们都要先熟悉棋局，把之归为某种特殊类型。某些棋局无疑有着典型的应对之道，于是棋手便探索这些典型的解决方法。最终，他们会仔细检查心中解决方法的利弊，选择最好的方法。然而，德格鲁特注意到，尽管他们解决问题的结构（即搜索模式的深度和广度）类似，但归类棋局的最初阶段却有很大的不同。最优秀的棋手能在几秒钟内抓住棋局的本质，而稍逊的棋手在几分钟之后仍在思考棋局。正如德格鲁特所说，特级大师 5 秒钟就能看穿普通棋手需要 15 分钟才能理解的棋局！这不可避免地导致特级大师们在探索棋局时选出更好的解决方法。而新手（和普通棋手）往往徘徊在检查不相关的路径上，专家则能立即聚焦于有希望的解决方法并进行检查。检查不同解决方法的过程可能是相似的，但是为检查而选择解决方法的过程却是截然不同的。对问题的认知才是关键，而不是问题解决过程本身。德格鲁特接着又发明了另一个有创意的范式，即**回忆任务**（recall task），以证明认知在国际象棋中的重要性。考虑到两组棋手在察看棋局的前几秒存在巨大的差异，德格鲁特想出了一个主意，即在很短的时间内（通常 2～15 秒）向棋手呈现某个棋局。棋局会从视线中消失，棋手必须在仅仅看了几秒钟后就重现棋盘上众多棋子的位置（在 64 个方格的棋盘上大约有 25 颗棋子）。特级大师只需看 2 秒之后就能完美地再现整个棋局！大师也是棋艺非常熟练棋手，仅略逊于特级大师，他们在看了 5 秒之后可以再现 80% 的棋子，一般的棋手约为 50%，而新手约为 25%（约7 个棋子，这是标准的短时记忆容量）。

　　德格鲁特有力地证明了国际象棋专家和新手之间最大的区别在于他们对问题最初的感知，而非随后的搜索。对于同一个问题，专家"看"到的完全不同于新手。后来的研究（Bilalić，McLeod & Gobet，2008b；Conors，Burns & Campitelli，2011）表明，专家的搜索的确比新手稍深入，尤其是当他们感到有必要进行详尽的检查时，但这种差异要比回忆任务小得多。

3.5.2　特长的知识结构

一个明显的问题是，回忆任务中特级大师有惊人的表现，这是否是因为他们拥有超乎常人的记忆力，而新手和普通棋手则没有这种记忆力。他们能回忆 25 颗甚或更多棋子的表现极大地超出了通常的记忆广度（约 7 个单元）。即使国际象棋专家没有超强的记忆能力，他们是如何在如此短的时间内掌握如此多的棋子仍然不清楚。德格鲁特亲自完成了关键的控制任务，这是他的高明之处，我们将在下面看到。他认为发表控制任务的结果没有价值，因为在他看来，这样的结果显而易见。事实证明他错了：回忆任务（只是他研究国际象棋特长的一小部分）以及与之匹配的控制任务已成为最著名的特长研究范式。诺贝尔奖获得者赫伯特·西蒙（Herbert Simon）和威廉·蔡斯（后者我们在记忆专家部分介绍过）数年后在卡内基梅隆大学进行了控制实验（Chase & Simon，1973a）。蔡斯和西蒙所做的远不止重复德格鲁特的研究。他们用认知原理来解释专家的杰出表现。换句话说，他们提出了第一个关于特长的认知理论。

控制实验是一种简单而巧妙的方法，可以排除专家拥有超强的一般记忆能力。与上一个记忆任务中使用的棋子完全相同，但这次它们被随机散布在棋盘上，如图 3.12 所示。突然之间，专家的记忆表现下降到新手的水平（关于这一现象的完整解释，参见 Gobet & Simon，1996b）。专家们在记忆人工随机摆放的棋局时失去了几乎所有的记忆优势，当然正常的国际象棋比赛中不会发生这样的棋局。显然，专家的优势并不在于超强的一般记忆能力，而在于对国际象棋棋局的熟悉程度。蔡斯和西蒙研究了专家们回忆棋子的过程，发现棋子的回忆总是断断续续的（Chase & Simon，1973a）。他们会快速地回忆出一簇棋子，然后暂停，在停顿后又快速地回忆出另一簇棋子。然而，新手在回忆出一两颗棋子之后就开始停顿。专家回忆出的棋子簇彼此存在功能和空间上的联系，远远超过了停顿之后新手回忆出的零散棋子。以单簇回忆出的棋子构成一个单元，蔡斯和西蒙称之为**块**（chunks）。块是由若干相互关联的单个对象构成的有意义的单元。块的示例见图 3.12。因此，专家可以识别很多对象组成的块，而不是像新手那样识别单个对象。但他们的短时记忆容量仍然为 7 个单元左右，不过他们的记忆单元是由若干棋子组成的块，而非单个的棋子。利用若干棋子组成的块，他们能轻松地一眼就顾及国际象棋中所有的 32 颗棋子：7 个块乘以每个块中的 4 颗或 5 颗棋子。然而，一旦棋子被随机地散布在棋盘上，棋子之间也就不存在通常的关联。因此，专家们就无法识别棋子的块，而不得不视棋子为各个独立的对象，就像新手在观察普通棋局时那样。专家的表现因而与新手相似。专家们只是无法将随机的棋局与他们储存的常见棋局知识联系起来。

如果这听起来很抽象，可能是因为你不懂国际象棋，让我们举一个更具体的例子。你可能正在房间里读这本书。请快速地环顾四周，几秒钟后闭上眼睛。你刚才看到了什么？最有可能的是，你将描述房间内的物体。房间内的物体形成不同的群或块；因为功用不同被放置在房间内的特定位置。一把椅子、一张桌子和一台带键盘的电脑将构成一个块，因为它们归属于同一个整体。这些物体聚集在一个特定的群集里，例如，电脑在桌子上而不是相反，因为它们在日常生活中都有特定的功用。这同国际象棋专家与正常棋局的情况没有太大的区别。他们掌握了关于棋盘上棋子典型群集的知识，就像你拥有了关于房间内家具的知识一样。他们知道"王"从中心被转移到拐角，在它面前有"兵"保护。他们不必逐一检查这些棋子，因为他们把这些棋子视为一个块，就像你把桌子、椅子和电脑视为一个整体完全一样。现在，想象一下，我们在你的房间里移动这些东西，分散摆放，结果电脑挂在了墙上，桌子挂在了天花板上。你还能记住这样一间"随机"房间里的东西吗？很可能你记不住，因为你没有这种房间的经验；房间里的群集对于你已经掌握的房间知识背景是没有意义的。这正是专家们面对随机棋局时的情形。他们无法将自己广博的普通下棋知识与随机的棋局模式联系起来。

3.5.3　特长中的记忆和问题解决

蔡斯和西蒙巧妙地解决了专家看似难以置信的记忆表现与人类已知的认知局限之间的矛盾。专家的认知能力天生并不优于新手，但他们拥有特定的**知识结构**（knowledge structures），使他们能够迅速地掌握新棋局的本质。你可能会认为，这足以解释专家在回忆范式中的表现，但是这些知识结构如何帮助专家找到最优解呢？正如我们所看到的，这些知识结构（如块）包括关于对象典型位置及它们在环境中的关系的信息。专家通过长期专注于领域特异性的刺激来掌握这些对象出现的时空模式，并将其存储在长时记忆中。随着对象越来越多地出现及被识别，知识库变得越来越丰富和复杂。块可以演化为**模板**（templates），即由一个稳定的核心（较大的块）和若干插槽（可由其他不太固定的环境特征或其他较小的块插入）组成的大型群集，如图 3.12 所示。这些模板保证了新情况的快速识别和分类。回到房间的例子，根据你长时记忆中已有的房间模板，你很可能立即识别出你所在房间的类型。桌子、椅子、电脑和台灯的核心内容会让你意识到你很可能在办公室，而卧室或客厅则会有其他典型的家具群集。国际象棋专家也是这样识别他们所面对的棋局类型。

　　分类是寻找最优解的第一步。某些情况总是与处理某类问题的特定方法有关。正如你知道办公室比卧室更适合办公一样，国际象棋大师也知道，如果中心被封锁，你必须进攻侧翼。通过激活以前存储在长时记忆中的相同（或类似）的模式，可以识别棋盘上的模式。激活的知识结构（模式）反过来触发了典型的解决方法，当然解决方法也与模式一起存储在长时记忆中。这与第 2 章（知觉特长）里介绍的放射学特长是类似的过程。长时记忆中存储的知识结构能让专家掌握问题的本质，然后迅速聚焦重要的方面。如前所述，内部状态（如本例中的记忆）影响外部刺激（如棋局和 X 光片子）感知的过程被称为**自上而下的加工**（top - down processing）。专家的注意力自动地指向问题最重要的方面，这反过来又能保证快速而有效的模式识别。通过这种方式，专家们在认知资源有限的情况下，降低了环境的复杂性并成功地进行应对。为了进一步与放射学特长进行比较，请思考图 3.13 中的任务。研究人员要求国际象棋棋手说出次要棋子的数量，如马和象。国际象棋的棋子类型很多，新手需要检查所有的棋子，查看棋盘的各个角落，以确定有多少颗棋子。相反，专家们不必浪费时间四处查看，几乎立刻就能聚焦于感兴趣的棋子上。国际象棋专家和新手的搜索模式非常类似于经验丰富的放射科医生和医学生的搜索模式（参见第 1 章的图 1.1）。一旦要求他们识别随机位置出现的相同棋子，图 3.13 所示，专家们的优势就几乎消失了，这与把颠倒的 X 光片子呈现给经验丰富的放射科医生和医学生的情况（见第 2 章图 2.6）并没有什么不同。

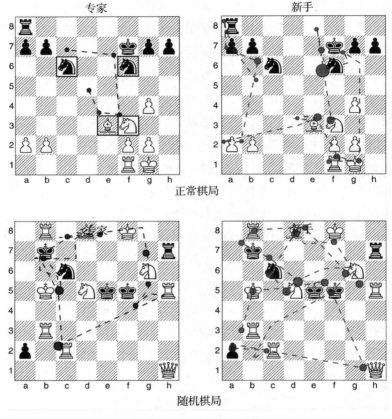

图 3.13　国际象棋的搜索

面对正常棋局（上图）和随机棋局（下图），专家和新手都必须寻找相和马（黑色方格）。正常棋局中专家能迅速地聚焦于目标棋子，而新手则不得不查看棋盘上所有的棋子。这种差异在随机棋局中几乎消失。（此黑白图仅为示意，彩色版见书中彩插。）（Adapted with permission from Bilalić et al.，2010）。

现在我们知道专家们是如何立即找到最优解的，我们也知道他们是如何在一瞥之后就记住了大量信息的。他们对环境最初的感知会立即激活长时记忆中的知识结构，从而提供丰富的信息。然后，他们的注意力被吸引到问题的重要方面，而这反过来又可能为进一步的模式识别或细化提供额外的线索，片刻之后，专家就已经掌握了环境的本质。这就解释了为什么国际象棋大师能在极其有限的时间内下快棋，或者可以同时与多个对手对弈，就像本章开篇提到的卡尔波夫的故事。德格鲁特声称，国际象棋对于大师级棋手是一种似曾相识的游戏，因为每盘新棋局都会让大师想起他们以前碰到过的（并存储在他们长时记忆中的）其他类似棋局。这是否意味着搜索过程和其他分析过程（这是外行对国际象棋大师超强能力给出的解释）在国际象棋或一般的特长中就不重要？对世界上最优秀的棋手进行的研究发现，当要求每步棋有通常的 3 分钟思考时间时，每场比赛他们犯严重错误的平均次数为 0.44 次（Chabris & Hearst，2003；Gobet & Simon，1996d）。当每步棋要求的时间缩短到仅有几秒时，他们会犯更多的错误，每盘棋大约 0.66 次错误。结果似乎表明，与时间有限（每步棋只有几秒的思考时间）的单纯模式识别过程相比，时间延长的搜索（每步棋通常有 3 分钟的思考时间）促进了特级大师级选手的对弈。在这里需要强调的是，分离模式识别和搜索过程非常困难。搜索过程实际上主要基于模式识别。一旦找到第一个有希望的解决方法，特级大师们就会开始检查（搜索）这个特定的路径。这绝不是一个单纯的搜索过程，因为特级大师们会在"心眼"里想象走子，并以这种方式更新他们想象中的棋盘（或者更准确地说，是移动棋盘上棋子）。更新的棋局不可避免地会导致另一个模式识别以及应对此棋局的另一种方法（走子、解

决）。通过这种方式，模式识别为搜索过程提供了动力（Gobet &
Simon，1996c）。因此，从快棋到正常对弈成绩的改善可能在统
计学上是显著的，但从实际的角度来看，这种差异几乎没有什么
意义。

3.5.4　特长理论

上面论述的原理就是蔡斯和西蒙里程碑式的**组块理论**
（chunking theory，CT），该理论利用组块的机制来解释专家的表
现（Chase & Simon，1973a，1973b）。专家广博的领域群集知识
（块）存储在长时记忆中，可以保证他们快速地识别当前的情
况。在传统的**输出系统**（production system）模型中，组块理论
假设当前棋局（棋盘上棋子的位置）与长时记忆中存储的象棋
群集匹配成功，激活了与长时记忆特定群集相关联的计划和解决
方法。换句话说，如果**条件**（condition，已识别的棋局）得到满
足，就会激活**输出**（production，应对该棋局的方法）。在第 4 章
我们将看到，类似的解释如何应用到动作领域，那儿的输出是一
系列的动作，而非棋盘上的走子。组块理论是目前主导该领域的
新一代特长理论的基础：长时工作记忆（LT－WM，在记忆专
家部分我们已经介绍过）（Ericsson & Kintsch，1995）和**模板理论**
（template theory，TT）（Gobet & Simon，1996d）。这两种理论都
汲取了组块理论的原理（如组块机制、基于模式识别的输出），
解决了困扰组块理论的问题，即长时记忆与短时记忆/工作记忆
之间的联系（详细内容参见 Gobet & Simon，1996a）。模板理论
主张，长时记忆的知识结构可称为模板，由若干个块组成，通过
单独的线索可以迅速与短时记忆发生联系。这种方式可以保证短
时记忆/工作记忆与长时记忆之间传统记忆存储的分离。LT－

WM 理论提出了类似的知识结构（图式，schema），但认为传统记忆存储的分离并不适用于专家。专家长时记忆可以如此快速地访问和操作，以致有点像传统的工作记忆概念，因而有了长时工作记忆的说法。

尽管这两种理论存在差异（详见 Ericsson & Kintsch，2000；Gobet，2000），这种差异在本书中并没有直接的相关性，它们对特长基本原理的看法是一致的。长时记忆中的知识结构能保证快速接受传入的信息。这一模式识别过程会自动提取与识别出与情况关联的行动信息。这种记忆和注意之间循环的结果是，注意力会自动被吸引到当前情况的重要方面，使随后的感知偏向一个方面。特长的核心所在正是同样的过程：注意聚焦和信息缩减是专家杰出表现的行为特征。

3.5.5　（棋类）特长的神经实现

储存在长时记忆中的知识结构能保证棋类专家的杰出表现。它们能为专家提供必需的信息，以迅速地识别棋局，找出最优解。本节我们将看到，大脑如何实现知识保障的问题解决策略。在我们继续学习专家寻找最优解的最后阶段之前，让我们先思考棋类特异性知识是如何在大脑中实现的。

3.5.5.1　熟练的客体识别

模板和块永远都是由单一的物体、棋子等组成。每个单一的部分总是有独特的视觉特征，但也有特定的功能，或者说其在棋盘上的走子方式。例如，在国际象棋中，车（也被称为城堡）是通过其类似城堡的外观来识别的，车总是水平或垂直移动的，但可以在相同的方向上走过无限制的方格，前提是这些方格上没有棋子。另外，王戴着王冠，也是棋盘上最大的棋子，但一次只能移动一个方格，尽管王可以在任何方向（水平、垂直或对角线）上移动。诸如此类的规则是棋类游戏的绝对基础，但是，本书我们已经看到专家和新手在感知上的差异。如果要求棋手在棋盘之外识别单个的棋子时，差异就没有那么大了（Saariluoma，1995）。我和图宾根大学（Tübingen University）的同事发现，专家和新手对孤立的单个棋子的大脑反应非常相似（Bilalić，Kiesel，Pohl，Erb & Grodd，2011）。但要求他们识别棋盘上很多棋子中的单个棋子时，差异就会出现。请思考一个简单的任务，即指出马是否出现在一个简单的 3×3 的棋盘上，如图 3.14 所示。在小棋盘上有两个棋子，一个王和一个对手的棋子，棋手必须指出对方的棋子是否是马，当然例子里对方出现的棋子是变化的。这是一个简单的识别任务，但需要查看棋子。专家比新手识别马的速度快得多。专家的眼动记录（以一个黑点的形式表示玩家注视的地方）揭示了他们优势背后的原因。专家们仅仅聚焦于棋盘上的一个中心点上，就能洞悉两个棋子是什么，而新手则必须分别查看每个棋子。对棋子视觉特征高度的熟悉性使专家能够采用一种更有效的不同策略。

如果要求棋手指出对方的棋子是否将了军，如图 3.14 所示，这些不同的策略更加明显。新手会先查看对方的棋子，如果他们想知道这两个棋子之间是否有（将军的）关系，还得抬头看看自己的王。相形之下，专家的眼动截然不同。他们仍然仅仅注视棋盘的中央，很快就能发现对方是否将了军。专家显然比新手更快、更有效率，但他们的策略实际上更复杂。不仅涉及对单个棋子的快速识别，还涉及对棋子功能和棋子之间联系的提取。专家可以在一瞥之间完成所有这些工作，因为他们之前存储的知识结构（在本例中很可能是块）能保证他们自动地识别和掌握棋局。

专家和新手的策略差别很大，甚至表现在识别物体和提取其功能等简单任务上。专家的策略是建立在已储知识的自动提取的基础之上。而新手并不具备必要的知识，需要使用更烦琐的策略。

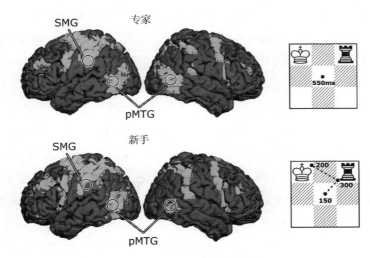

图 3.14　熟练的客体识别

在国际象棋任务中，专家只需一瞥（上图）就能掌握这两个客体之间的关系。新手则必须分别盯着每个客体看。圆点代表注视点，边上的数字表示注视时间（约数）。专家和新手在识别客体时，后中颞回（**posterior middle temporal gyrus，pMTG**）及其邻近脑区都更为激活。然而，专家同时调用了左右脑，而新手只调用了左脑的 **pMTG**。在将军任务中，棋手必须提取客体的功能来检查王是否被将军，专家除了 **pMTG** 激活外，左脑缘上回（**supramarginal gyrus，SMG**）也更为激活。新手的 **SMG** 则没有激活。（**Adapted with permission from Bilalić et al.，2011**）。

专家和新手在识别孤立的个别棋子时可能不存在神经差异，但在完成与下棋相关的任务时，要调用他们的国际象棋知识，就存在相当多的差异。图 3.14 显示了专家和新手识别棋子与被动观察空棋盘（基线条件）时的激活情况。最显著的特征是专家右脑的额外参与。专家和新手的外侧颞叶都有激活，包括后中颞回及其相邻的枕—颞交界处（OTJ），但只有熟练的棋手调用了右脑对应的脑区。当然激活的脑区很多，但这些脑区才被证明是特异于任务的，因为一样的任务，也用了相同的棋盘，但用了其他几何形状（如方形、菱形）的物体而非棋子，则只会调用除这些脑区之外的其他脑区。只有后中颞回和枕—颞交界处是国际象棋特有的激活脑区。同样的脑区在将军任务中也是活跃的，棋手不仅要识别棋子，还要提取棋子的功能并将它们与其他棋子（王）联系在一起。专家再次额外调用了右脑外侧颞后区（pMTG 和 OTJ），但是将军任务也引起了下顶叶的额外激活。在将军任务中，缘上回（SMG）也能区分专家和新手，专家左右脑的缘上回都有更大的激活。

　　似乎外侧颞叶和顶叶支持着国际象棋棋子熟练的识别。棋子具有特别的视觉特征，这反映在 pMTG 的激活上，pMTG 位于腹侧视觉通路的起点，负责客体识别。当人们给视觉或听觉呈现的日常人造物体（如工具）命名时，pMTG 就会被激活（Martin, Haxby, Lalonde, Wiggs & Ungerleider, 1995）。棋子还拥有源自走法的功能特征，这可能解释了背侧通路缘上回的激活。正如我们在本章（和前一章）的解剖学部分所看到的，背侧通路负责动作表征。缘上回与使用工具的外显提取有关。从某种意义上说，国际象棋棋子对象代表了人造工具（Martin et al., 1995）。它们在视觉上是独特的，具有源自走法的特定功能。这些视觉特征可能与棋子的功能没有直接的联系，就像锯子或锤子那样，但专家已经很好地了解了它们之间的联系，以致在他们的心里，马除了走"日"字再没有其他的走法了。棋子感知的神经基础能让我们洞察专家知识结构的组织过程，同时也能向我们揭示一般物体的熟练感知。棋子的特征告诉我们，pMTG 和缘上回对于客体及其功能快速而有效的感知至关重要。

3.5.5.2　模式识别

单个客体及其关系构成了知识结构，但知识结构与块（当然也包括模板）并不完全相同，后者能保障专家的优异表现。在之前的研究中呈现一小部分的棋盘不太可能触发特长典型的模式识别过程。在另一项研究中，我和我的同事（Bilalić，Langner，Erb & Grodd，2010）向专家和新手展示了一副完整的棋盘，上面有许多棋子。实验任务是数一数某类棋子（马和相）的数量，这实际上是一个视觉搜索任务，与寻找病灶的放射学任务并没有什么不一样（参见第 1 章图 1.1）。如图 3.13 所示，棋手要计算棋子数量就必须找到特定的棋子。考虑到这两个任务的相似性，经验丰富的放射科医生和国际象棋专家采用的策略也很相似。正如经验丰富的放射科医生不必查看整张片子来发现病灶一样，国际象棋专家也能确定目标棋子的位置，正如图 3.13 所示的眼动。相反，新手必须搜索棋盘的每个角落才能找到要求计算的棋子。这些不同的策略也在大脑的实现上留下了印记，如图 3.15 所示。在大脑外侧，专家和新手都调用了双侧的后中颞回，虽然专家右脑的后中颞回比新手此部位的激活更大。专家也比新手更多地调用了左脑的缘上回，这一结果也表现在熟练的客体识别上。专家还广泛地调用了大脑内侧区域，如双侧的 PHG、RSC 和 pCun。新手在这些脑区的激活相当小，特别是在 PHG 和 RSC。PHG 和 RSC 与场景感知和空间巡航有关（Epstein，2008）。看到一个场景，比如配有家具的房间，就会激活 PHG 中被称为**旁海马空间加工区**（parahippocampal place area，PPA）的脑区。PPA 对地点

（或房间）等场景的反应更为强烈，而此部位正是下棋时激活的脑区。RSC 与在环境中寻找出路有关。对于场景感知和空间巡航非常重要的 RSC，也支持专家应用其象棋知识在正常棋局中快速地找到目标物体。

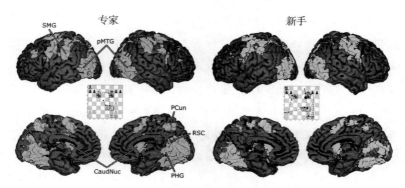

图 3.15　熟练的模式识别

国际象棋专家（左图）和新手（右图）在寻找物体和威胁时都激活了大脑外侧的诸多区域（上图）。专家的右脑后中颞回（pMTG）和左脑的缘上回（SMG）都有更大的激活。两组棋手还激活了大脑内侧（下图）的许多区域，包括海马旁回（PHG）、压后皮层（RSC）、楔前叶（PCun）和尾状核（CaudNuc）。专家更多地调用了 RSC 和 PHG，特别是在正常棋局和随机棋局的区分上。（**Adapted with permission from Bilalić et al.，2010；Bilalić et al.，2012**）。

这些脑区是否构成国际象棋专家解读复杂棋局的大脑网络？随机棋局任务的结果可以帮助我们精确锁定这些脑区在国际象棋特长方面的确切功能。如果棋局是随机摆放的，模式识别功能用不上，专家的内侧颞叶和顶叶、PHG/PPA 和 RSC 明显不如正常棋局活跃。对新手而言，这根本不重要：在这两种情况下，这种激活几乎都不存在（与棋局开始时摆满棋子的棋盘相比）。

PHG/PPA 和 RSC 对于棋盘上棋子的模式加工似乎确实很重要。其他一些研究也证实了这一发现。我们接下来的研究（Bilalić, Turella, Campitelli, Erb & Grodd, 2012）采用了类似的搜索范式：棋手必须计算棋局中带来威胁的次数（黑棋有多少次攻击白棋）。PHG 和 RSC 在模式识别中的作用在这里得到了本质上的确认，因为专家这两个脑区在正常棋局上的反应都比随机棋局上的反应更大，而新手则没有差异。进一步的证实来自澳大利亚珀斯的伊迪丝·考恩大学（Edith Cowan University）的吉列尔莫·坎皮泰利（Guillermo Campitelli）和利物浦大学（Liverpool University）的弗尔南多·高博（Fernand Gobet）共同进行的一项研究（Campitelli, Gobet, Head, Buckley & Parker, 2007；Campitelli, Gobet & Parker, 2005），他们运用了回忆范式。当他们比较正常棋局和随机棋局棋子回忆的激活时，他们也发现专家的 PHG 在正常棋局比随机棋局有着更大的激活，而新手则表现出相同水平的激活。美国达拉斯德克萨斯大学（Texas University）的詹姆斯·巴特利特（James Bartlett）最近的一项研究利用对正常棋局和随机棋局的观察，认定后扣带回（RSC 也位于这一脑区）为调节特长和随机分布的共同脑区（Bartlett, Boggan & Krawczyk, 2013）。

在我们结束本节之前，强调专家优势的其他来源也很重要。在我们的研究中，当棋子随机散落在棋盘上时，专家的表现会变差（Bilalić et al. , 2010, 2012），但与新手相比，专家的表现仍有显著优势（见图 3.13）。这听起来可能令人惊讶，但请记住，专家不需要直接观察棋子也可以区分它们。眼动记录证实了这一假设，表明专家在随机棋局超越新手的优势与这一能力有关。即使他们不能利用棋盘上棋子不同寻常（随机）的模式，但他们仍能在众多的棋子中更快地辨认出特定的棋子，因为他们一眼就能认出其中一些棋子。这些差异反映在专家外侧颞叶激活的增强上。在正常棋局和随机棋局中，外侧颞叶更强的激活都很明显，因为在两种情况下都发生了客体感知。在另一个搜索威胁的任务中也发现了同样的结果（Bilalić et al.，2012），伴随缘上回的额外参与，也发现该脑区在之前研究中的简单国际象棋任务中变得活跃（Bilalić et al.，2010）。

专家的优异表现有三个不同的来源。其一与单个棋子的再认有关，涉及外侧颞叶（pMTG）。另一个与单个棋子的功能有关，涉及下顶叶（SMG）。最后一个来源是模式识别，即已存储的块和模板的利用，发生在内侧颞叶（PHG）和后扣带回（RSC）。前两个优势并不是特别大，但即使是在异常的群集里（棋子被随机地散布在棋盘上），它们也是显而易见的。真正改变整个游戏的是模式识别，它能让专家迅速掌握当前棋局的本质。未来的任务是找出这三个来源是如何协同作用使专家的表现更优秀（见专栏 3.1）。

> **专栏 3.1　国际象棋中的整体加工和 FFA**
>
> 国际象棋专家只需一瞥就能明白棋局上发生了什么。这与我们在上一章知觉特长中讨论的同时理解多个元素之间关系的整体加工有相似之处。如果你还记得，面孔知觉是整体加工的一个最好的（有些人甚至认为是唯一的）例子。研究整体加工的一种方法是使用复合（面孔）范式，个体要说出两张图的下半部分的面孔是否是同一个人的，如本专栏的附图所示。在复合任务中，个体需要忽略上半部分的面孔，但上半面孔也会进

行操纵。在一致的条件下，两部分面孔的差异并不会影响参与者，因为上下部分面孔的变化模式相同：下面面孔改变时，上面面孔也随之改变，反之亦然。问题出现在不一致的条件，当下面面孔变化时而上面的面孔保持不变，或者下面不变而上面变化。因为人们把面孔感知为一个整体，而不是两部分的组合，所以不可能忽略上面的面孔。这种不一致的条件导致个体的成绩大幅变差。德克萨斯大学达拉斯分校的詹姆斯·巴特利特及其同事采用了同样的复合范式（Boggan，Bartlett & Krawc-zyk，2012），但除了使用面孔外，他们还测试了国际象棋专家和新手在棋局上的表现。从本专栏附图可以看出，虽然新手识别不一致的面孔比一致的面孔要困难得多，但是这种差异在棋局中并不存在。他们只是集中注意力觉察棋盘下半部分的变化，成功地忽略了上半部分。相反，专家面对不一致的棋局会有相当大的困扰。他们辨别棋局实际上与辨别面部几乎一样：不一致的面孔带来的问题与不一致的棋局带来的问题一样严重。专家即使想忽略上半部分的棋局也做不到。棋局对他们来说是一个整体，就像面孔对于我们普通人一样。因此，专家级棋手对国际象棋的感知可能与他们的面孔感知基于相同的过程。当巴特利特检查他们的棋龄与面部复合效应强度之间的关系时，上述共享资源假说得到了间接的证据。结果表明，棋龄较小与不太明显的效应有关。换句话说，专家的棋龄越长，他们的面部感知能力就越差。

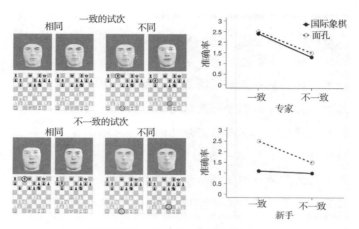

专栏附图　国际象棋中的整体加工

棋手必须指出下边的两张脸孔和两盘国际象棋棋局是否相同（左栏）。在一致的条件下，上部（玩家必须忽略）与下部的模式保持一致（改变或不变）。在不一致的条件下，上部并不会与下部的模式保持一致。棋局中改变了的棋子已圈出（实际实验中未显示）。专家和新手在面孔不一致的任务中都有困难，正如他们的分数所显示的那样（分数越高意味着就越准确，右图）。专家们在国际象棋不一致的任务中表现出同样的困难，因为他们无法忽略上面无关部分的棋局。新手并没有整体性地加工棋局，因而在不一致的棋局任务中并没有变得更差。（Adapted with permission from Boggan et al.，2012）。

　　面孔和棋盘的再认似乎有着共同的认知加工，但这是否意味着棋手也调用了梭状回面孔区（FFA）？FFA极大地卷入了面孔知觉。梭状回（包括FFA所处的部位）在本节的棋类特长中根本没有被提及。但这并不意味着FFA和梭状回基本上不参与熟练的国际象棋（或任何其他棋类游戏）的感知。整个大脑大约有60 000个体素。

当我们分析整个大脑的激活时，两个值要比较大约60 000次，因为这是代表整个大脑皮层所需的体素数量。因为要比较如此多的次数，解释由于偶然因素造成的差异是很有必要的。因而采用了很严格的标准，只留下了最明显的差异。FFA和梭状回可能有着不同程度的参与，但激活的差异可能不够大，无法通过严格的显著性阈值。这就是为什么有必要采用更为聚焦的方法，通过先前的工作和看似正确的假设来预先确定感兴趣的脑区。这样确定后的脑区体素数量较少，多重比较的代价也不是很大。巴特利特团队研究了专家和新手在被动观察棋局和其他中性刺激（1 - back 任务）时 FFA 的反应（Bartlett et al.，2013；Krawczyk，Boggan，McClelland，& Bartlett，2011）。FFA 的确对棋子的反应比对其他非棋子的反应要大，但即使这种聚焦的方法也没有发现专家与新手之间的任何差异。我和同事们也研究了国际象棋中 FFA 的作用（Bilalić，Langner，Ulrich，& Grodd，2011），但我们采用了与国际象棋有关的范式，参与者必须运用他们的国际象棋知识。其中一些任务在上一节模式识别部分已经介绍过（例如，在棋盘上的许多棋子中找到特定的棋子，参见图 3.13）。在这里，专家的 FFA 比较弱的棋手激活更大。在接下来的研究（Bilalić，2016）中，我发现只有呈现整个棋盘时，才会出现差异。当呈现 3 × 3 的棋盘上的两个棋子来进行将军觉察任务时（在客体识别部分介绍过这个任务，参见图 3.14），差异消失了。FFA 似乎确实与国际象棋的模式识别有关。这对于棋类特长来说显然是一个重要的发现，未来的研究需要研究在熟练的感知中 FFA 与其邻近脑区（PHG）的关系。研究结果也为关于 FFA 功能的争论提供了进一步的证据。正如在第 2 章已经详细讨论过的，这里的结果也表明 FFA 可能并不是面孔的大脑模块，而是同时掌握多个元素之间关系的自动加工的模块。

3.5.5.3 问题解决

德国杜塞尔多夫大学（Düsseldorf University）的罗伯特·兰纳（Robert Langner）及其同事研究了业余棋手的大脑是如何寻找复杂棋局解决方法的（Langner et al. , 2006）。与德格鲁特的经典研究一样，研究人员会给棋手呈现一盘复杂的棋局，给他们半分钟寻找最优解。在解决问题的开始，当棋手还处在定向阶段时，枕—颞脑区被激活。随着棋手继续寻找，开始研究可能的解决方法，这时顶—额脑区的激活成为主导，尤其是在决策的时刻。该研究证实了我们对问题解决过程中的大脑激活变化的预期。要感知和理解棋局，枕叶和颞叶都是必不可少的。当棋手开始研究解决方法并在"心眼"里对其进行转换时，激活的脑区就会让位于顶叶和额叶。不过，该研究只包括普通的业余棋手，专家的大脑会如何实现问题解决的策略还有待考察。

特长总是领域特异的，因为习得的知识必然反映了专家所遇环境的性质和统计学特征。这就是为什么很有必要检查相同的结果是否适用于其他特长领域。日本理化学研究所（RIKEN）脑科学研究院进行了另一项研究（Wan et al. , 2011），考察了专家的决策过程，但采用了一种类似国际象棋的日本将棋（Shogi）。研究者先调查了专家和新手观察与将棋有关的群集和其他中性刺激（如面孔和地点）时会调用哪些脑区。与之前国际象棋研究发现的脑区相同：专家和新手 pMTG 的激活强度一样，而专家内侧脑区的 PHG 和后扣带回（RSC）的激活更大。需要强调的是，这些脑区在将棋专家看到将棋棋局时比他们观察国际象棋和中国象棋群集时有着更大的参与，而这三种象棋刺激在视觉上是相似的。除了大脑的这些区域，将棋专家还调用了大脑内侧楔前叶的后部。结果表明，该脑区还能成功地区分正常的将棋棋局（将棋对弈中的棋局）与随机棋局（在棋盘上随机地散布棋子）。其他与将棋相关的内侧脑区、PHG 和 RSC 对正常群集的反应也比对随机的将棋群集反应更强烈，但这些差异并没有达到统计学上的显著性。因此，日本将棋和国际象棋有着共同的神经实现过程，将棋额外还调用了楔前叶的后部。

日本理化学研究所的学者还研究了将棋专家和新手决策的神经基础。他们要求将棋选手在仅呈现一秒的棋局中找出最好的走法。解决方法是众所周知的套路，熟练的将棋选手很容易识别，因为他们曾多次遇到类似的情况。但是，由于时间限制，棋手们无法细究整个序列，也不能检查它是否能产生预期的效果。换句话说，他们下棋的直觉必须建立在模式识别加工的基础上。不足为奇的是，将棋专家比他们稍逊的同事们表现得更好，但两组棋手激活的大脑网络很相似。都包括上述楔前叶的后部、前运动区和运动区以及 DLPFC，如图 3.16 所示。在这些脑区，专家和新手之间并没有差异。然而，专家们还额外激活了尾状核的头部，尾状核是大脑中部的基底神经节的一部分（参见第 4 章动作技能和图 4.1）。日本理化学研究所的学者进行了一系列的控制实验来证明这一脑区在专家快速决策中的重要性。首先，他们比较了识别棋子任务的激活情况，任务要求棋手识别某个特殊棋子（王）在棋盘上的位置。在许多其他棋子中认出王，需要的加工类似于快速决策任务，但是不必寻找最优解本身。控制任务激活了除尾状核之外的相同脑区（楔前叶、运动区、前运动区和 DLPFC）。棋手在另一个任务中有更多的时间（8 秒）来研究棋局并寻找解决方法，也发现激活了除尾状核之外的其他脑区。另一个证据是尾状核的激活与专家的成功率有关。专家们在有限的时间里越擅长寻找最优解，尾状核的激活就越大。在极少数情况下，如果初学者在很容易的棋局中找到解决方法，他们的尾状核也会突然被激活。如果问题太难，在 1 秒之内找不到解决方法，尾状核的激活就会消失。

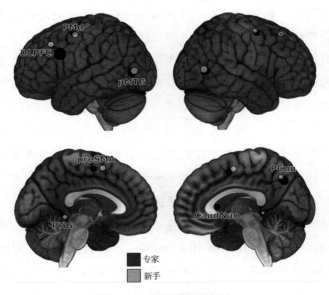

图 3.16　熟练的问题解决

要求将棋专家和新手快速地寻找棋局解决方法时，他们激活的脑区基本相同（背外侧前额叶皮层＝DLPFC，前运动背侧区＝PMd，前辅助运动区＝pre－SMA，后中颞回＝pMTG，海马旁回＝PHG，楔前叶＝PCun）。唯一存在差异的脑区是尾状核（CaudNuc），只有专家才有激活。（Adapted with permission from Wan et al.，2011）。

尾状核似乎只在专家需要根据模式识别想出非常快速的解决方法时才会卷入。如果专家只是寻找某个棋子，或者有足够长的时间决策，尾状核则仍然处于未参与的状态。尾状核所在的基底神经节与刺激及刺激引起的典型反应之间联结的形成和执行有关。由于尾状核负责认知反应（而动作反应参见第 4 章），日本理化学研究所的学者认为，尾状核的反应乃由对熟知的群集（如模板）的再认所触发。问题在于尾状核本身并不能识别输入刺激与记忆中存储的模式的相似性。这就要由前楔叶后部来负责了。正如我们所看到的，这一脑区对将棋中有意义的群集非常敏感，负责对将棋群集的熟练感知。一般而言，前楔叶后部卷入了视空间刺激的表象以及情景记忆的提取之中。它恰好也通过大脑神经束直接与尾状核的头部发生联结，而此处正是寻找快速解决方法时所涉及的脑区。一个看似合理的解释是，模式识别在这里进行，它的信息在向前传递到尾状核以供决策。日本理化学研究所的学者证明，楔前叶和尾状核的激活水平的波动方式同样。某个时间点，当楔前叶的激活更大时，尾状核同时也有更大的激活。

有许多迹象表明，尾状核在快速寻找解决方法中起重要作用，但它们在本质上都是相关关系。日本理化学研究所的学者（Wan et al.，2012）在后续更进一步的研究中使用了训练，20名将棋新人接受了 15 周的指导。他们的成绩有一定的提高，训练前他们在 10 个问题中只能找出 3 个正确的解决方法，而训练后能找出 4 个正确的解决方法。如果尾状核确实是快速寻找解决方法的脑区，那么我们在训练后应该会看到此脑区出现更大的激活。确实如此，因为尾状核是训练后唯一比训练前激活更大的脑区。而 1 秒内寻找最优解的任务中有激活的所有其他脑区，如楔前叶、前运动区、运动区以及 DLPFC，在训练后激活水平都相似。尾状核不仅在训练后更为激活，还能更准确地预测受训者寻找解决方法的成功率。受训者成绩进步越大，尾状核在激活前后的差异就越大。

日本理化学研究所学者的两项研究为将棋技能的神经实现提供了有趣的证据。包括楔前叶后部在内的许多内侧脑区都要对传入的刺激进行模式检查，然后将这些信息传递到尾状核以想出适合的解决方法。楔前叶与尾状核之间的联结可以视为认知机制在神经解剖上的体现，知识结构在此使模式识别能够自动地触发典型的解决方法。上述机制似乎是合理的，但在某些方面与以前的认知和神经成像证据并不一致。虽然大多数负责国际象棋熟练感知的脑区都与将棋一致，但卷入将棋模式识别的楔前叶后部却不在其中，因为它在专家和新手中的激活程度类似（参见图3.15）。然而，大多数国际象棋研究并没有考察快速的问题解决能力，像日本理化学研究所的研究那样（Wan et al.，2011），这也许可以解释为什么国际象棋研究中没有发现尾状核的激活。问题是，当专家们有更多的时间可以支配，在心中可以操纵各种可能性时，也没有发现尾状核的激活。如前所述，根据目前对国际象棋特长认知机制的了解，我们可以假设触发解决方法的同一机制即便在刻意搜索中也在起作用。一个解决方法将在心中实现，并在"心眼"中刷新棋局，这将导致另一个解决方法被触发。然而，这一加工并没有反映尾状核的卷入，这使得神经证据与认知理论很难保持一致。鉴于棋类特长神经成像对此类问题的研究很少，难怪有些问题还没有得到澄清。另外，在过去的几年特长研究激增，一些新的研究有望解决这些问题。

3.5.5.4　解剖学变化

　　既然我们已经了解卷入棋类特长的大脑网络，现在考虑一下这些脑区是否存在结构性的变化。我们将从上述日本理化学研究所的研究开始，因为研究者还利用基于体素的形态测量学（voxel‐based morphometry，VBM）测量了参与者与灰质的差异，以及特定的皮层下结构（如基底神经节）的体积差异。毫不奇怪，仅仅 15 周的将棋训练并不足以改变业余棋手的大脑结构。他们成绩的提高甚至与训练前后细微的结构性变化也没有任何关系。也许更令人惊讶的是，在第一个研究中，相同的测量方法并没有精确地找到多年实践的专家和新手之间存在任何结构性差异（Wan et al.，2011）。然而，最近一项针对亚洲古老的棋类游戏（围棋）的研究发现，专家与新手的尾状核存在差异（Jung et al.，2013）。平均有 10 年围棋经验的专家的尾状核比匹配的控制组新手的尾状核更大。很难评价这一研究结果，因为另一项针对中国象棋的研究（Duan et al.，2012）发现，专家的尾状核比新手小。而且，尾状核的灰质与围棋经验存在负相关。多年的围棋训练似乎导致尾状核的灰质减少。在最近的另一项研究中，苏黎世大学的研究人员考察了国际象棋棋手的大脑结构变化，但并没有发现棋手与匹配的不下棋的控制组在尾状核体积上存在差异（Hanggi，Brutsch，Siegel & Jancke，2014）。专家的棋技与尾状核的体积并没有关系，但与经验却有着有趣的高相关：专家下棋的时间越长，他们的尾状核就越小。一个明显的解释是，上述结果混淆年龄效应，而衰老可能导致尾状核的萎缩。然而，新手的尾状核在他们变老时却没有任何缩小的迹象。

　　脑组织体积更大和皮层增厚未必表示成绩更好。苏黎世大学的研究表明，即使对于负责识别熟练物体的 pMTG，象棋专家的也比非棋手的要小。国际象棋专家与不下棋的匹配控制组相比，这一脑区的皮层厚度也比有所变薄。国际象棋专家的 SMG 和前楔叶后部皮层也较薄，而我们发现 SMG 对物体功能的提取很重要（见上文关于国际象棋将军任务的研究），前楔叶后部卷入了将棋的熟练感知（Wan et al.，2011）。皮层变小和变薄是神经元及其连接微观变化的结果。大脑剪除脑区之间不必要的连接，这可能导致皮质结构变薄，体积变小。这并不表示利用 fMRI 测量的这些脑区的激活也应该更小。事实上，一项研究（Lu et al.，2009）表明，在复杂的视觉任务中，体积较小的脑区激活会增强。修剪不必要的神经元结构确实可能导致更有效的加工，正如我们在第一章看到的，也能让日常感知发展成特长。例如，考察中国象棋专家和新手的整体激活模式的研究（Duan et al.，2012，2014）发现，专家的尾状核与涉及熟练感知的颞下和顶叶脑区有着更好的同步性。正如我们在前几段所见，同样的研究发现专家的尾状核体积减小。

专家的大脑应该有着更有效的连接，尤其是在对于专家杰出的表现至关重要的脑区之间。因此，苏黎世大学的学者还研究了白质，白质构成了从一个脑区向另一个脑区传递信息的通道。他们发现，对于国际象棋的主要神经束之一，即上纵束（superior longitudinal fasciculus），专家比不会下棋的控制组更稠密和紧凑。上纵束是连接颞叶与顶叶及额叶的较大通路。与国际象棋有关的加工非常倚重颞叶以及负责熟练感知的顶叶。尤其重要的是，大脑通过改善这些脑区之间的联系来做出反应。在第 4 章，我们将看到上纵束在音乐特长的动作方面也是至关重要的。现在先考察当我们需要获取大量的空间信息时，大脑是如何变化的。

3.6　空间特长

记忆高手、算盘专家和棋类专家并没有表现出太多的大脑结构变化。其中的一个原因可能是，尽管他们的知识库令人惊叹，但领域的外部框架却相当有限。棋盘、算盘和助记路径包含了大量的信息，特别是当它们像往常一样填满了信息时，但是它们本身受其物理属性的限制。你可能会失去棋盘或算盘上的信息，但实际上你自己不会迷失。不过，你可能会在城市里迷路。想象一下，当你第一次来到一个新的城市时，要找到正确的路是多么困难。一段时间之后，你就会发现有几条路可以通往各处，很可能就不用再大费周折地了解你所在城市的详细情况了。这一点是出租车司机无法承受的，因为他们要有能力把乘客送到城市的任何地方。如果他们不幸住在大城市，要保住工作就不得不掌握相当多的路线和地点。在我们考察大脑结构如何随着空间特长的习得而变化之前，让我们先思考出租车司机心理表征的性质。这可能让我们想起之前思考过的某些认知机制。

3.6.1　空间特长中的认知机制

出租车司机很擅长找到把乘客带到目的地的路线。事实上，他们甚至比非常了解自己家乡的当地居民还要熟悉当地的道路。我们很容易认为，出租车司机在他们的记忆中储存了一张当地城市的地图，任何时候当他们要为乘客寻找适合的路线时，都可以随时查看。根据这一外行人的观点，出租车司机的心理地图与今天使用的现代导航设备没有什么不同，只是它是在司机的心中展开，而不是在仪表盘上。验证这一假设的一种方法是，让出租车司机画一幅当地城市的地图，以此洞察他们的心理表征。事实证明，出租车司机能画出这样一幅城市地图，但是相当粗糙，只是象征性地表现他们驾驶通过的环境。他们从主要的地标开始，如河流，然后才转移到某个街区，并在那里绘制街道（Chase，1983）。如果要求他们画出某些街道时，他们能在地图上正确地标出街道的相对位置，但是街道的形状几乎从未如实地再现实况。正如威廉·蔡斯（他对本章主题的贡献再怎么强调也不为过）所指出的："即使出租车司机可以鸟瞰城市，他们无疑也画不出城市的鸟瞰图"（Chase，1983，p. 398）。

如果要求出租车司机回忆街道，他们会以群集的方式回忆，首先回忆某个街区内的街道，然后在回忆邻近地区的街道之前先休息一下。他们估计同一个街区两个地点的距离也比估计不同地区两个地点的距离要好得多（Chase，1983）。蔡斯认为，出租车司机的心中并没有城市地图，而是记忆中有一种层级的知识结构，使他们能够快速导航到目的地。层次结构在顶部有大型地标（如河流），这些地标包含街区，其下存储有街道。如果这让您想起回忆数字时参与者使用的记忆结构，这并不是偶然的。两者本质上是同一种结构，重要的区别在于出租车司机的结构是由环境空间特征驱动的，而不是跑步时间。尽管如此，出租车司机的知识结构也应该使他们能够记住大量其领域的信息。赫尔辛基大学学者的一项研究（Kalakoski & Saariluoma，2001）很好地证明了空间组织及其对特长领域信息记忆的影响。出租车司机应该比当地不开出租车的控制组参与者更准确地记住街道。如果街道在空间上相连时，比如沿着一条常规路线延伸，情况确实如此。如果从地图上随机选取街道，出租车司机的记忆并不比当地居民好。这种优势确实只与沿着路线的空间位置有关，而与诸如街道之间的语义关联等其他因素无关。他们的后续研究表明，同样的记忆原理也适用于国际象棋（Kalakoski，1998；Saariluoma & Kalakoski，1997）和音乐特长（Kalakoski，2007）。

那么，出租车司机如何寻找到达目的地的最好路线呢？蔡斯认为，由于司机不必了解街道的准确位置，层级组织能保证必要信息的高效提取（Chase，1983）。知道街区就足够了，然后就能得出从起点到那个街区最快的路线了。一旦上路，出租车司机就会利用路上的地标来校准他们最初的设想，并改善路线。这是在田野研究中观察到的，在这些研究里，如果允许出租车司机在实际路线上行驶，他们往往会改进在实验室想出的路线（Chase，1983）。在许多方面，这与蔡斯和西蒙在国际象棋中给出的解释相似（Chase & Simon，1973b）。最初的模式识别为基本方向和行动进程提供了线索，但随后的探究可能会引发更精细的改进（Moxley，Ericsson，Charness & Krampe，2012）。出租车司机显然采用了类似的策略，在街道的迷宫中穿行。

3.6.2　空间特长的神经实现和解剖学变化

在记忆专家部分我们介绍过马奎尔（Eleanor Maguire），她进行了一些著名研究，探索特长的神经科学。她还研究了伦敦的出租车司机，这些人在长时记忆中存储了大量的空间知识。伦敦是世界上最大的城市之一，对出租车司机的管理非常严格。要获得出租车牌照，他们必须在查令十字（Charing Cross）街方圆 6 英里内的 25 000 条街道和数千个景点的位置上进行考试。如果考生想要记住伦敦地图作为备考基础，考试材料（可谓知识库）需要 3 到 4 年的深入学习。马奎尔及其同事（Maguire，Frackow-iak & Frith，1997）首先研究了出租车司机空间特长基本技能

（寻找到达目的地最短的路线）的神经基础。出租车司机的这种地形技能涉及内侧颞叶的许多脑区：双侧的海马、双侧的 PHG 以及双侧扣带回的后部（又称为 RSC）。现在已经知道，PHG 和 RSC 对于导航非常重要（综述参见 Epstein，2008）。在研究的时候，这是一个新的发现，因为这些脑区在典型的与出租车有关的地形活动额外地被激活，但在其他记忆任务中并没有。如果要求出租车司机回忆他们知道但从未去过的其他城市的地形图时，他们也调用了颞叶网络，该网络与上述大脑网络类似，只有一个例外。当他们没有地标的地形信息时，他们右脑的海马就不会激活。该研究表明，海马（尤其是右脑的海马）对于存储空间布局非常重要。

在后续研究中，马奎尔进行了一项开创性的研究，她比较了伦敦有 15 年左右经验的出租车司机与年龄、智力和教育水平匹配的控制组（Maguire et al.，2000）。这一次他们的解剖扫描用 VBM 获取并进行分析。同样的技术也被尝试用来寻找记忆专家和拥有普通记忆的人的大脑结构差异，在超常记忆部分我们介绍过，但并未取得多大的成功（Maguire et al.，2003）。这儿马奎尔及其同事很幸运，因为他们发现了两组人的海马存在很大的差异，海马位于大脑边缘系统，对于记忆存储很重要（参见记忆的解剖部分）。出租车司机海马的后部比控制组大得多。然而，出租车司机海马后部的增大并未导致海马总体变大。因为他们海马的前部比控制组小。海马后部的增大是以海马前部灰质体积的减少为代价的。图 3.17 表明，这种模式似乎是驾驶工作经验导致的结果。出租车司机的职业生涯越长，他们的海马后部就越大，海马前部就越小。出租车司机的空间特长似乎增大了海马体的后部，这可能是因为他们要存储职业所需的空间知识。这种可能性得到后续研究另一个控制组（伦敦公共汽车司机）的佐证（Maguire，Woollett & Spiers，2006）。他们也有很多年的驾驶经验，但往往在同一条线路上行驶，不必记忆诸多不同的路线。他们海马的灰质则没有任何增多或减少的迹象。

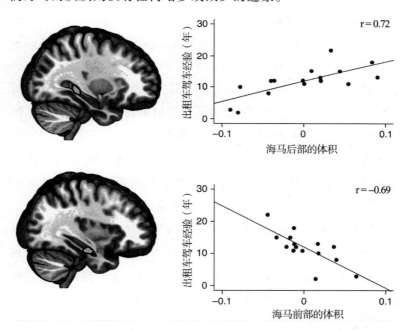

图 3.17　出租车特长与海马

出租车司机的海马后部比控制组更大，而且职业经验越丰富海马后部越大（上图）。相反的模式则出现在海马前部（下图）。出租车司机经验越丰富，海马前部越小。（Adapted with permission from Maguire et al.，2006）。

在此必须强调指出，这些变化并不是不可逆的。正如动作技能，我们将在第 4 章讨论，人们一旦停止练习，之前的大脑结构变化就消失了。而对于退休的伦敦出租车司机，海马在他们停止工作后，就没有任何在业出租车司机典型的特征。也就是说，海马的后（或前）部并没有发现差异。自不必说，他们寻找最优路线或回忆街道位置方面的表现也严重受损。这种大脑结构性变化的可逆性证明了练习的重要性，正如**用进废退原理**（use it or lose it principle）所揭示的，在第 4 章我们会再次探讨这个问题。在下一章动作特长中我们见看到许多类似的例子。

马奎尔还对海马前部灰质消失的情况进行了追踪研究（Maguire et al.，2006；Woollett & Maguire，2011，2012）。灰质减少会给出租车司机带来消极影响吗？事实证明会。在学习新的视空间材料时，出租车司机比控制组或公交车司机表现差。他们也不擅长联想学习，比如学习物体和地点或者面孔和词语之间的联结。简而言之，经验丰富的出租车司机学习新（视空间）信息的能力变差了。这一惊人的发现表明，特长的习得是要付出代价的（除了花长年累月地进行练习）！更重要的是，这一发现提供了一个很好的例子，说明特长取径可以启发认知神经科学研究。对出租车司机的研究不仅揭示了特定空间特长的神经基础。我们现在也知道海马后部储存着视空间布局的信息，就像我们知道它的前部对学习新的（视空间）信息很重要一样。我们还了解了大脑重要脑区的基本功能。

3.7　结论

本章我们用具有传奇色彩的世界象棋冠军阿纳托利·卡尔波夫（Anatoly Karpov）的逸事开篇，他具有惊人的记忆能力，能记住那天他下过的所有棋局中的一盘。这似乎是一种奇怪的能力，考虑到国际象棋棋手能找到妙招而不是记住棋局。然而，我们很快就发现，关于普通群集的记忆在专家的表现中起着至关重要的作用。心算师、国际象棋棋手和出租车司机都倚重记忆来完成惊人的壮举。他们都花了相当多的时间在自己的特长领域内进行练习，从而掌握了共同特征（在特长领域中一起发生的事情）的模式。当专家面对新情况时，存储在长时记忆中该域的这些统计属性就会被激活。它们提供了强大的透镜，据此看似非常复杂的刺激也会变得有意义和高度组织化。专家不必细察整个刺激来寻找线索。要弄清楚发生了什么事，只需要看一眼就够了。积累的知识会自动为专家提供处理手头问题的方法。有组织的长时记忆结构还让专家能够存储大量领域特异性的信息，即使他们不打算记住这些信息，正如卡尔波夫的例子所示。

　　本章反复出现的主题是神经实现与特长认知策略之间的密切联系。专家运用了具有本质差异的策略，直接影响特长的神经实现。专家的策略基于领域特异性知识的提取，因此调用的大脑结构有别于新手的更简单的策略，新手通常缺乏领域特异性知识。特长的特征之一是大脑的"双重接受"，即专家左右脑的同一脑区的共同参与。甚至专家之间也存在神经差异，具体取决于他们运用的策略。这很好地表现在心算专家和珠算专家的激活模式之中。心算师要利用长时记忆，因而对于知识提取和存储很重要的颞叶普遍地被调用。而珠算专家不需要利用长时记忆，而是运用该设备的视空间表征，这导致顶叶成为这类加工的专门脑区。

本章总结

- 记忆是获取、储存和提取信息的认知过程。记忆是必不可少的心理过程，能保证我们在日常生活中有效地定位自己。记忆也是专家们杰出表现背后的引擎。

- 几乎可以肯定的是，所有人的记忆容量都同样有限。使用记忆方法，如轨迹法，人们可以极大地扩展他们的记忆容量。这些记忆术依赖于已经存储的知识，可以用之与新传入的信息进行有意义的连接。新信息一旦储存在已有知识之中，利用各具特色的线索就可以很容易地进行提取。

- 复杂算术题的心算是一项非常劳心费力的活动，因为它需要在工作记忆和长时记忆之间进行交互。日常计算涉及的脑区有顶叶（IPS 和 AG）和额叶（布洛卡区）。心算专家则会调用与长时记忆有关的额外脑区，因为他们与记忆专家类似，也依赖于算术事实的提取和在已有知识库中中间结果的存储。

- 珠算专家利用外部设备进行心算。然而，经过大量练习之后，珠算专家可以在"心眼"中凭空操作算盘。保障他们进行这种操作的脑区是上顶叶和下顶叶，这些脑区卷入了视空间信息的想象和操作。

- 国际象棋和其他棋类游戏专家在他们的长时记忆中存储了许多领域特异性的群集，称为块和模板。一旦他们面对新问题，长时记忆中的知识结构就会被激活，并为专家指出解决问题的方法。这种认知机制保证了专家非凡的问题解决能力和记忆表现。

- 国际象棋新手调用了左脑外侧颞叶（pMTG、OTJ），而专家则调用了左右脑相同的脑区。物体之间的关系表征在下顶叶（SMG）。熟练的客体识别能力是专家优于新手的一个原因。最大的差异表现在模式识别过程，涉及的脑区有内侧颞叶（PPA）和内侧顶叶（RSC、楔前叶）。针对当前问题的模式识别信息被传送到尾状核，尾状核根据模式识别信息负责寻找最优解的神经实现。

- 出租车司机并没有所在城市的心理地图，而是掌握了结构化的知识，这与记忆专家或棋手专家并没有什么不同，知识结构使他们能够快速想出到达目的地的最佳路线。许多脑区，如内侧颞叶（海马和 PHG）和顶叶（RSC），都支撑着熟练的环境导航，但似乎只有海马能表征环境的空间布局。由于出租车司机环境经验的积累，海马后部不断增大。这种结构上的变化是有代价的，因为出租车司机负责获取新空间知识的海马前部变小了。然而，对于退休的出租车司机来说，海马的结构性变化是可逆的，停止载客服务就会导致海马后部萎缩，而海马前部增大。

问题回顾

1. 想象一下，您需要像 SF 和 DD 那样扩大你的数字广度。你会用他们使用过的策略吗？记忆专家也能记住海量的信息。请解释 SF 及 DD 在认知机制方面与记忆专家有什么明显的相似之处。

2. 假设你需要将两个两位数相乘，比如 75×43。请解释你得出这两个数字乘积的认知机制，并解释使你能够进行这一计算的脑区。现在，想象格曼以及一位珠算专家正在做同样的任务。请解释他们计算的认知机制的差异，以及大脑如何适应这些机制。

3. 国际象棋专家在棋盘时可以迅速地掌握当前的棋局。放射科专家的情况也一样，他们只需看一瞥就能发现病灶。请将这两个领域的认知过程进行比较，描述国际象棋与放射学特长神经实现之间的异同。

4. 国际象棋专家非常擅长寻找好的走法，即使他们思考的时间非常有限。然而，如果有时间仔细思索，他们可以改进这些最初的解决方法。请解释负责快速地和深思熟虑地解决问题的两种认知机制的异同。大脑如何适应这两种问题解决方式？

5. 在实验室要求出租车司机寻找到达目的地的路线时，他们做得非常好。而当他们身处实验室之外时，会设法改进这些路线。所找路线"生态学的"微调与他们的知识结构有何联系？

6. 特长研究不仅告诉我们专家们是如何设法实现他们惊人成就的，还告诉我们大脑和认知的普遍属性。关于出租车和国际象棋特长的研究向我们揭示了特定脑区的什么特性，以及熟练感知是如何在大脑里实现的？

拓展阅读

The study on 'SF' by Ericsson and Chase (1982) is one of my favorite classical papers. It systematically debunks the myth about extraordinary memory and at the same time provides the foundation for understanding the cognitive mechanisms behind exceptional memorizers, and all in a highly entertaining and exceptionally clear manner. The classical work of William Chase and Herbert Simon (1973a, 1973b) is remarkable, because it formally explains expertise in terms of cognitive science for the first time. Its successors, the work by Ericsson and Kintsch (1995) and Gobet and Simon (1996d), are no less impressive and belong in any collection on expertise. The definitive work on board game expertise is the book by Fernand Gobet and his colleagues (Gobet, Retschitzki, & de Voogt, 2004). His new book *Understanding Expertise* (2015) is worth consulting for readers who want to learn more about many of the cognitive themes touched upon here. Woollett, Spiers, and Maguire (2009) take a neuroimaging approach in their review on spatial expertise and their set of studies on London taxi drivers. Russell Epstein (2008) provides a highly readable review of the medial temporal areas and their role in perception and navigation through the environment.

第4章 动作特长

学习目标

- 什么是动作特长？
- 大脑皮层和亚皮层组织在动作特长中起着什么样的作用？
- 对于动作特长的需求，大脑在结构和功能上会怎样做出调适？
- （动作）技能习得的研究与（动作）特长研究之间有什么差异？
- 保证动作专家优异动作预测能力的认知机制是什么，大脑又是如何实现的？
- 什么是镜像神经元，镜像神经元在动作特长中有什么作用？

4.1 导言

从迈克尔·乔丹的故事开始讨论动作特长似乎再好不过了，乔丹可谓有史以来篮球场上最伟大的运动员了。乔丹50岁时，美国的一家杂志刊登了一篇报道，作者是一位幸运的记者，他花了好几天时间采访"飞人乔丹"，大众媒介都如此称呼乔丹。这不是乔丹退役后寻常的生活故事。作为一支球队的老板，乔丹仍然非常热爱篮球，就像许多其他的前明星一样以各种方式投入自己擅长的运动中。然而，乔丹并不愿安享退役后的生活，他总梦

202

想着能再一次参加篮球比赛。乔丹痴迷于将体重减到退役前参赛时的体重，这仿佛能让他突然找回十多年前比赛时的辉煌。有时，他会在一场非正式的一对一比赛中与自己球队的球员较量，但接下来的几天里，他都得照顾自己疼痛的身体。然而，乔丹观看比赛时，他会注意一些微小的细节，比如犯规或可能的开球，而其他人只有在慢动作回放时才能看得清楚。乔丹很容易就能分析目前世界最优秀球员的比赛习惯，并想出防守他们的策略。乔丹的身体可能会让他失望，但他的"篮球头脑"还是一如既往地敏锐。

上述乔丹的故事说明了动作特长两个主要的组成部分。即便完成最简单的动作也需要几十块肌肉的参与，这些肌肉要同时进行收缩和舒张。然而，如果做动作的人不能正确判断什么时候开始执行这些精细而复杂的动作，肌肉再有力量也派不上什么用场。认知成分（用外行人的话来说就是"解读比赛"）是所有运动一个必不可少的因素。本章将介绍动作成分和认知成分及它们在动作特长中的作用。第一部分我们将看到大脑如何启动和管理复杂的肢体动作模式，这是任何动作特长所必需的。诸如此类的大脑机制对大脑的解剖学结构有相当大的影响。当大脑适应环境的限制条件时，其结构的确会发生变化。第二部分探讨动作专家在正确的时间点执行动作的能力。这一认知部分基本上以大脑的功能适应为特征。

4.2　动作系统的解剖

发球只是网球运动的一个方面，但发球需要在适当的时间点调动很多的肌肉。你要用一只手抛球、屈膝、转头跟踪球的轨迹、用另一只手挥动球拍，双脚准备起跳，最后在球开始下降之前挥拍击球。如果运动员发球动作熟练，比如对于六次夺得温布尔登网球公开赛冠军的小威廉姆斯（Serena Williams），你就会看到一组精妙编排的四肢动作，最终以爆发式到达发球高潮。如果你刚开始学习发球，一开始你很可能会在执行发球的各个动作中挣扎。只有经过大量刻意的练习，你才能轻松而流畅地完成所有必需的手和脚的动作。你可能永远也达不到小威廉姆斯的熟练程度（很少有人能做到），但最终肯定能做到轻松地发球。你甚至可能觉得，自己只需让肌肉来完成这项工作。这种**自动性**（automaticity）的感觉，即在大量练习之后可以毫不费力完成动作，是动作特长的典型特点。人们经常说到**肌肉记忆**（muscle memory），好像所有必要的动作都储存在肌肉里，然后肌肉在无需大脑参与的情况下完成动作。然而，这种看法低估了大脑在我们生活中无处不在的影响力。

为了阐明任何事（包括极度练习的动作模式）都是大脑发起的这一观点，请思考你练习最多的一个活动——签名。你一定写了很多次自己的名字，以致你真的无须再认真想怎么签名了。你只需要让你的手自由发挥，就能写出你的签名。现在，试着用左手（如果你是左撇子就用右手）写下你的名字。然后试着用嘴咬着钢笔写名字。最后，用脚趾夹住笔签名。如果你做这个有趣的练习，就会发现你的签名在每种情况下都非常相似。当然，用你平时写字的手签名比其他情况下更顺利，因为你只用过这只手来练习。然而，即使你用嘴或脚来签名，签名和笔迹的特征都是清晰可辨的。如果肌肉记忆的假说是正确的，你就不会期望用非利手、嘴和脚来签名会如此相似，因为你并没有用这些身体部位签字的经验。似乎存在一种抽象的**运动程序**（motor program），即存储在记忆中的一系列经过精心排练的动作，可以被发送到身体的各个部位来执行。我们在第 1 章和第 3 章简略地谈到过这种长时记忆，当时我们称之为**程序记忆**（procedural memory），因为它包含了应对当前情况的复杂程序。运动程序的执行常常毫不费力、自动进行，而且难以用语言表达，这就是为什么研究人员经常将程序记忆归类为**非陈述记忆**（non‑declarative memory）的原因。正如我们将在本章后面看到，程序记忆是动作领域（尤其是动作特长）的典型特点，但它也表现在认知领域（如 Stroop 效应；Stroop，1935）。

在网球发球的例子中，运动程序可能不仅仅代表了特定关节和肌肉是如何协同工作保障小威廉姆斯的强力发球的（Schmidt，1975）。更确切地说，运动程序针对动作的共同特征进行编码，如不同部分的启动时间。在下一节，我们将看到是什么向我们的四肢发送神经冲动的，并保障高效的动作模式，使我们的签名或者小威廉姆斯的发球成为可能。

4.2.1　皮层动作系统

排除反射，所有的自主动作都始于**初级运动皮层**（primary motor cortex），也称为 M1。如图 4.1 所示，M1 位于大脑的中部，或者用更精确的术语来说，位于额叶的最后（背）部分。M1 在后（背）部被中央沟包围，在前部则被中央前沟包围。M1 的神经元通过脊髓把动作信号传送给身体。M1 到肢体的路径，控制着自主运动，被称为**皮层脊髓束**（corticospinal tract）。M1 激活神经元的位置决定了将要运动的身体部位。对中央前沟内侧壁的电刺激引发足部运动，而对腹外侧神经元的刺激导致舌头运动。你也可以使用一种侵入性较弱的操作，如**经颅磁刺激**（transcranial magnetic stimulation，TMS）。如果 TMS 线圈靠近中央前沟中线，手臂就会发生运动。当线圈在沟外移动时，手臂和随后的手腕就会开始移动。只要有一点耐心，我们刺激 M1 就能映射整个身体的表征。M1 中控制某个特定身体部位的部分与该部位的实际大小并不成比例。比如，指尖在 M1 中占了很大一部分，尽管指尖只是我们身体很小的一部分。然而，指尖的功能在我们的日常生活中却是必不可少的。某些身体部位在日常生活中的运用很广泛，这反映在其在 M1 中的运动表征之中。

初级皮层可能负责所有的自主运动，但书写或网球发球所需的实际运动程序似乎并没有存储在那里。对于大脑来说，在 M1 的不同区域分别表征相同的运动程序是低效的，因为每个身体部位是分离表征的。幸运的是，初级运动区是大脑中联系最紧密的脑区之一。初级运动区接收来自大脑不同位置的信息；在初级运动区中我们将会看到，它与其前部邻近的**次级运动皮层**（secondary motor cortex）有着非常密切的联系，有人认为次级运动皮层参与了动作的计划和控制。据说运动程序就存储在次级运动皮层。次级运动皮层的外侧部分被称为**前运动皮层**（premotor cortex，PM），而内侧部分被称为**辅助运动区**（supplementary motor area，SMA）。这种划分不仅仅是解剖学上的，还与这两个前运动脑区不同的功能特性有关。讨论前运动皮层时通常会区分为下腹侧部分（PMv）和上背侧部分（PMd），前运动皮层与顶叶皮层相连，而顶叶皮层包含空间和感觉信息。就其本身而言，前运动皮层非常适合对外界刺激做出反应。例如，在网球发球的情况下，前运动皮层很可能引导个体在球的最高点击球。相比之下，SMA 将联络信号投射到内侧额叶，其通常与规划和目标有关。因而 SMA 是内部引导的，负责在不同的行动之间做选择，同时依据运动程序准备序列的动作。如果 SMA 受到 TMS 的干扰，那么像弹钢琴一样，要完成熟练而复杂的手指运动几乎是不可能的（Gerloff，Corwell，Chen，Hallett & Cohen，1997）。

如前所述，这两个前运动区与额叶和顶叶相互连接。额叶负责行动的控制和规划。运动专家看似毫不费力的动作，似乎让动作的计划和控制显得不那么必要。然而，迟早会出现这样的情况：个体需要在几种动作方案中做出选择。例如，你发球时不小心把球翻了过来。突然之间，你面临着选择，要么适应球的次优轨迹开始发球，要么让球继续下落重新发球。额叶对于维持行动目标和解决冲突情境至关重要。当你选择以何方式接发网球时，额叶很可能被激活。如果额叶负责抽象的、内源性的表征，那么顶叶则恰恰相反。大脑不仅通过皮层脊髓束将信息发送到肢体，还通过触觉、味觉、前庭神经、听觉和视觉感受器从外界接受信息。有些信息直接进入顶叶，有些通过其他脑区间接进入。顶叶作为躯体感觉的整合枢纽，让大脑了解我们在外部世界的定位。举个例子，如果你在发网球时把球投得过高，顶叶将表征你四肢以及网球的位置。

一项研究很好地阐明了前运动区和顶叶之间的相互作用及它们在运动中的作用（Desmurget，et al.，2009）。病人同意在手术中直接刺激他们的大脑。刺激顶叶后部会产生意图感。当刺激增强时，虽然没有外显的行为，但意图觉竟然转变为动作已经完成了的感觉！相形之下，对背侧前运动皮层的刺激引发了外显的动作，比如转动手腕。然而，病人并不知道他们已经完成了这个动作，也没有感觉到他们有这样做的意图。该研究表明，顶叶皮层后部负责动作意图，而前运动皮层负责传递执行动作的神经冲动。最令人惊讶的是，动作意识似乎并非来自动作的执行。相反，起作用的是直觉！

4.2.2 动作系统的亚皮层

任何尝试做过复杂序列动作的人都知道，要正确地完成这类动作需要几个小时的专注练习。大脑皮层，如初级和次级运动区以及额叶和顶叶，可能卷入了复杂动作模式的规划和执行。然而，研究发现，涉及复杂动作模式学习的脑区位于大脑皮层下方。这些对学习很重要的皮层下脑区，通常称为亚皮层区域，包括**基底神经节**（basal ganglia）和**小脑**（cerebellum）。图 4.1 显示了这两个亚皮层动作脑区的位置。

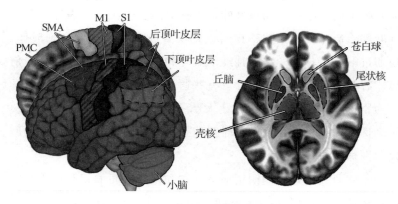

图 4.1　动作系统的神经解剖

大脑皮层的运动脑区（左图）包括初级运动皮层（M1）和由内侧的辅助运动区（SMA）及外侧的前运动皮层（PMC）构成的次级运动皮层。大脑亚皮层的运动区（右图）包括小脑、基底神经节（苍白球、壳核、尾状核）和丘脑。

小脑位于枕叶正下方，是一个组织密集的脑区。小脑较老的部分接收外界关于身体位置的信息，以及身体各部分空间移动方式的信息。这部分的小脑也负责协调眼运和保持身体平衡。小脑较新的部分接收来自大脑皮层（如额叶和顶叶）的内部信息。它们还通过**丘脑**（thalamus，另一个脑区）发送信息，丘脑投射的终点在前额叶，包括前运动区和运动区。小脑不仅接收我们相对于环境物体的位置信息，还能向负责动作准备和执行的脑区发送信息。小脑是这样一处信息的十字路口，因此是监督我们与外界物体互动的理想场所。小脑会比较运动区通过皮层脊髓束发出的指令与它收集的外部世界的信息。如果传达给四肢的动作不适当，小脑可以给运动区发送更适合的新信息来纠正。因此，小脑是一个极其重要的学习器官。

为了说明小脑在技能习得中的重要性，让我们考虑伯明翰大学的约瑟夫·盖莱亚（Joseph Galea）及其同事的一项研究（Galea et al.，2011）。参与者在视觉运动任务中接受了**经颅直流电刺激**（transcranial direct current stimulation，tDCS）。据说 tDCS可以让神经元变得兴奋，从而使它们更容易习得新技能。盖莱亚及其同事以小脑和运动皮层为目标，以期深入了解这两个脑区在技能习得和保持中的作用。当参与者的小脑受到刺激时，他们能更好地学习新技能。然而，一旦有关表现的反馈（以及任务学习的可能性）被移除，小脑的优势就不复存在。相比之下，对运动皮层的刺激并不会使学习更快，但一旦反馈被移除，刺激确实会导致更好的保持。本研究强调小脑对技能习得的重要性。然而，运动皮层似乎负责运动程序的长期保持和巩固。

基底神经节位于大脑中央，是一种功能复杂的神经核。就像小脑一样，基底神经节的某些部分接收来自大脑皮层的信息，尤其是前运动区和运动区，而基底神经节的其他部分则通过丘脑将信息传递到这些皮层区域。由于一些输出通路在本质上是兴奋性的，而另一些则是抑制性的，所以基底神经节会影响哪些可能的动作反应启动。如果基底神经节有几种可能的作用，可以说在抑制动作系统反应的同时，等待某一动作计划变得比其他工作计划更为突出。然后，代表所选计划的神经元的抑制机制被消除。基底神经节也因**多巴胺**（dopamine）的存在而闻名，多巴胺是一种重要的化学物质，可以在整个大脑中传递信息，因此被称为**神经递质**（neurotransmitter）。多巴胺就像对所选行动的奖励，而这些行动通过多巴胺的释放而得到巩固。例如，你发现自己在网球比赛中面临着对手凶猛的击球。当你反手扣杀成功时，这个动作通过基底神经节中多巴胺的释放在你的动作系统中得到强化。下次你面对类似的情况时，基底神经节的门控系统将会包含你喜欢的动作——反手击球，而这正是你之前成功的原因。正是这一机制使学习成为可能，也是该机制使基底神经节偏爱运动区和前运动区所选择的行动。认知特长中也发现了类似的机制，即基底神经节前部的尾状核偏爱快速的认知反应（参见第3章的图3.16）。

4.3　动作系统的适应性

与其他物种相比，人类至少能很好地适应新环境。人类适应性出现的主要原因是人类大脑面对新需求做出反应并在内部重构其组织的能力。大脑适应环境变化的这种能力被称为**大脑可塑性**（brain plasticity），在前两章的视觉和认知特长中我们已经看到过大脑可塑性的各种表现。当你考虑个体从出生到成年的大脑发展时，大脑的可塑性是显而易见的。然而，即使在成年早期，大脑也非常容易接受外界的刺激，这可以从刚开始学业的学生大脑巨大的变化中看出来。正如第1章所提到的，新异环境加上陌生的新人就会导致大脑的化学和结构变化（Bennett & Baird，2006）。

　　大脑还具有重构其自身组织的神奇能力，尤其在涉及动作系统和邻近的躯体感觉系统时。例如，老鼠的运动皮层控制它的胡须。当脑和胡须之间的联系被切断时，皮层控制胡须运动的部分就不再使用了。然而，这部分的神经元并不会长期闲置，因为它们会自我重组，以辅助皮层中相邻神经元的功能。这种情况意味着这些神经元会支持负责面部肌肉的运动神经元，因为面部运动区与控制胡须的运动区域相邻。在猴子身上也发现了同样的神经适应性。中指失去了活动能力后，导致旁边的手指"劫持"了中指在躯体感觉和运动皮层中的神经表征，即使现在不能再使用中指了（Kaas，1995）。虽然我们不能用人类做同样的实验，但有些人由于意外失去了四肢。在一个如此不幸的案例中，一个年轻人在研究前一个月手臂被截肢，刚好切到手肘上方。如果人类大脑的重组与动物的模式一样，"劫持"不再使用的脑区的主要候选脑区事实上将是面孔区，因为手在运动和躯体感觉皮层表征的区域邻近面孔区。由于截肢仅发生在一个月前，我们有理由假设，重组过程可能仍在进行中，在适当的刺激下，该男子仍能在失去的手臂和手中体验到虚假的感觉。结果证明（Ramachandran，1993），轻轻擦他的脸，确实会让他觉得有人触摸他被截肢的手！在脸颊上的触碰，相应地会引起已缺失的拇指的感觉，而小指正好在嘴唇下面找到了它的位置！这一戏剧性的演示表明，大脑中的躯体感觉和运动特化都不是一成不变的。我们很快就会看到，即使没有因中风丧失皮层组织或者因意外失去身体部位而发生的代偿，大脑的变化也会发生。大脑在人的毕生中都有可塑性，足以使这种变化持续不断和普遍出现。

4.4 简单动作任务（技能习得）

动作特长似乎尤其适合激发大脑的可塑性。兹举几例，网球选手、篮球运动员和音乐演奏家，都用他们的手臂和双手带来惊人的表演。足球运动员非常擅长使用他们的脚，而打字员则必须协调手指活动的时间和顺序。他们都要花很多时间来完善和微调他们的动作，以与效应器（通常为四肢）保持一致。事实上，大脑对这种重复的刺激有很大的反应，我们稍后会看到。然而，即使只练习几分钟也会引起运动系统的适应。简单的任务至多需要几个星期的时间来完全掌握，一般用来检查技能的习得。简单任务显然不能与特长相提并论，因为特长需要很多年的练习才能掌握，但简单任务仍然值得关注，因为也需要学习。本节我们将考察与掌握与这些相对简单的任务有关的大脑结构和功能变化。

4.4.1 技能习得期间运动系统的结构变化

哈佛医学院的帕斯科—里昂（Alvaro Pascual - Leone）教参与者用一只手在钢琴键盘上完成一套复杂的手指弹奏模式（Pascual - Leone，1995）。他们应该能学会流畅地完成这一系列的动作，在每次按键之间不要有任何延迟，并且保持速度不变，就像熟练的钢琴家弹奏一样。参与者每天练习 2 小时，持续 5 天。不用说，他们的表现在周末有了很大的进步。有趣的问题是：手指在 M1 的皮层表征会发生什么？研究者结合了 TMS 和**肌电图**（Electromyography，EMG）来测量这种表征的程度，肌电图是一种测量肌肉活动的技术。利用 TMS 刺激 M1 时，EMG 可以揭示手指肌肉的活动。在第一次练习结束时，练习的手指已经变得更加敏感了，皮层表征也一样。随着练习的推进，M1 的手指表征也增强了。在动作技能习得的过程中，**皮层扩散**（cortical expansion）这一模式也出现在手臂（Jensen，Marstrand & Nielsen，2005）和腿（Perez，Lungholt，Nyborg & Nielsen，2004）等其他身体部位上。有趣的是，帕斯科—里昂证明，即使是那些在心中演练弹钢琴的参与者，其手指的皮层表征也有所增强。专栏 4.1 描述了这种有趣的可能性，即通过"想象"的练习与实际练习有类似的效果。

专栏 4.1 动作意象

韦恩·鲁尼（Wayne Rooney）是英国近年来最优秀的足球运动员之一，他曾在 2011 年用所谓的"剪刀脚"踢进了一个精彩的进球（进球视频在互联网上很容易找到）。这次进球几乎是个意外，因为队友横传失误，球飞到了鲁尼身后，而不是像他（或任何前锋）希望的那样飞到鲁尼身前。鲁尼没有让球从身后白白穿过，而是扭转身体，朝向球的方向，也以同样的动作抬起左脚离开了地面。右脚紧随其后，抬得更高，以至于鲁尼看上去似乎在空中盘旋，用右腿碰到了误传的足球。最后球进了，鲁尼重重地摔在了地上（这是在半空中用双腿模仿剪刀的必然结果）。后来在一次采访中（Winner，2011），鲁尼承认，平时训练时他实际上并没有练习这种踢法，因为足球比赛很少有机会使用"剪刀脚"。不过，他确实说过，他在心里演练过这类动作。他接着详细地描述了他怎样想象这个动作，他会做什么，以及最终的结果是什么。他承认，心理意象是他在准备比赛时日常工作的一部分，但是，一次成功的剪刀脚踢球与其说是一种现实的期望，不如说是一种幼稚的愿望。然而，想象力对鲁尼来说就好像具有魔力！

仅仅想象自己做特定的动作，就像在**动作意象**（motor imagery）中所做的那样，可能会引起在现实世界中实际做这些动作类似的结果，这种看法似乎太过牵强，甚至不值得思考。毕竟，任何身体效应器的定位都不存在实际的反馈，这似乎是动作学习成功的必要条件。然而，简单的技能习得任务的练习效果是惊人的。例如，追踪旋转体的任务体现了手眼协调，因为任务要求参与者追踪旋转转盘上的一个小圆碟。在最后的实际测试中，在内心演练圆碟运动的参与者要比那些实际练习这个任务的参与者成绩更差。但两者的差异并没有预期得那么大，并且动作意象组的表现比完全没有练习该任务的匹配组好得多（Hird, Landers, Thomas & Horan, 1991）。如果一开始动作意象训练与实际练习结合进行，那么实际练习和内心练习之间的差异几乎不存在。

研究结果表明，实际的身体活动及其在大脑中的可视化可能具有相同的机制。心理意象与实际练习功能相似性的假说得到前述研究（Pascual – Leone, 1995）的支持。本专栏的图 1 表明，内心练习组的大脑皮层表征与实际做这些动作的组并没有差别！后来的 fMRI 研究证实，动作技能的心理意象激活了与动作准备有关的脑区，包括前运动皮层、SMA 和 SMA 前部、顶叶皮层、基底神经节和小脑（综述请参见 Moran, Guillot, Macintyre & Collet, 2012）。所有这些脑区都卷入了动作技能的学习，以及动作的准备和一般运动程序的执行。甚至有证据表明，动作意象触发了 M1，正如我们所见，M1 完成自主动作。

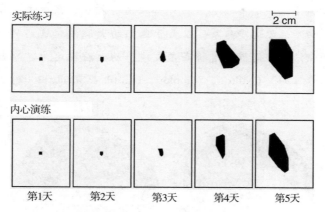

专栏附图 1　心理意象的皮层表征

对于实际练习了序列动作的人，手指在运动区的皮层表征（上图）与那些在内心演练同样的序列动作的人（下图）并没有太大的差别。（Adapted with permission from Pascual – Leone & Ahmedi，2005）。

　　最近，有许多关于动作特长心理意象的研究。诸如高尔夫、射箭和步枪射击等运动似乎特别适合进行心理意象研究。这些运动都涉及一种"预先拍摄的例行程序"，即运动员在触发一连串计划好的动作之前，要花长达 12 秒的时间来准备动作的执行。针对这些领域里专家的动作意象的研究得出了不同的结果，不同于先前回顾的简单动作技能习得的研究。本专栏附图 2 揭示了高尔夫专家与新手在准备"预先拍摄的例行程序"的心理意象期间激活的脑区。新手调用的脑区与专家相似，但也需要额外的大脑资源。新手额外的脑区与注意有关，这暗示他们在想象动作意象期间使用了不同的策略。实验后的提问支持了这一观点，因为新手往往报告说，他们考虑了无关的环境因素，比如风力。相反，高尔夫专家全神贯注于这些意象，以至于他们的大脑缺乏这些额外的激活，这使得作者将高尔夫球手的大脑描述为"冷静而专注的"（Milton，Solodkin，Hlustík & Small，2007）。

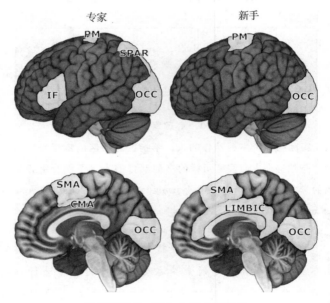

专栏附图 2　高尔夫的心理意象

在想象"预先拍摄的例行程序"的意象期间，高尔夫专家（左图）调用了与动作执行有关的脑区（下额叶皮层 = IF，前运动区 = PM，上顶叶区 = SPAR，枕叶 = OCC，辅助运动区 = SMA，扣带回运动区 = CMA）。高尔夫新手（右图）调用了其中一些脑区，但也涉及边缘系统（LIMBIC）中很多不太重要的脑区。（**Adapted with permission from Milton et al.，2007**）。

尽管动作特长与其不太复杂的关联现象动作技能习得之间存在这些差异，但不可否认的是，动作意象正成为一种越来越受欢迎的训练方法。这对韦恩·鲁尼和其他许多优秀运动员来说都很有效。对于没有能力进行身体运动的病人来说，动作意象也对其康复也有巨大的帮助。

在帕斯科—里昂的研究中，参与者练习后手指的皮层表征极大地增强了。一旦他们停止重复弹奏钢琴的序列动作，手指的皮层表征就会恢复到起初的程度。研究者（Pascual–Leone et al., 1995；Pascual–Leone & Torres, 1993）也在盲人身上看到这种令人困惑的丧失现象，盲人利用指尖阅读盲文（一种通过触觉感知来阅读的书面语）。与不认识盲文的盲人控制组相比，他们手指的皮层表征更好。然而，如果他们仅仅一个星期不读盲文（也就是说，如果他们停止用手触摸盲文阅读），这种优势就会消退。

上述**用进废退原理**（use it or lose it principle）带来的前景可能过于黯淡。毕竟，这并不是说，盲人一周不摸盲文皮层表征缩小后，就会突然失去阅读盲文的能力。研究者（Landi et al., 2011）很巧妙地证明，人们即使一年不用某种技能，在扩大的皮层表征消失很久之后，也能保持对具体任务的"肌肉记忆"（或者我们应该说"大脑记忆"？）。参与者需要一周的练习来掌握一项涉及序列动作的复杂视觉运动任务。在这段时间里，M1 对这只手的功能和结构的皮层表征都增大了。一年后，同一群人接受了同样的任务测试。经过一周的加强训练后，他们显然不如一年前那么擅长这项任务。然而，他们比一年前第一次接触这项任务时更快地掌握了这一技能。最有意思的结果是，技能恢复的速度竟然与 M1 一年前的结构变化有着直接的关联！起初一周的练习后皮层表征越大，参与者一年后习得技能的速度越快。研究人员还发现了大脑适应新环境需求这一非凡能力的神经机制。除了垂直的皮层、脊髓与身体效应器的连接外，运动神经元也有水平的连接，使他们能够与相邻的运动神经元发生联系。当一些运动神经元的功能停止时，例如失去一部分手臂，这些水平连接就变得很重要。表面功能丧失的神经元会被相邻的神经元通过水平连接"劫持"。突然之间，最初协调手部肌肉的神经元可能会被发现与面部肌肉同步，就像帕斯科—里昂研究中的那个不幸的年轻人一样。

伸向效应器的垂直连接对于皮层表征的扩大非常重要。M1中连接运动神经元和身体部位的这些预先存在的潜伏通路通过练习得以显露和加强。这是通过改变运动神经元中的一种叫作 γ - **氨基丁酸**（gamma - aminobutyric acid，GABA）的神经递质的浓度来实现的。当 GABA 水平稳定时，神经元对特定的刺激做出反应，但对其他刺激的反应不那么强烈。GABA 水平的抑制会导致神经元变得容易接受其他刺激，因为它们变得日益敏感。附加神经元新出现的兴奋性使得参与练习活动的效应器的皮层表征面积变大。上述研究利用 TMS 刺激探究中的皮层区域来利用这一特性。然后，他们用**脑磁图描记术**（magnetoencephalography，MEG，又称为脑磁图）测量了相应的肌肉反应，并能识别特定身体部位的皮层表征的精确程度。

我们刚才讨论的短期变化是与特长有关的长期而持久变化的先决条件。当人们练习几个月或几年，临时变化就让位于永久变化。据推测，神经元与效应器之间的新连接，以及神经元的扩张，在大脑的长期变化中起着一定的作用。这些变化是通过神经成像技术发现的，如**基于体素的形态测量学**（voxel‐based mor-phometry，VBM）和**弥散张量成像**（diffusion tensor imaging，DTI），它们能分别测量神经元的扩张及其连接。

4.4.2　技能习得期间运动系统的功能变化

结合运用 TMS 和 MEG 被证明有助于揭示 M1 的皮层变化。这些技术的问题在于很难同时刺激两个脑区。我们已经看到，除了 M1 外，还有很多皮层和亚皮层脑区涉及了动作学习。使用功能性磁共振成像技术（fMRI）的研究涵盖了整个大脑的功能特性，并可能为动作技能涉及的脑区提供更完整的图像。技能习得的 fMRI 研究与 TMS 研究的模式相同：参与者短期内（通常是几天或几周）要学习一项复杂的运动任务。他们在训练后的大脑功能扫描要与训练前的扫描进行对比。动作练习确实可以调节除M1 以外的许多脑区。动作技能改变了邻近的前运动区、前 SMA和 SMA 区域的活性，也改变了额叶（DLPFC，背外侧额前皮层）和顶叶的活性。除了这些皮层区域外，亚皮层区域，如纹状体（位于基底神经节中）和小脑，也受到动作练习的影响，如图 4.2 所示。然而，不同脑区的激活模式是不同的。随着人们的操作越来越熟练，额叶（包括前 SMA 和 M1）的活性减弱。相形之下，随着人们习得动作技能，顶叶、SMA 和亚皮层区域的活性增强（Dayan & Cohen，2011）。

利用 fMRI 测量到的神经活动减少，反映了随着人们在动作技能上变得更加熟练，对大脑的需求也逐渐减少。正如你自己可能体会过，一开始重复序列动作可能需要付出很大的努力。你可能会纠结于做动作的时间点和顺序。随着你不断练习，这些操作会越来越不需要你的注意力。最后，你甚至会觉得你不需要任何努力就可以完成这些动作。你的操作已经变得自动化了。这种行为的自动化可能反映在神经元活动的减少上。DLPFC 要应对注意需求，随着动作任务变得更容易，它的激活减弱也就不足为奇了。M1 通过皮层脊髓通路完成必要的动作。经过大量的练习之后，这些序列动作似乎并不需要很大的神经能量来执行，正如我们之前看到的，这是过程序记忆的一个典型特征。相反，激活增强则表明有附加的皮层资源参与其中。操作可能很完美，而且显然毫不费力，但它仍然需要精确计算单个部分的时间。根据动作系统的解剖结构，亚皮层区域在正确组织运动程序中起着至关重要的作用。运动程序的时间部分很可能由小脑处理。考虑到大多数动作任务都涉及空间成分，顶叶参与的增多可能是任务需求在空间映射的结果。

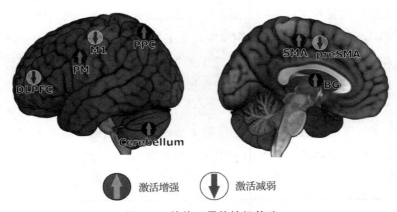

图 4.2　技能习得的神经基础

随着人们习得简单的技能，大脑也适应了更有效率的作业。前额叶（DLPFC）和某些运动区（M1，pre - SMA）不太激活，而其他运动区（PM，SMA）、顶叶（PPC）和亚皮层区域（BG，小脑）变得更为激活。（Adapted with permission from Dayan & Cohen, 2011）。

经典的 fMRI 分析识别了动作技能涉及的若干脑区。考察这些脑区之间的激活模式，就像在**功能连接**（functional connectivity）中所做的那样，使我们能识别一起工作的脑区集群。与此同时激活增强或减弱的脑区可以认为它们在加工类似的信息。动作技能习得的功能分析揭示了这些脑区之间的联系。在练习开始时，对注意的需求最大，前额叶（DLPFC）和前运动区变得越来越同步（Sun，Miller，Rao & D'Esposito，2007）。类似地，M1、前运动区和 SMA 在动作学习加工的早期比后期有更大的耦合。亚皮层区域明显没有出现在关于联系性的研究中。目前还不清楚为什么他们假定的相互联系并没有出现在结果中。

4.5　动作特长

简单的动作任务是揭示技能习得所涉及的神经加工的重要工具。这类任务很容易实施，并能让我们洞察特长最初的阶段。然而，现实生活中的特长需要长期的练习才能掌握。要持续几个月研究人们的行为就很困难，更不用说研究运动或音乐等动作特长领域需要好几年的时间了。因此，动作特长的研究并不如技能习得的研究普遍。另外，大量的练习可能会导致比技能习得研究更明显的神经变化。正如我们将看到的，在对动作专家的研究中，很难找到一个研究不关注与动作学习有关的脑区的结构变化。我们将从追踪人们几个月的纵向研究开始。然后，我们将介绍横断研究，比较动作专家与技能较差的同行。

最著名的一项纵向研究利用 VBM 考察了人们学习同时抛接三个球时大脑的结构变化。抛接杂耍是一项复杂的技能，需要将手的动作与球的位置和轨迹结合起来。德国莱比锡马普研究所的博格丹·德拉甘斯基（Bogdan Draganski）领导的研究小组要求人们连续三个月练习三个球的抛接杂耍。研究者将参与者练习 3 个月后的结构扫描与开始练习之前的结构扫描进行比较，发现颞中回（middle temporal gyrus）的灰质（通常与神经元的扩展有关）增多了，我们已经知道颞中回负责动作的感知。除了这个脑区，德拉甘斯基及其同事还发现顶叶后沟灰质的增加，该脑区通常涉及空间加工。与盲文阅读一样，一旦参与者停止练习杂耍，在不练习的 3 个月之内，大脑灰质的体积就恢复到练习的前最初水平（Draganski et al.，2004）。后来的研究证实了在杂耍技能习得的过程中，顶内沟和颞中回的结构变化（Scholz，Klein，Behrens & Johansen‑Berg，2009）。他们还发现，不仅这些大脑区域的灰质（即神经元之间的连接）被经验改变了，而且白质也改变了。这些连接可能会改变其自身的特性：例如，神经元的轴突可能会变得更加髓鞘化，因此加快了神经元之间信息交流的速度。当人们习得抛接杂耍特长时，情况似乎确实如此。

其他的研究采用了特长研究法，比较了成名已久的专家（即在其领域非常优秀的人）与新手（即技术水平较低的同行）。有些运动需要频繁地使用双手和胳膊。例如，与控制组相比，篮球运动员的小脑和基底神经节（纹状体）的灰质部分也增大了（Park et al.，2009）。同样，羽毛球运动员的小脑更大，额叶和顶叶之间的连接也更明显（Di et al.，2012）。高尔夫球也需要熟练的上肢动作。因此，高尔夫球手不仅额叶和顶叶与运动有关的脑区增大了，而且前运动区也扩大了（Jäncke，Koeneke，Hoppe，Rominge & Hänggi，2009）。有些运动（如空手道）需要熟练的四肢协调能力。这反映在空手道高手增大的小脑和 M1之上（Roberts，Bain，Day & Husain，2013）。还有研究将专家作为一个整体进行了比较，将专家的技能水平与大脑的结构变化联系起来。其中一项研究调查了打字员。大多数熟练的打字员在60 秒内能敲击键盘 300 次以上。如果你是一名普通的打字员，一秒钟按 5 次键可能是一个挑战，即使你一直按同一个键，更不用说按顺序进行有意义的组合击键（构成单词所必需的）！人们可能以为，打字所必需的手指极高的协调性会在大脑里留下结构性的痕迹。研究者（Canonieri，et al.，2007）发现，专业打字员的经验改变了某些脑区的结构特征。图 4.3 表明，打字员的经验越丰富（因此打字表现越好），SMA 里的灰质就越多。小脑也发现了同样的结果，小脑是另一个负责运动的脑区。

即使在同一领域，经验也起着至关重要的作用。一些运动技能，如短跑、跳高和投掷，注重的是力量，要求快速的移动能力。另一些运动，如长跑，注重的是耐力。因此，力量型运动员足部肌肉的移动速度比耐力型运动员更快也就不足为奇了（Wenzel，Taubert，Ragert，Krug & Villringer，2014）。有趣的发现是，这种差异与小脑前部的功能性活动直接相关。当研究者检查运动员小脑的结构特征时，他们发现力量型运动员小脑前部的同一部位比耐力型运动员更大。看来小脑的这一部分是调节运动速度的，它的功能和结构特性在不同项目的运动员之间是不同的。

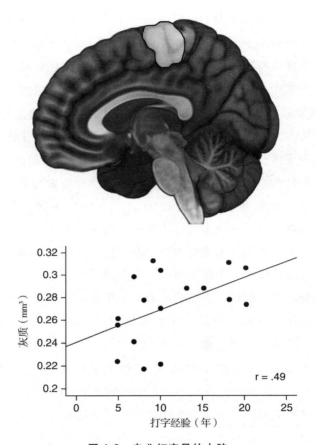

图 4.3 专业打字员的大脑

经验丰富的打字员的辅助运动区（SMA）更大。（**Adapted with permission from Cannonieri et al.，2007**）。

4.6 音乐（动作）特长

到目前为止，我们已经考察了诸如打字或体育运动等特长领域里脑结构的变化。然而，大多数动作特长的研究针对的都是音乐领域。音乐是独一无二的特长领域，因为音乐涉及视觉和听觉刺激的感知以及动作成分。此外，其他特长往往只涉及单一的感知通道和动作成分，任何其他特长领域中的感知与运动成分的相关性都不如音乐特长那般密切。要演奏音乐，人们往往要先读音符，这是需要视觉系统参与的一种能力。听觉过程也卷入其中，因为音乐演奏通常带有听觉成分。第 2 章我们已经讨论过这些知觉成分。这里我们感兴趣的是音乐演奏。我们在音乐专家身上发现其手指、手掌、胳膊和腿有节奏地运动，这非常适合进行动作特长的考察。

针对音乐动作特长的第一个研究考察了胼胝体的大小，胼胝体是连接左右大脑的中央脑组织。哈佛医学院的戈特弗里德·施拉格（Gottfried Schlaug）报告称，音乐演奏家的胼胝体前部和中部比不演奏乐器的人大。施拉格及其同事甚至发现，音乐家之间存在脑结构差异（Schlaug et al. , 1995）。较早开始演奏乐器的人比较晚开始接触乐器的人胼胝体大。考虑到胼胝体在左右脑之间沟通中所起的作用，我们有理由认为，胼胝体在协调左右手的动作方面起着重要的作用，而这是熟练演奏音乐所必需的。音乐演奏家胼胝体中部增大的部分与初级躯体感觉皮层和前运动皮层相连。后来的研究证实了胼胝体的重要性，拓展了我们对胼胝体影响范围的认识。例如，随着音乐演奏家经年累月地练习，其胼胝体前部连接纤维的排列更整齐（Bengtsson et al. , 2005）。最近的一项研究表明，音乐演奏家们的同一个脑区也存在差异，这种差异取决于他们当前的练习水平（Vollmann et al. , 2014）。

音乐演奏家和普通人之间还有其他形态学上的差异。中央沟的深度（运动皮层和躯体感觉皮层之间的外壁）常被用来表示

M1 大小的指标。音乐演奏家右脑的中央沟更深（Amunts et al.，1997；Schlaug，2001）。大脑动作系统的组织方式是左手呈现在右脑运动皮层。右脑深深的中央沟意味着左手的使用很频繁。右利手的人往往不太使用左手，但是音乐演奏家要用左手配合占优势的右手一起工作。因此，根据右脑中央沟深度的测量结果所示，他们的右脑运动皮层更大。与胼胝体一样，M1 的大小与音乐演奏的年限存在正相关。有人可能会提出，这种相关也可能意味着更大的初级运动皮层能让人们更早地开始学习音乐演奏。正如稍后的纵向研究中我们将看到，使用乐器的经验是造成这些形态学差异的最可能的原因。

不同乐器的演奏经验也可能导致动作表征的细微差异。中央前回（即运动皮层的前壁）往往看起来像一个倒写的希腊字母"Ω"，如图 4.4 所示。这一"欧米加"形状与大量的手和手指动作有关，它应该在音乐演奏家的大脑中明显可见。研究者发现"欧美加"形状在音乐家的左右脑中确实比普通人更为明显（Bangert & Schlaug，2006）。然而，甚至不同乐器的演奏家也表现出不同的模式。例如，弦乐（如小提琴或吉他）演奏家左脑（代表他们的右手）的"欧米加"形状就不太明显。相比之下，钢琴演奏家左右脑"欧米加"形状就同样明显。弦乐演奏家和键盘演奏家之间的细微差异突出了经验的重要性。弦乐演奏家用左手手指操作不同的音乐模式。而右手手指则负责直接触碰琴弦的重要任务，但除非他们像"恐怖海峡"（Dire Straits）乐队的马克·克诺夫勒（Mark Knopfler）那样指法精湛（fingerpicking），否则他们是将手指作为一个整体来弹奏，而不是作为单个的效应器。然而，钢琴演奏家却需要单个运用左手手指，导致右脑中央前沟出现明显的"欧米加"形状。

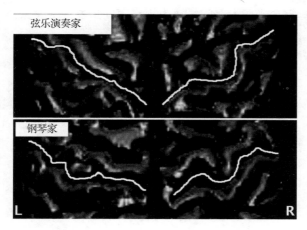

图 4.4　音乐演奏家的"欧米加"形状（MRI 扫描的 3D 表面透视图）
弦乐（上图）和键盘（下图）演奏家右脑（图中用 **R** 表示）中央前回倒写的"欧米加"形状（表示运动皮层大小的指示）都是明显的。不同之处在于控制右手的左脑，右手对于弦乐演奏家的作用小于钢琴演奏家。钢琴演奏家左脑的"欧米加"形状比小提琴演奏家更明显。（**Adapted with permission from Bangert & Schlaug，2006**）。

　　潘特夫及其同事（Pantev et al.，2001）采用的方法与我们在动作技能习得研究中的方法相同，以期绘制弦乐演奏家和普通人手指的皮层表征。利用 TMS 刺激躯体感觉皮层，利用 MEG 记录手指肌肉的反应。与之前的研究结果一致，音乐家所有手指的皮层表征都更大。有趣的是，图 4.5 显示差异最大的是小手指。小指在日常生活中并没有特殊的作用，我们也不经常使用它。例如，只有最熟练的打字员在打字时才使用小指。然而，小手指是音乐演奏必不可少的一部分。甚至在音乐演奏家之中，较早接触乐器的人小指的皮层表征也比较晚接触乐器的人更大。因此，这种差异很可能是基于小指使用的不同之上的，不仅表现在音乐演奏家和普通人之间，还表现在不同乐器的演奏家之间。

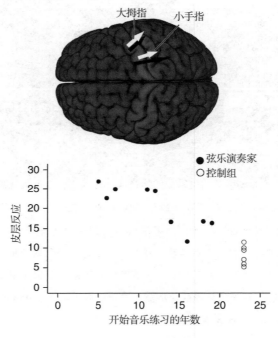

图 4.5　音乐演奏家的小指

如箭头的长度所示（上图），音乐家小手指的皮层表征比普通人要好得多。他们越早开始学习乐器演奏，小手指在躯体感觉皮层的表征就越好（下图）。相比之下，大拇指的差异就不那么明显了。（Adapted with permission from Pantev et al.，2001）。

4.7　动作特长的认知成分

伟大的迈克尔·乔丹是令人难以置信的体育奇才。他在约99 公斤的最佳体重下，能跑得更快，跳得更高，而且能比其他任何球员更好地利用他那不可思议的猿臂。他出类拔萃的比赛表现毫无疑问缘于绝对充沛的体力。然而，正如在本章开头的退役故事中提到的那样，乔丹对篮球比赛也有着敏锐的眼光。他的篮球智力，就像一些人喜欢说的运动特长的认知方面，高得令人难以置信。他有着令人艳羡的身体条件，但他也知道如何适时地加以运用。这种极高的认知能力和动作能力的结合，加上他令人难以置信的内驱力和自律，使乔丹成为有史以来最优秀的篮球运动员。

然而，其他一些运动员的例子表明，动作成分在他们的卓越表现之中并没有发挥很大的作用。以足球明星托马斯·穆勒（Thomas Müller）为例，他在 21 岁时成为最年轻的金靴奖得主，也是德国足球队最优秀的球员之一，并在 2014 年为德国赢得了世界杯。穆勒的腿上并没有足球运动员常有的强壮的肌肉，许多评论家把他的腿简单地形容为"棍子"，一只袜子只拉了一半，蓬松的头发，没有特别吸引眼球的技术，穆勒看起来就像平常周日在公园里踢球的人。然而，他有自己的踢球诀窍，总能在正确的时间跑向正确的位置，而且大部分时间都能赶到适当的位置上。他自称为"空间解读师"，不知怎么地，一次又一次地应验，他总能在球下一秒掉下来的地方出现。通常他只需要把球打进空门。穆勒与韦恩·格雷茨基（Wayne Gretzky）大同小异，格雷茨基是有史以来最伟大的冰球运动员。格雷茨基并不像其他冰球运动员那样以速度著称，也没有出众的身体素质，他依靠自己无与伦比的比赛意识创造了很多精彩的助攻，并最终进球。

看看穆勒和格雷茨基，他们无疑并不是身体素质最好的运动员，却能一而再地赶到球即将出现的位置，或者"解读"球理应去往何处，有人肯定想知道他们是否有能预知比赛进程的水晶球。本章后续内容中，我们将看到运动专家依靠记忆中储存的诸多比赛群集，在他们的领域里做出不可思议的预测。

4.7.1 动作特长的早期研究

对技能习得的正式研究最早可以追溯到 19 世纪末威廉·布莱恩（William Bryan）和诺布尔·哈特（Noble Harter）的电报语方面的研究。莫尔斯码（即电报语言）是一种以音调或灯光序列来传送（书面）信息的复杂方法。莫尔斯码中每个字母和数字都由预先确定的音调或灯光组合来表示，它们结合在一起就可以传送消息。要理解莫尔斯电文，人们需要观察一系列的灯光或按键，将其解码成字母，最后是数字。要传送类似的消息，需要按下正确的按钮组合来生成正确的按键和灯光序列。您可能想知道为什么有人竟然会为这种复杂的系统而大费周折。然而，在那个时代，电报的地位类似于今天的互联网，是一个尖端技术。

幸运的是，就我们的目的而言，电报也代表了复杂的特长领域，需要经年累月的大量练习才能精通。这使得布莱恩和哈特（Bryan & Harter，1897）得以运用特长研究法，比较技术熟练的报务员和技术不太熟练的同事。除了比较莫尔斯语的专家和新手，布莱恩和哈特还跟踪研究了人们在 40 周的时间里是如何习得电报技能以接受（感知技能）和发送（动作技能）信息的。当你了解了不同的报务员之间接受和发送消息的速度差别很大，经验丰富的报务员的表现胜过经验缺乏的报务员时，你可能不会感到太惊讶。更重要的是，布莱恩和哈特发现，报务员所运用的不同策略取决于他们的技能水平。初学者（即刚刚开始学习电报技术的人）的操作基于单个的字母。他们在传递信息时，会不辞辛苦地一个字母接一个字母地进行。最终，他们会改进单个字母的动作过程，以致看起来毫不费力。然而，单个字母完成的自动化只会让他们止步于此。他们如果能想得出利用完整的单词而非单个的字母的方法时，进步要快得多，这也是更熟练的报务员特有的策略。然而，最优秀的报务员总会稍等片刻以了解信息内容的含义之后再操作。只有这样，他们才能迅速地传递信息。

布莱恩和哈特现在被公认为技能习得研究方法（skill acquisition approach）的创始人，该方法要追踪某一领域中人们能力发展的过程，并识别这一过程中发生的变化。他们启发了许多研究，本章我们将了解其中一些研究。我们一定要注意，布莱恩和哈特对电报技能的研究揭示了动作特长领域里的动作和认知成分的相互作用。最初，人们要以特定的动作映射单个的字母，以此精细地调整他们的动作反应。更顺畅地完成这些动作可以促进绩效，但真正的突破发生在他们改变策略时。策略的改变导致绩效突然提升，生动地说明了认知成分对于动作特长的重要性。

战略的质变是如何发生的，这特别令人感兴趣。虽然报务员最初输入的是单个字母，但经过大量练习之后，他们可以将整个单词和句子作为加工莫尔斯电文的基本单元。将单个项目（本例中是字母）结合成更复杂但有意义的单元（这里是单词和句子）的过程称为**组块**（chunking），这对于特长是一种非常重要的加工，我们在前面的章节（尤其是第 1 章和第 3 章）已经介绍过很多次了。块是认知加工的基本单位，是人们在遇到新情况时首先感知到的对象。当你读这个句子时，你几乎不需要注意每个字的部首。相反，你会立刻认出整个字，有时甚至是好几个词。你对书面文本的解构现在是基于字词的，不像你小时候必须小心翼翼地研究每个偏旁部首才能理解文本。

组块恰巧也是解释专家杰出表现的一个关键概念，不仅可以解释动作特长，而且可以解释任何其他的特长领域，正如我们在这本书中看到的。组块概念核心的认知机制与第 1 章介绍的以及第 3 章详细探讨的机制完全一样。人们凭借经验总结环境中遇到的规律。积累的规律存储在长时记忆中，并表现为**知识结构**（knowledge structures），通常称为块、**模板**（templates）、**图式**（schemas）或**脚本**（scripts）。知识结构会变得越来越精细和复杂，就像我们刚刚看到的布莱恩和哈特对电报技能的研究。习得的知识结构可以帮助专家处理新的情况，因为知识结构在专家的长时记忆中变得激活，只要遇到的环境中有类似的结构存在。显然，存储的知识结构越多，就越可能认出环境中类似的结构。知识结构与适用于特定情况的普遍计划和行动有关联。一旦知识结构得到识别，就会自动地通达和提取这些行动。正如我们在第 3 章所看到的，这些知识包含棋盘上所遇问题的解决方法。在动作领域，回应通常是一系列适合当前情况的动作。以电报技能为例，行动将是一系列必不可少的动作，以表达一个字母、一个单词甚至需要传送的整个句子。在下一节中，我们将更详细地考察诸如记忆和感知单元（块）这样的认知过程是如何支持动作特长的。

4.7.2　动作特长中记忆的作用

专业运动员有一种不可思议的能力，甚至能记住与他们表现有关的最细微的细节，有时是比赛很多年之后的细节。佩普·瓜迪奥拉（Pep Guardiola）以前是世界级的足球运动员，现在是最好的足球教练之一，他能生动地回忆起他以前路过某地时刚好看到的一场比赛，他的一个弟子踢球的时间、场景和实际的动作。瓜迪奥拉当然并不想刻意记住那一幕。毕竟，他的教练工作内容并不包括回忆他刚刚看过的一场比赛。然而，莫名其妙地，他竟然能完美地回忆起他刚刚看过的一场球赛中看似无关紧要的一些细节。这个关于瓜迪奥拉惊人记忆力的轶事说明，记忆在动作特长中的重要性。专家优异的记忆力不仅是认知特长的标志（见第 1 章），而且在动作特长的实验研究中也得到了很好的证明。研究记忆对动作特长影响的常用方法是**回忆范式**（recall paradigm），我们已经在本章导言部分和认知特长一章中介绍过。在动作领域使用回忆范式时，短暂地（通常约 5 秒）给运动员呈现其专业领域的比赛场景或比赛的序列动作。然后要求他们尽可能多地回忆刚刚看过的场景或序列动作细节。要在短短 5 秒内记住所有 22 名足球运动员在巨大的足球场散布的位置，对记忆来说是一项沉重的负担。通常而言，**短时记忆**（short-term memory）负责回忆任务的作业，短时记忆这个名称恰如其分，因为它的记忆内容最多可以保存几秒钟。然而，短时记忆的容量却相当有限，大约只有 7 个单位（Miller，1956）。经管如此，经验丰富的足球运动员轻易就能正确地再现几乎所有的细节。而新手苦苦地回忆，却只能再现大约 7 个细节（Williams，Ward，Bell-Walker & Ford，2012）。

专家级运动员记忆力超群的原因就在于前面提到的组块。新手对足球场景的加工，是通过分别感知单个的球员来实现的。相形之下，专家把若干个球员感知为一个整体。一个队的进攻球员和另一个队的防守球员可以组成单一的块。因此，专家在场景呈现的短暂时间内可以感知多得多的信息，因为他们的块比那些缺乏经验的队友大得多。对体育运动优异记忆能力的这一解释对于你来说似乎很熟悉，这并不让人吃惊。上述机制可谓是任何特长的核心内容，我们在第 1 章和第 3 章讨论国际象棋大师的惊人壮举时已经介绍过这种机制。国际象棋特长的研究（Chase & Simon，1973a；de Groot，1978）启发了目前的研究方向。运动特长的研究也运用了国际象棋研究中的关键操作——**随机化范式**（randomization paradigm）。专家级运动员也可能整体上拥有更好的记忆能力，而不是像组块理论解释得那样，感知环境的方式与新手具有本质的差异。有此疑问的人可以使用相同的任务来检测这种可能性，但记忆材料可以采用不同的、更一般的事物，比如数字或字母。然而，最严格的测试则要使用相同的场景元素，但将它们随机排列，就像随机化范式那样。将单个的球员随机散布在球场上，或者呈现没有结构的比赛序列动作（如反向呈现序列的动作），这样就打破了单个球员之间一般形成的常见比赛模式。新的布局无法进行组块，因为在专家的长时记忆里并没有任何东西能保证识别随机排列的群集，而这些随机排列的群集通常不会出现在真实的球赛中。

结果表明，随机化极大地妨碍了专家的记忆表现。尽管新手的记忆表现前后类似，但专家的记忆表现直线下降，以致与新手相似。这种领域特异性的记忆优势现象，以及在单个元素随机化散布后记忆优势的消失，并不仅仅限于足球领域（Vicente & Wang，1998）。我们在其他团队运动（如篮球、排球、美式橄榄球、英式橄榄球或冰球）中也发现了同样模式的结果（综述参见 Hodges，Starkes & MacMahon，2006）。像斯诺克台球这种不围绕相互影响的因素的单人对抗运动，也会产生本质上相同的结果。回忆范式不仅在结构化的比赛序列动作上能诱导出专家的记忆优势。你也可以向运动员呈现序列动作，让他们判断当前的形势。这些运动员不知道的是，稍后将要求他们再认先前显示的序列动作。这种**偶然识别范式**（incidental recognition paradigm）证实了专家级运动员在识别结构化的序列动作方面具有优势。

关于动作特长的认知成分的另一个证据来自对运动员基本能力的研究，这些研究并不局限于领域特异性的技能。斯诺克专家在一般的视觉测试中，如视觉加工的深度、颜色视觉和视觉敏锐度等，并不比实力较弱的同事好（Abernethy，Neal & Koning，1994）。然而，斯诺克专家在领域特异的、基于记忆的测试中确实能轻松地战胜新手。有人可能会说，成年的斯诺克专家已经是预先选定的特殊群体。视觉能力较差的人可能在追求卓越的道路上被淘汰。这就是在技能习得之初就研究基本能力为何如此重要的原因所在。研究者（Ward & Williams，2003）在检测年轻的足球运动员及其视觉能力（以视敏度、深度知觉和外周感知能力 [peripheral awareness] 来测量）时正是这么做的。没有一项测量指标能够可靠地区分技术精湛的足球运动员和技术生疏的足球运动员。另外，领域特异性的认知测试，如结构化序列比赛动作的回忆和再认，很容易识别出最优秀的球员。

4.7.3　动作特长的决策

技艺高超的运动员记忆里储存了其特长领域诸多的群集。一旦他们碰到新情况，必然自动地在他们的记忆里寻找类似的模式。这种模式识别过程使专家能够在情景显现时快速地感知，这也是其优异记忆力背后的原因，正如我们在上一节所看到的。然而，专家发展出的非凡记忆力更多地是其特长带来的意想不到的积极影响。职业棒球运动员和其他技术娴熟的体育从业者并不是靠其超凡脱俗的记忆壮举来吸引观众而谋生的。为什么技艺高超的运动员对特定领域的事件有着极其发达的记忆力？发达的记忆力对于其动作特长有什么帮助？这些都是充分理解动作特长的关键问题，也是理解其动作预期的关键问题。

　　我最喜欢的一个故事是关于泰德·威廉斯（Ted Williams，图 4.6）的，他是棒球历史上最好的击球手之一，即使不能排第一。似乎只有用超自然的力量才能解释他惊人的击球能力。威廉斯显然有如此惊人的视力，他甚至能看清旋转的棒球上的缝线，片刻后他就必然将球击出球场。这种信仰并非来自迷信，至少不完全是。击球手不仅要决定是否挥杆击打，而且要在相信自己能击中飞来的球的情况下实施这个动作。做出这个决定最好的依据是球的轨迹。然而，疾驰的棒球时速达到 150 公里左右。如果击球手等着细看棒球的轨迹，他们几乎没有时间来做决定，更不用说做出正确的序列动作了。这是球类运动特有的**时间悖论**（time paradox，Abernethy，1991）。一方面，仔细观察球的轨迹才能做出最好的决定，因为观察能给球员提供关于比赛下一步发展的最多信息。另外，等待球的轨迹变得清晰，就很难给适当的反应留出充分的时间。如果网球选手仅仅依赖球的轨迹做判断，那么在人力所及的范围内，要回击网球的发球是不可能完成的。在足球比赛中，如果守门员等着点球手踢球，他们就不可能拦截点球。然而，最优秀的运动员似乎"游刃有余"。技能高超的网球运动员不仅能挡住发球，而且能在接发球时开始自己的反攻。世界级的守门员总能"潜入"球即将要落下的地方。泰德·威廉斯因为一次又一次击中看似不可能击中的快球而变得家喻户晓。相信他们有超人般的动作反应或知觉能力，就像威廉斯的例子，也是人之常情。澳大利亚的唐纳德·布拉德曼爵士（Sir Donald Bradman）可以说是板球界最伟大的击球手，他的击球也特别优秀，因为他有超常的视力，使他能够更早地看到球。我们没有对威廉斯进行过实证测试，与威廉斯不同，布拉德曼进行了科学的测

试，结果表明，他的反应比普通大学生略慢（Bradman，
1958）！）

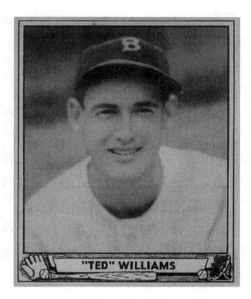

图 4.6 天才泰德

人们相信泰德·威廉斯有着惊人的视力，比如他有能力击中飞来的棒球。
更可能的情形是，他特别擅长解读对方投手给出的运动学信息。

实验研究证实，专家级运动员甚至不用等到看清球的轨迹就
能"预测未来"。这类研究的典型范式包括呈现球赛序列动作的
视频片段，并要求技能水平参差不齐的运动员做决策。例如，在
球拍类运动（如网球、壁球或羽毛球）中，在球刚离开球拍之
前会显示比赛的序列动作。然后，要求球员确定球场上球的落
点。守门员要根据仅出现射门动作的视频来预测射门的目标。而
棒球击球手则要判断球的轨迹走向以及是否应该击球。结果是一
致的。从视频呈现的有限信息来预测即将发生什么，专家级运动

员比技能生疏的同行要好得多。即使在更现实的场景下，比如足球比赛中的 11 名队员对 11 名队员，或者网球和棒球比赛中的序列动作，专家们在做决定时也一直表现得更为准确和快速（综述参见 Hodges et al. ，2006）。

最近的研究采用了更具生态效度的方法，将基于视频的二维演示替换为真实的游戏场景。**液晶护目镜**（liquid－crystal occluding goggles）的发明使研究人员能够考察运动员在自然场景下的决策。新的护目镜可以在恰当的时间远程关闭，这样佩戴者就无法看到正在发生的比赛活动。换言之，研究者可以让运动员置身于实际的比赛场地，让他们正常地参赛，然后在适当的时候通过他们佩戴的护目镜遮蔽他们的视线。这种方法本质上和以前的范式一样，只是有一些关键的区别。与二维的视频片段相比，参与者通过现实世界的三维场景不仅获得了更多的视觉信息，而且还被要求在黑暗中做出反应，尝试击球！

遮挡式护目镜使第 1 章介绍的"罗纳尔多"实验的高科技版本成为可能。互联网上很容易找到一段宣传视频，三次获得世界最佳足球运动员奖的葡萄牙球员罗纳尔多必须从另一名队友的传球中进球得分（McDowall，2011）。这对于罗纳尔多可谓稀松平常，事实上这是他球场上的常规动作，特别是在没有对手干扰的情况下。问题是灯会恰好在另一个球员正要传球之前熄灭。恰好有名球员名叫罗纳德，但技术比罗纳尔多逊色不少，在没有球的轨迹信息的情况下就绝望地迷糊了。另一方面，罗纳尔多能利用身体的任何部位，如脚、头甚至肩膀进球，不管传来的球对他来说有多么难控制和得分。

对于大多数研究人员来说，像罗纳尔多这么顶级的研究对象是遥不可及的，他们的研究对象主要是国家级和国际级的球员，水平明显高于一般的球员（参见第 1 章关于特长的定义）。使用水晶棱镜眼镜研究网球和壁球发现，这类专家级的球员很容易胜过相对较弱的球员。有趣的是，与视频片段研究中简单的预测相比，专家们在使用护目镜的现实场景下表现更好。另一方面，新手无法从额外的视觉信息和动作反应中获取任何优势。更自然的场景使专家能够利用额外的线索进行预测。比赛视频的序列动作通常太短，无法让他们理解球赛本身是如何展开的。然而，球赛是有结构的，因为存在重复发生的模式。虽然在任何一个时间点都似乎有许多可能性，但实际上只有若干的解决办法是可行的。当真正戴着护目镜参赛时，专家级球员可以利用游戏动态流程的信息来预测未来。例如，在壁球比赛中，在球拍击中球的半秒前，球员可以可靠地预测球的落点（Abernethy，Gill，Parks & Packer，2001）！

目前为止，我们已经看到，运动领域里的专家能根据球实际离开前的信息可靠地预测下一刻球的走向。然而，上述研究并未深入探察专家用来预测球的落点的策略。揭示专家从环境提取信息的一种方法是使用**眼动跟踪**（eye movement tracking）技术。眼运被认为是注意的指示器。专家们眼睛注视的地方，一般持续十分之一秒或稍长，通常是环境中信息最多的地方。一点也不奇怪，专家和新手在扫描策略上存在巨大的差异。一般而言，专家只扫描对当前局势最有信息价值的特定区域，而其他区域（对目前的局势来说是多余的）则被忽略。新手则没有表现出这么高的选择性，他们一般会注意环境中没有信息价值的部分（参见第 1章国际象棋和放射医学领域中相同的眼动模式）。例如，经验丰富的网球运动员在对方发球时会聚焦于其躯干和肩膀部位，而新手则主要注意头部（Goulet，Bard & Fleury，1989；Singer，Cauraugh，Chen，Steinberg & Frehlich，1996）。正如知觉领域（第 2 章的放射医学，图 1.1）和认知领域（第 3 章的国际象棋，图 3.13）一样，运动专家的知识结构使他们能够识别当前的局势，并将注意力投向环境中最重要的方面。而新手缺乏这方面的知识，因此注意力在环境中游移不定，往往关注环境没有信息价值的部分。

4.7.4　遮挡范式

我们如何判断专家所关注的那部分环境就具有信息价值，就是专家优异表现的原因？专家观察到事物很多，其中任何事物都可能在他们的表现中起着重要的作用。眼动提供了关乎策略的线索，但如果我们想证明这些线索与专家表现之间的因果联系，就要操纵这些明显的信息元素。澳大利亚昆士兰大学（University of Queensland）的布鲁斯·阿伯内西（Bruce Abernethy）是运动特长领域领军的研究人员，业余时间他也是一流的板球运动员，**遮挡范式**（occlusion paradigm）经他而发扬光大。遮挡范式中，一部分的序列动作或身体被遮挡，恰如其名。换句话说，如果躯干对于网球专家预测即将到来的发球很重要，那么只要将身体的这一部分从视频的序列动作中移除即可。该范式的这种特殊变式被称为**空间遮挡**（spatial occlusion）。空间遮挡可以结合视频的序列动作，在球拍与球接触前的不同时间点进行剪切。呈现时长的变化通常被称为**时间遮挡**（temporal occlusion）。图 4.7 描绘了篮球运动的时间遮挡例子。

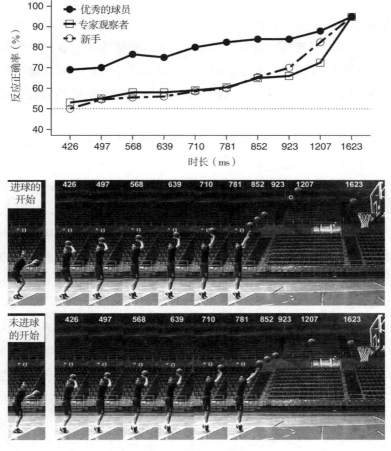

图 4.7 篮球中的预测

图片展示的是罚球，并在不同的时间点停止动作（下图）。参与者必须指出罚球成功（进球）还是失败（未进）。优秀的球员在视频一开始就能正确地判断罚球成功与否（上图）。专家观察者和新手都需要额外的观察时间才能接近优秀球员的判断水平。（Adapted with permission from Aglioti et al. , 2008）。

阿伯内西及其同事结合时间和空间遮挡范式发现，在球拍类运动中，球拍的位置和移动对于专家和新手的成功预测都特别重要。然而，只遮挡握持球拍的手臂，专家的表现也会受到不利影响。有趣的发现是，专家开始从手臂拾取线索的时间节点取决于球拍的重量。羽毛球专家已经可以很可靠地预测在球拍和羽毛球接触前 160 毫秒会发生什么（Abernethy & Russell，1987）。如果球拍更重，比如壁球，提前开始预测的时间点会更早。打壁球的人会更早地开始收缩肌肉，准备击球，因为壁球的球和球拍都比羽毛球的重。球拍很重要，但正如上一节所看到的，眼动研究发现，运动员的躯干是提前获取信息的另一个来源。的确，遮挡躯干一致地使专家的表现变差。然而，新手的表现不会受遮挡躯干和持拍手臂的影响。新手似乎只从球拍本身的移动来获取预测的线索（关于运动预测的综述请参见 Mann，Williams，Ward & Janelle，2007）。

我们现在知道，专家级运动员通过观察身体的某些部位来获取如何反击的重要信息。但是他们获取了什么样的信息呢？换句话说，他们存储的知识结构的本质是什么？研究解答这个问题的一种方法是，只使用动力学信息而忽略背景信息。所有重要的关节中心都用点光源代替。最后，显示器上什么都没有，只有一些光点在移动，就像真正的选手在移动一样。光点的显示并不包含实际运动或呈现比赛序列动作中常有的轮廓、形状、颜色和纹理信息。然而，光点确实包含了序列动作的动力学信息。如果实际的动作是最有信息价值的线索，光点显示与真实视频相比就不应该有损专家的预期成绩。毕竟，这些视频的本质相同，因为光点视频是用运动员真实的动作视频来建模的。几个研究小组在网球（Ward，Williams & Bennett，2002）和壁球（Abernethy et al.，

2001）研究中发现结果确实如此。

光点实验传达了一条重要的信息，表明专家储存的信息并不是特定的身体部位及其知觉内容。相反，而是关于这些身体部位的行动方式，以及如何在典型的动作中加以应用。专家记忆中的运动信息本质上是动力学的。它们的块更像是动作模式，而不是我们在认知领域（如国际象棋）中发现的静态模式。专家记忆中的动力学信息是其极度精准的感知能力背后的原因。

4.8　动作特长的神经实现

在理解动作特长的认知方面，我们已经有了长足进展。现在我们可以解释为什么乔丹仍然对篮球比赛有着敏锐的眼光。我们知道穆勒和格雷茨基如何设法适时适地地出现在球场的某个位置上。我们还可以相当肯定的是，泰德·威廉斯并没有超凡的视力，相反他有着非常出色的精准预测能力。所有杰出运动员惊人的运动表现都建立在识别比赛情境模式的基础之上，模式的形式各异，但都储存在他们的记忆之中。储存的知识使他们的感知更加精准，使他们能够从环境中大量无用的信息中找到最有信息价值的动力学细节。他们中的一些人体格健壮，基本的运动能力可能高于平均水平；所以我们不能肯定其背后的原因究竟是什么。然而，我们可以非常肯定的是，他们对比赛的理解是前所未有的，这也是他们优秀的原因之一。他们的大脑又是怎样的呢？优秀运动员的大脑是如何适应所有这些认知需求呢？

乍看之下，利用神经成像技术并不容易研究动作特长。比如，很难让运动员躺在磁共振扫描仪（MRI）里做动作。那里没有足够的空间，参与者通常要躺着不动，但运动是动作特长必不可少的组成部分。其他更轻便的技术，如 TMS 和**脑电图描记术**（electroencephalography，EEG）也存在障碍，使自然状态下的研究（如液晶棱镜护目镜）不可能进行。幸运的是，动作特长认知成分的研究并不需要完成动作。参与者只要观察显示器上的动作，并通过简单的按键来表明他们的判断，这既是行为测量又是神经测量的标准程序。本章前面已经介绍了许多研究动作特长的这类方法。接下来的部分，我们将把神经层面的证据添加到已发现的认知机制中。

罗马大学的萨尔瓦多·奥廖蒂（Salvatore Aglioti）及其同事（Aglioti et al.，2008）对专家级篮球球员进行了一项研究，对后来的研究产生了很大的影响。这项研究之所以引人注目，是因为它将许多范式与行为和神经测量结合在一起。奥廖蒂及其同事还引入了另一组参与者。除了职业球员（专家级运动员）和没有篮球比赛经验的人（新手）之外，这两类人是特长研究常见的组别，研究者还加入了篮球记者和教练员（专家观察者）。该组的纳入被证明是至关重要的，因为记者和教练员与职业球员相比，有着类似的视觉领域的经验，但缺少动作部分，因为他们并不会参赛。研究任务是标准的：所有三组都必须预测视频片段中球员的罚球能否得分。正如之前的研究采用时间遮挡范式一样，奥廖蒂及其同事会在罚球进行的不同阶段停止播放视频。如图4.7 所示，研究人员要求参与者指出，在篮球离开运动员的双手350 毫秒之前，篮球能否穿过篮框；以及篮球离开双手800 毫秒之后，已经到达篮框边缘，罚球能否得分。正如预期的那样，职业球员甚至在罚球初期就非常善于预测罚球的结果。而专家观察者的预测并没有如此精确，实际上并不比新手强多少。值得注意的是，新手和部分专业观察者并不愿意做任何预测，除非篮球已经在半空，他们可以看清它的轨迹。相比之下，优秀的运动员在罚球一开始就已经开始预测（而且还相当准确）投篮的结果，几乎在篮球离开球员双手的半秒之前。

专家级运动员和新手之间的差异并不特别令人惊讶，因为我们在前几节已经介绍了许多类似的研究。专家观察者拥有类似的视觉经验，但表现却比职业球员差，也不比新手好多少，这确实是一个独特的发现。有信息价值的身体线索对于成功的预测必不可少，此类线索的感知似乎与实际的运动经验有关，而与运动的视觉经验并不相关。换句话说，没有任何事物能代替"干中学"。仅仅感知而不行动，任何人都可能成不了专家。

奥廖蒂及其同事肯定了动作成分在预测中的重要性之后，更进一步地将生理测量和神经成像技术结合在一起。他们利用TMS 给左脑的 M1 进行短脉冲刺激。同时，他们利用**动作诱发电位**（motor – evoked potential，MEP）测量了手部和手臂肌肉的兴奋性。他们想考察观看这些视频是否会引起身体某些部位的肌肉兴奋性，这些部位当然是完成视频动作必不可少的。你可能会认为，这是一件奇怪的事，因为人们只是看别人罚球，而不是自己罚球。请记住，只有具有运动经验的专家级运动员才有能力觉察先行的动力学线索。专家级运动员和专家观察者在观看罚球视频时，他们的双手和手臂的确表现出肌肉兴奋性。当他们观看足球视频中的动作（踢球）时，手臂和手部肌肉的反应性要小得多。实际上，他们对足球动作的反应就像他们观看篮球视频中球员准备投篮的静止画面一样不引人注意。如果这些视频不属于他们的特长（动作或视觉）领域，即便对动力学信息也没有肌肉反应。这可能是测量手部和手臂肌肉的结果，而没有测量足球视频中观察到的腿部和足部肌肉。新手在这两个领域都没有特别的经验，的确无法区分他们篮球和足球视频引起的反应。他们的肌肉对一般的动作做出反应，根本不管什么领域。

综合来看，时间遮蔽范式和 TMS 的结果显示了一种有趣的可能性：运动系统甚至在观察时也发挥着重要的作用。问题是在观察的过程中，什么时候肌肉开始响应。为了回答这个问题，奥廖蒂及其同事使用了视频三个不同的部分：准备投篮、投篮（篮球脱手）和投篮之后（篮球轨迹）。在全部三个阶段，所有参与组手臂肌肉的反应都一样，但两组专家（球员和观察者）的手部肌肉都表现出更强的兴奋性。然而，研究者感兴趣的是手臂肌肉在投篮（即抛出篮球）那一刻的反应，投篮可能进球，也可能不中。专家观察者就像新手一样，对这两种结果的反应是相同的，如图 4.8 所示。优秀运动员手部的肌肉只在投篮击中的情况下才会遵循兴奋性的趋势。而在未中的投篮中，优秀运动员手部的肌肉几乎没有任何反应！但运动员的手臂却没有出现同样的分化，他们手部的肌肉对篮球脱手前后的投篮结果并不敏感。这一模式只出现在投篮那一刻，即球刚刚离开双手之时。看来优秀篮球运动员在看到篮球离开双手的情况时，手部的肌肉能"解读"罚球的结果。

奥廖蒂及其同事回过头来检查视频中的投篮成败究竟有什么不同。原来罚球时投中和不中的身体位置在不同的时间点上是不同的。起初膝关节的伸展可以预测投篮结果。后来，手臂和手部在抛球之前形成的角度（即手腕的位置）是有助于做出判断的。在球脱手的那一刻，也就是优秀运动员手部肌肉的动作电脑能区分投篮成败的那一刻，只有小指的位置不同。优秀运动员手部肌肉的兴奋性似乎是对手指位置的细微变化做出的反应，这为他们提供了关于动作序列正确性的信息。

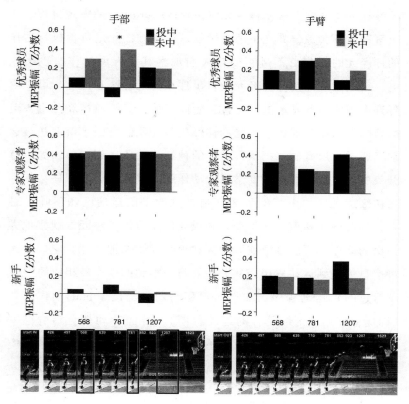

图 4.8　篮球专家的电生理反应

优秀球员的手部肌肉（左图）可以辨别球脱手那一刻（781 毫秒）的投篮结果。优秀球员的手臂肌肉（右图）不能区分投篮的成败，就像专家观察者和新手的手部及手臂肌肉一样。（**Adapted with permission from Agliotiet al.，2008**）。

4.8.1　动作特长中的镜像神经元

　　奥廖蒂等人的实验结果暗示着一种有趣的可能性：通常负责实际身体动作的脑区也担负着理解他人动作的责任。如果我们考虑专栏 4.2 介绍的**镜像神经元**（mirror neurons）的发现过程，这个解释就不会像乍看之下那么牵强。镜像神经元是负责执行动作的神经元的子集，不过它们在人们观察其他人做动作时也会放电。最近发现的镜像神经元通常出现在前运动区和顶叶，可以解释许多现象，从基本的学习过程到同情他人。镜像神经元也为奥廖蒂的篮球研究提供了可能的神经机制。我们已经了解，初级运动区通过皮层脊髓束把执行动作的神经冲动传送到四肢。如本章开头所述，这些经过过度学习的动作序列被称为运动程序，储存在初级运动区，由其他脑区（最常见的是前运动区和顶叶）触发，我们现在知道，前运动区和顶叶包含镜像神经元。观察他人做出的动作有可能激活前运动区和顶叶的镜像神经元。它们转而将信息传送到运动皮层，从而触发与观察到的动作最相似的（已学习过的）运动程序。如果所观察的动作与已学过的动作相似（即储存在运动区最符合的运动程序），神经冲动就会沿脊柱下行到相关的身体部位。相反，不适合的动作序列并不会引起相应运动程序同样的激活。其结果就是有待行动的身体部位出现判断兴奋性的差异。

专栏 4.2　镜像神经元——科学的意外之喜

　　神经科学最近几十年来最令人兴奋的一个进展就是**镜像神经元**的发现。镜像神经元在感知、认知与行动之间搭起了桥梁，这不仅解释了专家的动作表现，也解释了看似无关的认知能力，比如我们对他人所感受到的同情。镜像神经元为如此众多的现象提供了解释机制，以至于学界普遍认为镜像神经元的发现者、意大利帕多瓦大学的贾科莫·里佐拉蒂（Giacomo Rizzolatti）在不久的将来可能获得诺贝尔奖。这一切都始于一个幸运的巧合。

20世纪90年代初，里佐拉蒂领导的研究小组对前运动皮层进行了研究。研究人员发现前运动皮层有神经元负责规划猴子双手的运动，并将该神经元连到一块微电极上，以测量它的激活。当猴子用手拿东西到嘴边时，电极会发出鞭炮声，表明被电击的神经元处于活跃状态。当时正值盛夏，实验室里相当热。在一次实验中，研究生佩莱格里诺（Giuseppe Di Pellegrino）出去给自己买了一筒冰激凌。当他回来吃冰激凌时，猴子前运动皮层的电极开始发出知的噼啪的声音，表示神经元的活动。起初，这似乎只是一次奇怪的巧合；毕竟，当时正在进行一个实验。很快就弄明白了，这只猴子只是对看到有人吃冰激凌做出了反应，当时它的注意力牢牢地集中在冰激凌上。猴子并没有动作准备，也没有做动作，然而负责动作准备和实施的同一个神经元在猴子看着学生吃冰激凌时放电了！

这一事件发生后，里佐拉蒂和他的团队设计了一个研究计划，确定了对动作和知觉都有反应的神经元。这些镜像神经元主要分布在前运动皮层和顶叶皮层。只要猴子自己或其他人做某个动作，它们就会放电，而且当猴子认为其他个体已经做完了这个动作时，即使猴子看不到，镜像神经元也会放电。仅仅是暗藏的花生简单的破裂声就足以引起镜像神经元的激活，与实际剥花生或观察剥花生所引起镜像神经元的激活完全相同（Umilta et al.，2001）。猴子对其他个体的动作的理解所激活的神经机制，与它自己做这些动作所激活的神经机制是一样的。在某种意义上，我们可以说，镜像神经元使我们（以及猴子）通过映射自己相同的动作来理解他人的动作。

镜像神经元还使我们能够理解体育运动中知觉和动作之间的耦合。它们为解释专家的预测优势提供了一种可能的神经机制，正如我们在正文中所看到的。镜像神经元也可能提供一个框架来解释专栏 4.1 所描述的动作意象结果。然而，镜像神经元并不仅仅负责我们对行动和意图的理解。从进化的角度来看，重要的认知过程（如模仿和同理心）可能也依赖于同样的神经机制（Rizzolatti，2005；Rizzolatti & Craighero，2004）。下次当你生气时避免对抗，你可能要感谢镜像神经元使你得以模仿其他人有适应意义的反应。镜像神经元也很可能负责理解他人的情绪状态。当别人哭泣或欢笑时，我们会感到悲伤或快乐，因为我们的镜像神经元在内部模仿同样的行为。

可以说，镜像神经元对于动作特长的巨大作用的最好证据来自一个不太可能的领域——舞蹈！舞蹈包含一系列的动作，需要以无瑕疵的时序和技能协调一致地完成，从而给人带来和谐和美感，令人赏心悦目。正如我们所有人（痛苦地）体验过的那样，学习跟随节拍行动比看起来要困难得多！然而，有些人非常擅长跳舞，这使得舞蹈成为适合研究的特长领域。可以让舞蹈专家观看舞蹈视频，并将其激活与舞蹈经验有限的人进行比较。伦敦大学学院（University College London）的研究者们正是这样做的，他们发现专家前运动区和顶叶的镜像神经元比新手显示出更大的激活（Calvo － Merino et al.，2004，2006，2005）。图 4.9 显示了结果，如果你与第 1 章的图 1.6 比较就会发现，两张图所描述的脑区几乎是相同的。人类身上这些典型的镜像神经元脑区被称为**动作观察网络**（action observation network，AON）。这是说明知觉成分对于动作特长重要性的第一个证据。当动作专家观察其领域有意义的动作时，他们的大脑似乎在模仿同样的动作！

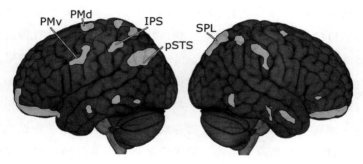

图 4.9　舞蹈中的动作观察网络

只是观看舞蹈视频，舞蹈专家也比新手更多地调用典型的 AON 脑区（包括前运动背侧区 ＝ PMd，前运动腹侧区 ＝ PMv，顶内沟 ＝ IPS，后颞上沟 ＝ pSTS，上顶叶 ＝ SPL）。（Adapted with permission from Calvo － Merino et al.，2005）。

如果我们最终能证明只有熟悉的动作才会被模拟，那么证据将更加有力。幸运的是，舞蹈是很适合检验这一理论的工具，因为舞蹈动作纷繁复杂。迪斯科舞厅伴随流行音乐的舞蹈所涉及的动作与经典的交谊舞截然不同。因此，一种舞蹈的专家可能并不太了解另一种舞蹈涉及的动作。伦敦大学学院的研究者正是利用了这一点，考察了两组迥然不同的专家——芭蕾舞演员和卡波耶拉舞（capoeira，又称巴西战舞，源于非洲，是一种包含杂技和武术动作的舞蹈）演员。呈现的视频序列动作选自芭蕾舞或卡波耶拉舞。镜像神经元不仅能区分舞蹈专家和新手，而且还能区分不同的舞蹈专家。当舞蹈专家观看各自领域熟悉的序列动作时，其前运动区和顶叶的激活要比观察不熟悉的动作时更强。卡波耶拉舞专家的大脑针对他们学会的舞蹈动作进行了精细的微调，但无法模仿不熟悉的芭蕾舞动作。

后续研究利用不同舞蹈的专家和不同的神经成像技术证实了这些结果。现代（当代）舞专家观看的动作如果属于他们全部舞蹈剧目的一部分，其前运动区和顶叶比观看以前从没有做过的类似动作更为激活（Cross，Hamilton & Grafton，2006）。脑电波动（EEG）对大脑激活测量的时间精确性高于功能性核磁共振成像（fMRI），EEG测量也表明，舞蹈专家和新手不同的神经模式取决于观察到的动作。当现代舞专家观看的序列舞蹈动作选自其特长领域时，运动皮层出现去同步化的现象，表明该动作刺激比他们观看日常普通动作更强烈。没有舞蹈经验的新手运动皮层受到舞蹈动作和日常动作同样强度的刺激。

上述证据有力地证明了以下观点：动作（未必是视觉的）经验是人类镜像神经元系统激活的基础。伦敦大学学院的研究团队（Calvo-Merino et al.，2006）再次提供了动作经验对于这一系统重要性的最令人印象深刻的证据。当女性和男性芭蕾舞专家观看其领域无性别差异的动作时，镜像神经元区域的反应并没有差异。而当他们观看有性别差异的动作时，大脑同一区域对各自性别典型的动作反应更强烈。考虑到女性和男性舞蹈专家都经常观看异性做出的舞蹈动作，这个结果可谓相当令人惊讶。从某种意义上说，这一结果可以媲美上一节的篮球研究。正如篮球记者和教练员与职业篮球运动员有着类似的视觉经验一样，女性芭蕾舞专家对男性芭蕾动作的视觉经验也与男性同事类似。然而他们的镜像系统对两类动作的反应并不一样！专家观察者并没有出现动作反应，而女性芭蕾舞专家观看男性动作的反应并不如观看女性动作的反应强烈。再一次指出，最合理的解释是，如果个体没有先前的动作经验，即没有做过这些动作，那么镜像神经元系统也无法模仿观察到的动作。

最近的一项纵向研究（Cross et al.，2009）为镜像系统这个谜题提供了最后缺失的那部分。以往的研究本质上都是横断的，也就是比较不同组的人群，因而存在许多额外因素和解释的空间。这项研究找来新手，按照特定的舞蹈序列动作进行训练。关键操作是一组新手只接受视觉训练，也就是只观看视频。另一组新手接受了实际的舞蹈训练，拥有动作经验。观看相同的舞蹈序列动作时，视觉训练组出现的激活比运动训练组小得多。该研究表明，两组人无论是真的在跳舞还是只是观看舞蹈，前运动区和顶叶的激活都非常相似。上述研究表明，研究人员利用特长领域来研究重要问题的方法很多。从不同熟练程度的从业者，到不同的特长领域，再到诸如表演者的性别等细微差别，舞蹈都为探究动作特长的神经实现提供了一扇独特的窗口。当你考虑动作特长时，首先想到的可能不是跳舞。舞蹈当然不同于那些需要对手的运动，在对抗性的体育运动中预测对手的动作代表了特长很大一部分的内容。然而，舞蹈和运动的优异表现都要依赖动力学信息。下一节我们将看到 AON 在体育运动中的作用与其在舞蹈中的作用一样至关重要。

4.8.2　体育运动中的动作观察网络

到目前为止，我们已经看到镜像神经元在人类大脑的等价物，即 AON，对观察到的行动如舞蹈动作等是有反应的。对动作本身做出反应是一回事，而对动作的预测则是另一回事，AON 是否也能保障专家对快速运动（如网球、羽毛球、冰球、足球和篮球）优异的预测能力呢？

前几节我们看到预测能力代表了运动特长很大一部分的内容。研究预测能力常见的遮挡范式运用了行为测量指标，如正确率或反应时间，这一范式也可稍加改变用于神经成像技术。英国布鲁内尔大学（Brunel University）的迈克尔·赖特（Michael Wright）和前文提到的布鲁斯·阿伯内西（Bruce Abernethy）领导的研究小组对运动预测第一次进行了神经成像研究（Wright & Jackson，2007）。实验程序与行为研究一样：参与者观看一段视频片段，视频内容是一名网球运动员在发球，然后询问参与者网球会落在哪里。这种情况下，在参与者观看发球及预测发球结果时，还用 fMRI 测量了他们大脑的活跃程度。由于目标是分离运动预测的神经基础，赖特及其同事采用了两种控制条件。首先，他们将预测结果与球员只是在发球线上拍网球的视频进行了对比。这些控制条件的短片也包含动作，但是没有实验任务中的实际预测。赖特及其同事将预测结果与仅有动作的控制条件进行了对比，分离了顶叶和额叶前运动区，这是对预测做出反应的 AON 的一部分。第二种控制条件是球员拿着球拍和网球的静态图像。负责感知身体动作的脑区（未必负责预测）是通过比较静态动作来确定的。结果发现，颞叶的后部（中间及上面）变得更加激活。

赖特等的研究表明，AON 及负责身体感知的颞叶后部都支持着运动专家的预测能力。然而，他们的研究并没有专门研究专家的表现，也没有分析错误的反应。另一项研究（Abreu et al.，

2012）利用 fMRI 测量了篮球专家和新手在预测罚球结果时大脑的活动。这与我们之前讨论动作特长背后的认知机制时介绍的范式本质上是一样的。该研究的控制条件也包括动作，因为他们逆向呈现了同一段罚球视频，从最后（篮球即将脱手）倒着放到开始（球员拿着篮球站立）。研究者发现，专家和新手调用额叶前运动区和顶叶的 AON 区的强度类似。专家与新手回应预测的脑区唯一出现差异的地方是颞叶后部。已知这片脑区负责加工身体部位，距离专门从事动作加工的脑区并不远。研究者更进一步地检查了预测成败的加工是否存在差异。他们发现，在正确的预测中，专家和新手都更多地调用了壳核（putamen，基底神经节的一部分）和躯体感觉皮层。然而，当专家犯错时，他们也更多地调用了脑岛，尽管新手在这些脑区或任何其他脑区并没有差异。前脑岛通常与情绪加工以及注意力的增强有关。

最近的一些研究（Balser et al.，2014a，2014b）比较了网球专家选手和新手预测击球（正手和发球）结果的情况。研究者（Balser et al.，2014a）还加入了严格的控制条件，播放的视频片段与预测条件一样，但是参与者不必指明将如何接发球。预测和控制条件下的视频动作完全一样，唯一的区别是任务组需要使用预测技能。这样我们就可以说，预测条件比控制条件调用更多的脑区确实是负责动作预测的。与之前的研究一样，识别出的脑区还是 AON 区域，包括额叶（IFG）、运动区（SMA）和顶叶（IPS，SPL）。在所有这些脑区，专家都比新手表现出更多的激活。还有另一个脑区负责预测动作结果，即小脑也能区分专家和新手，学界通常认为小脑并不属于镜像神经元系统和 AON。研究者更进一步地进行了后续研究（Balser et al.，2014b），还区分了成功的和失败的预测。然后他们回头检查之前确定的诸多预测脑区中是否也有直接对成功预测敏感的脑区。专家和新手都只有SPL 和小脑才能可靠地区分预测的成败。无论什么特长领域，参与者的预测越成功，小脑和 SPL 的激活就越大。

研究者分析了曲棍球专家预测射门方向的神经基础（Olsson & Lundström，2013）。不出所料，与我们之前的研究结果一致，这个任务专家们做得更好。使他们能够有此优异表现的脑区还是运动区，以及参与身体知觉的颞叶后上部。另外，新手则要调用视觉区和前额叶来成功地预测。

AON 对于日常生活中的动作观察非常重要，我们看到研究不可否认地将 AON 确定为运动预测的神经基础，如图 4.10 所示。就其本身而论，AON 的运行可以视为动作特长的主要引擎。专家级运动员运用 AON 来模仿他们正在观看的动作，从而洞察接下来会发生什么。模仿是预测和准备必不可少的组成部分。AON 的三个主要部分（前额叶、运动区和顶叶）都支持着专家的预测。例如，AON 的顶叶部分可以整合身体不同部位的空间信息。顶叶还能接受环境元素的定位信息，比如赛场上的选手位置。这些信息随后可能传送到（前）运动皮层，运动皮层于是模仿所观察之人接下来最可能做的动作。这些信息很可能再次与顶叶皮层交换，顶叶皮层转而又可能与前额叶皮层交换信息，从而得出可能的动作路线。即使名义上不属于 AON 部分的脑区，如 pMTG 和小脑，也可能在这一互动过程起着一定的作用。一方面，被激活的 pMTG 可能会将有关身体动作的加工信息传送到顶叶皮层。另一方面，小脑对于身体活动精确的时间序列安排非常重要，它与运动区和前运动区都有连接，可能是前运动区模仿所观察到的动作的另一个信息来源。下一小节我们将看到不同的遮挡条件是如何影响 AON 的。

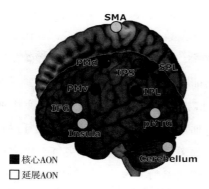

图 4.10　体育运动中的动作观察网络

当专家观看其领域的视频时，他们比新手更多地调用了典型的 **AON** 脑区。**AON** 的核心脑区有：前运动腹侧区 = **PMv**，前运动背侧区 = **PMd**，顶内沟 = **IPS**，上顶叶 = **SPL**，下顶叶 = **IPL**。**AON** 的延展脑区有：额下回 = **IFG**，脑岛（**insula**），颞叶中后部 = **pMTG**，小脑。

4.8.3　动作特长的时间遮挡和 AON

到目前为止，我们已经考察了遮挡范式中保障熟练预测的脑区。然而，与典型的时间遮挡范式不同，这些研究并没有操纵参与者进行预测的时间。我们知道，专家与新手预测的差异早在射门（或投篮）之前的几百毫秒就已启动。迈克尔·赖特和布鲁斯·阿伯内西下面的一些研究考察了这种早期预测技能的神经基础。

第一项研究，要求羽毛球专家选手和新手预测发球的路线（Wright，Bishop，Jackson & Abernethy，2010）。在一个单独的实验里隔离了通常的 AON 脑区之后，研究者考察了发球很早被遮蔽（在球拍碰上羽毛球之前的 180 毫秒）的情况下，这片脑区会发生什么变化。稍晚的遮蔽条件（球拍碰到羽毛球后 80 毫秒，羽毛球已在空中）作为控制条件。专家在早期遮蔽过程中，

AON 的前部、腹侧和内侧额叶以及前运动区的激活都更强。

后续研究（Wright, Bishop, Jackson & Abernethy, 2011）概括了运动专家 AON 区域激活更强的研究结果，涉及羽毛球运动的过头球，但之前研究的网球发球却不在此列。专家和新手的预测除了 AON 的区别外，正如我们在上述研究中所看到的，专家的颞叶后部也更加活跃。第二项研究也证实了 AON 前部在早期遮蔽中的作用。如果较早遮蔽羽毛球视频，即在球拍碰到羽毛球之前的 180 毫秒，专家 AON 的前部比稍晚遮挡（球离开拍子后）更为活跃。相比之下，专家顶叶后部的 AON 区域（SPL/IPL）在稍晚遮挡条件下比早期遮挡有着更大的激活。而新手没有出现早期遮挡与晚期遮挡之间的这种 AON 区域的前后分化。图 4.11 总结了 AON 对早期和晚期预测作用的研究结果。

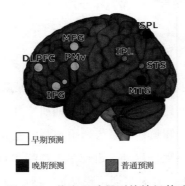

图 4.11 体育运动预测的神经基础

体育运动专家预测结果时除了动作预测的普通脑区（下顶叶 = IPL，颞上沟 = STS）激活外，还会激活额外的脑区。在早期阶段还看不到球的轨迹，调用了 AON 区域的前部（前运动腹侧区 = PMv，额下回 = IFG，额中回 = MFG，背外侧前额叶皮层 = DLPFC）。稍晚时球的轨迹清晰可见，负责视空间加工的 AON 区域的后部变得激活（上顶叶 = SPL，颞中回 = MTG）。圆圈越大代表激活越强。（**Adapted with permission from Wright et al., 2011**）。

解释这些遮挡结果时还请记住，在晚期遮挡期间球的飞行轨迹是可见的，而早期遮挡则没有此类信息。飞行轨迹可能由顶叶加工，这就解释了为什么专家要依赖 AON 区域的后部。相比之下，这类空间信息在早期遮挡条件下是缺乏的。于是专家们被迫根据观察到的动力学信息做出预测。他们只能靠自己模仿动作，这可以解释运动区和前运动区的激活。额叶区域则参与最后的决策。

赖特等人 2011 年的研究也重视点光源的操纵。如前所述，动作特长是由提前获取的动力学信息支持的。为了证明动力学信息确实与动作模式有关，而与形状、颜色或纹理等其他视觉特征无涉，研究人员通常以放置于关节、手臂和手部等重要位置的光点替换视频中的真人。光点传递的动力学信息与真人做动作的录像信息基本相同，但排除了所有其他视觉信息如第4.7.4小节所述。赖特及其同事的研究表明，光点的替换对羽毛球专家和新手的影响确实很小。两组的表现都没有变差，正常视频和光点视频激活的脑区也没有特别的差异。两种视频都激活了 AON 和 pMTG。唯一的不同是，正常视频额外地激活了视觉皮层，因为其包含的视觉细节比光点视频多得多。

4.8.4　动作特长的欺骗与 AON

成为运动专家的一部分能力是在对手做动作之前解读他们的行动，这是必不可少的一项技能，最终大多数专家都变得非常擅长解读身体线索。为避免对手预测自己的动作，运动专家一般会掩盖其真实意图。如果你看过本章介绍的杰出足球运动员罗纳尔多的比赛，以及第 1 章介绍的巴西球星内马尔旋转他的右脚（见图 1.7），你可能明白这里提到的"假动作"的含义。他们迈过球的次数和其他类似的花招往往足以迷惑哪怕最优秀的后卫。就连那些不依赖迈过球的花招的足球巨星，比如阿根廷的梅西或西班牙的伊涅斯塔，也会扭动身体，发出令人困惑的信号，以欺骗对手。解读身体线索是动作特长必不可少的一项技能，但掩盖身体线索同样重要。

研究人员使用了与前述研究一样的时间和空间遮挡范式来考察欺骗的作用。与没有欺骗的情境相比，即便专家面对欺骗情境，其预测表现也会变差，这并不奇怪。极少数情况下，欺骗动作做得尤其逼真，专家们也会完全失去优势，其预测表现与随机水平没有区别。然而，在欺骗情境下，专家的优势通常比新手更大。这里相关的问题是，正常预测与感知欺骗这两种能力的神经基础是否一样。赖特的研究小组对足球中的欺骗行为进行了两项研究。第一项研究（Bishop，Wright，Jackson & Abernethy，2013），他们要求专家球员和新手指出控球的球员在做欺骗性的迈过球或者无欺骗地正常移动时将跑到哪个位置。研究人员再次确认，AON 是专家们预测动作的神经基础，而新手的大脑激活并不比控制条件下（看到球员仅仅传球）更强。专家们一些额外的脑区也出现激活，比如在冲突解决中起关键作用的**前扣带皮层**（anterior cingulate cortex，ACC），以及本章提到的亚皮层区域：小脑、丘脑和基底神经节。ACC 也是能区分专家在欺骗性视频任务中早期和晚期遮挡的脑区。最可能的情况是，专家抑制了他们在早期欺骗视频片段中的正常反应，因而解释了 ACC 的卷入。

这项研究根据结果确定了事后的特长水平，但这可能会带来一个问题，因为很难说有真正的专家参与其中。此外，在早期遮挡情况下，技能较好的参与者和技能稍差的参与者之间真的没有

差异，即所有参与者的表现都处在随机水平。第二项研究
（Wright，Bishop，Jackson & Abernethy，2013）纠正了这些缺点，
因为参与者都是之前规定的技能组，他们确实不仅在后期遮挡有
分化，而且在动作发生之前的 160 毫秒视频被遮挡之际也有区
别。这项研究发现，除了 AON 区域外，还有许多不同的脑区也
卷入了欺骗预测：前岛叶、ACC、小脑、后扣带皮层、尾状核和
丘脑。该研究还有一个额外的任务。参与者除了要做以前研究惯
常的预测方向的任务外，还要识别视屏是否存在欺骗行为。如图
4.12 的总结，方向预测不仅仅需要欺骗探测，还需要 ACC 和尾
状核，这是第 3 章棋类特长重点介绍的基底神经节的组成部分。
然而，欺骗的识别对脑岛和后扣带回区域的激活更大。

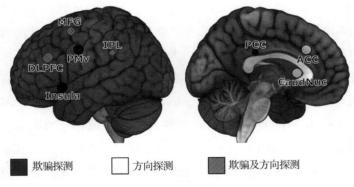

图 4.12　体育运动欺骗的神经基础

除了前运动腹侧区（PMv）外，负责社交互动的脑区——脑岛和后扣带回
皮层（PCC），在体育运动的欺骗探测中也起着关键作用。一旦察觉欺骗行
为，专家们就会调用前扣带回皮层（ACC）和尾状核（CaudNuc）来探测
球的方向。除了熟知的 AON 区域外，其他脑区（额中回 = MFG，背外侧
前额叶皮层 = DLPFC，下顶叶 = IPL）也卷入了欺骗和方向探测。圆圈越
大表明激活越强。（**Adapted with permission from Wright et al. ，2013**）

这些研究很重要，因为它们不仅第一次重点研究了欺骗，而且参与者的样本也很大。这可能是作者发现卷入动作预测的额外皮层和亚皮层脑区的原因之一。另一个原因是欺骗程序的采用，这给预测任务增加了另一重困难。其他激活的脑区代表了**社交网络**（social network），即一组负责与他人交往的脑区。就像欺骗在社会交往中有一定的作用一样，它在动作特长中似乎也有作用。大脑尽其所能地将通过社会交往获取的已有资源加以改装，并用于其他领域。

4.9　结论

关于动作特长的讨论快要结束了，你可能会问我们如何将这些知识应用到本章开头的迈克尔·乔丹的例子中。最可能的情况是，乔丹双手的皮层表征已经扩大了。毕竟，乔丹能够单手控球的事实，是他以前的教练菲尔·杰克逊（Phil Jackson）首先选择他而不是他的另一位明星弟子、五次 NBA 冠军得主科比·布莱恩特（Kobe Bryant）的原因。如果我们能一窥乔丹的大脑，我敢打赌，在负责动作特长的皮层和亚皮层区域肯定会发现其他结构上的差异。我们无法确定这些结构性差异是乔丹球技卓越的原因还是后果。乔丹很容易被教练选中，是因为他一开始就有很好的身体条件，也就是绝无仅有的双手。最初的小优势可能在练习中逐渐积累为大优势。虽然这些先天与后天的问题并不会很快得到解决，但我们惊叹于大脑适应环境需求的非凡能力。

乔丹的杰出才华当然不能仅仅从他的身体天赋来解释。我们现在能更好地理解他"解读"球赛能力背后的机制，本章开篇就提到这一点。乔丹对球赛有独到的看法，因为他可以汲取自己在这个领域广博的知识。然而，乔丹的知识具有动力学的性质，以运动程序的形式储存在运动脑区。尽管乔丹可能只是在观看球赛，但他的大脑却在运行运动程序，模拟他在球场上的理想动作。这很可能是同一种神经机制，该机制也使泰德·威廉斯成为棒球界最优秀的击球手，让托马斯·穆勒的跑动适时适地，让韦恩·格雷茨基拥有无与伦比的视力。也是这种机制让网球专家有能力回击看似无法接住的网球发球，因为他们能够预测球的落点，并争取宝贵的几秒钟时间做好应对准备。这就是为什么精英运动员给人的印象总是那么游刃有余。他们确实如此，因为他们的大脑使他们能够预见未来！

本章总结

- 人们经常用"肌肉记忆"这个词来描述运动专家毫不费力的表现。更恰当的说法是"大脑的动作记忆"，因为大脑控制着所有的随意行动，包括那些在动作特长中的行为。

- 大脑皮层（如初级和次级运动区）以及顶叶都是实施动作的重要脑区。亚皮层区域（如基底神经节和小脑）也涉及动作特长，尤其是对于特长的习得。

- 为适应动作特长提出的环境要求，大脑会重组其结构和功能特性。动作特长所涉身体部位的皮层表征会增大，其大脑结构特性也会发生变化，变得更大，有关脑区间的已有连接变得更加明显，新的连接也在形成之中。

- 动作特长很大一部分的内容是专家预测事件进程的能力。利用遮挡范式已经揭示了预测的认知机制，遮挡范式中动作的某些方面是隐藏的。即使在球拍碰到球之前运动专家也能预测接下来会发生什么。

- 运动专家的经验和知识保证了他们对比赛对手动作的感知。他们能从对方选手的动作中拾取有信息价值的线索，并以此为基础进行预测。他们的预测技能是他们长年积累的动力学知识的产物。

- 镜像神经元在动作预测技能中起着至关重要的作用。它们不仅在做动作时很活跃，而且在只看到他人行动时也会出现放电反应。因此，通过镜像神经元模仿他人的行动，就可以理解他人的意图和目标。

- 与镜像神经元相应的人类大脑包括前额叶和顶叶，被称为动作观察网络（action observation network，AON）。它的存在首先表现在舞蹈领域，该领域自此被广泛地用来说明动作特长的不同方面。

- AON 是动作专家在有对手的领域（体育运动）和没有对手的领域（舞蹈）中优异表现的神经基础，因为 AON 保障了基于环境动力学信息之上的内部行动模仿。

- AON 利用的动力学信息也来自许多其他脑区。如果通过模仿来预测变得很困难（如欺骗动作），尤其如此。

问题回顾

1. 请解释"肌肉记忆"一词的意思，其与动作特长的普通感知有何关联。

2. 许多脑区与动作特长有关。请解释在动作技能（如网球发球）的学习和保持过程中皮层和亚皮层脑区的参与情况。

3. 动作技能习得研究与动作特长研究有何不同？为什么这两个研究方向都很重要，它们又如何互补呢？

4. 大脑根据环境输入改变其功能和结构特性。请举例说明基于短期和长期练习的大脑功能和结构变化。

5. 想象一下足球比赛的对手一直围着你跑动。假设你是位技术精湛的足球运动员，请解释保障你预测对手跑动方向的认知机制。什么神经机制能保障你的预测，即使对方是欺骗的假动作，比如迈过球？

6. 镜像神经元和专家预测之间有什么关联？揭示专家预期的常用范式是什么？专家预测背后主要的观点是什么？

拓展阅读

The mechanisms of the brain's ability to adapt to environmental stimuli are nicely described by Alvaro Pascual－Leone and colleagues, in their review in the *Annual Review of Neuroscience* (2005). Eran Dayan and Leonardo Cohen's review in *Neuron* (2011) specifically targets the brain's plasticity in subserving motor skills. The cognitive and motor components in sports, and many other topics, are extensively dealt with in the recently published *Handbook of Sports Expertise* by Baker and Farrow (2015). Kielan Yarrow and colleagues' review in *Nature Reviews. Neuroscience* (2009) connects neural and cognitive mechanisms in sport and skill acquisition.

第5章 特长之路

学习目标

- 为什么一个领域的特长向另一个领域迁移很困难，即使这两个领域有许多共同点？

- 特长背后有什么普遍的认知原理？

- 如果特长的主要原理是共同的，我们如何解释不同的特长领域却调用不同的脑区？

- 练习对老化所导致的智力和身体衰退有积极影响，这一点对我们了解知识对一般认知和神经加工的影响有什么启示？

- 每个人都能成为专家吗？或者在通往特长的漫漫长路上是否存在个体差异，某些人更可能成为专家吗？

- 如果你想成为专家，需要参加什么样的实践活动？有机体如何适应这些实践活动？

5.1 导言

吉姆·布朗（Jim Brown）天生体魄强健。他的移动速度非常快，令人难以置信，力量也非常强大，其杰出的协调能力和快速的反应能力使他成为美国橄榄球联盟（National Football League，NFL）最伟大的球员之一。20 世纪 60 年代中期，年仅

266

30 岁的布朗厌倦了橄榄球比赛，开始思考其他谋生手段。布朗想到了拳击比赛，他那惊人的速度和绝对的力量似乎特别适合这项运动。布朗说服自己的经纪人安排一次与传奇人物拳王阿里（Muhammad Ali）的会面，当时阿里正处在卫冕冠军的鼎盛期，恰好在伦敦，而布朗那时正在伦敦拍摄一部电影（图 5.1）。他们约在海德公园见面，阿里曾经在那里锻炼身体，准备下一场比赛。阿里企图说服布朗放弃拳击手的梦想。但布朗坚持认为，自己的速度和力量即使不比阿里强，至少也与阿里不相上下。如果阿里能打拳击，那么自己也能。接下来是一段"对打期"，阿里让布朗尽可能地用拳击狠揍他。问题是布朗的拳头挥出，阿里却总在原来的位置上消失了。据具有传奇色彩的推广人鲍勃·阿鲁姆（Bob Arum）说，在布朗挥出拳头，而阿里消失的 30 秒左右，阿里就闪电般地完成了他的快速组合拳，立刻打断了布朗的进攻。在那一刻，布朗明显地被制服，他灵光一现，脱口而出："好吧，我明白了"（Mannix，2012）。

图 5.1　特长迁移

吉姆·布朗和拳王阿里曾经有一场实战的争论，探讨技能是否有可能从一个领域迁移到另一个领域。

目前，美国拳坛重量级精英中确实没有多少美国人。普遍的观点是，拳击人才的凋敝是由于有运动天赋的高中和大学运动员并不喜欢拳击，他们往往更偏爱足球，足球是一项很赚钱的运动，没有多少人想让别人挥拳猛击自己的脸来赚钱。也有人认为，只要自己选择练拳击，凭借自己的运动天赋可以轻而易举地击败目前的重量级选手，当然其中大部分是欧洲人。正如阿里和布朗的故事所表明的，特长可远不止身体力量和运动能力。吉姆·布朗在退出美国橄榄球联盟之后成为一名成功的演员，虽然他短暂地耍了一下拳击。许多其他职业运动选手和有成就的运动员都曾经尝试过拳击，但都没有多大的成功。本章我们将看到，为什么在一个特长领域取得优异成绩的实践者根本不可能将他们的技能**迁移**（transfer）到另一个特长领域，不管这两个领域有多么相似。矛盾的是，专家技能不能跨越不同特长领域，但各种特长也存在一个共同的潜在机制。因此，在最后一章，我们将考察普遍存在的特长机制及其神经实现过程，以此结束我们对特长的探讨。为此，我们将详细研究涉及前几章所述不同类型特长的共同主题。然后，我们将看到特长如何给老龄化进程带来积极作用，老龄化是世界人口快速增长的一个重要问题。最后，我们将思考人们如何才能成为专家，以及每个人是否都有望成为专家。

5.2 不同的专家，相同的认知和神经机制

正如前几章所述，特长的形式很多。小威廉姆斯的表现在很多方面与挪威国际象棋世界冠军马格努斯·卡尔森（Magnus Carlsen）的表现恰好相反。在国际象棋长达 6 个小时的比赛中，充沛的体能当然可以锦上添花，但它并不能保证你成为体能方面

的精英，除非你参加过国际象棋协会新成立的跆拳道运动培训。同样，看向前方并盘算对手的移动，即使看到对方的动作变化，也不能让你赢得大型网球比赛。乍看之下，经验丰富的放射科医生、国际象棋特级大师和职业运动员的表现几乎没有什么共同之处，各自都有其独特之处。甚至他们为了支持自己杰出的特长表现而调用的脑区也不相同。然而，我们在前几章中反复提到一个主题。所有专家都无一例外地利用长时记忆来规避其认知和神经方面先天的局限性。放射科医生在记忆里储存了大量正常和异常的放射图像信息，国际象棋特级大师在记忆里保存了千万种典型的国际象棋棋局，运动员也有充足的动作序列以应对每种典型的比赛形势。这些知识反过来又能让专家迅速掌握（看似）新情况的本质，并聚焦于环境的重要方面。记忆将注意指引到正确的地方，从而使专家的感知偏向关键的对象。从某个方面来说，特长是减少信息负荷的有效方式，因为特长面对的环境对认知和神经系统发送的信息太多。专家与新手的认知及大脑机制确实不一样。然而，这一切都是以他们的记忆和记忆内容开始和结束的。

　　大多数人都会同意，马格努斯·卡尔森可能并不是优秀的网球选手，仅仅因为他是了不起的国际象棋选手。同样，很难想象小威廉姆斯能把她高超的网球技术迁移到棋盘上。网球和国际象棋是截然不同的两个领域，几乎没有任何重合的特征。假使我们考察更为相似的领域会，是否有可能观察到特长的迁移？也就是说，一项技能是否可以成功地在多个领域加以应用？羽毛球是一项球拍类运动，和网球有很多相似之处。围棋是一种古老的棋类游戏，在许多方面与国际象棋相似。我们不会认为小威廉姆斯和马格努斯能分别成为最优秀的羽毛球和围棋选手，但通常会认为他们即使达不到跨领域的专家水平，水平也应该相当高。即使我们要做这个实验，我们也很可能对结果感到失望。可以肯定的是，在这些新领域他们的表现并不会特别好。网球和羽毛球是相似的，但看似细微的差别，如球拍的重量和场地的大小，加起来就造成截然不同的比赛情境。网球和壁球选手典型的动作差别很大，其中的原因有球拍和场地的设计方式。这不仅会导致不同的动作，也会造成领域特异性非常鲜明的游戏情境。同样，围棋的棋盘是 19 ×19 的方格，只有一种棋子（黑白两色），而国际象棋的棋盘较小，棋子分类及其作用也不同，这就导致了不同的对弈群集。换句话说，小威廉姆斯和马格努斯记忆中储存的所有动作模式及序列和走法，在羽毛球和围棋中都没有多大用处。记忆与当前的局势之间并不存在匹配，他们的记忆内容对于新领域来说根本不适合。

　　同样的机制也解释了为什么吉姆·布朗在海德公园临时的拳击台上却变得无能为力，即使他的速度和力量都可谓一流。速度和力量在拳击中当然有用，但是，正如我们在第 4 章动作特长中所看到的，一旦你看到拳头挥来或者球在空中，就已经来不及反应了。天生速度再快也无法帮你避开飞来的拳头。赢得比赛的唯一方法是预测出拳位置或者球的来向，并提前准备好做反应。要想成功做出预测，你要储存大量典型的比赛场景和动作。吉姆·布朗储存了很多这样的知识，但都是关于足球的，而不是关于拳击的。

　　如果特长机制是普遍的，那么我们如何解释该机制在不同领域的不同神经实现呢？放射科医生调用下颞叶皮层来快速识别放射影像中的异常，就像国际象棋专家用之以弄清棋局一样。相形之下，前额叶和顶叶广泛的大脑网络支持着体育运动的预期。这两个大脑网络彼此之间的距离并不太遥远。然而，关键要素还是记忆。放射科专家和国际象棋大师利用的记忆内容具有感知性质，因此与其他类似的内容一起存储在下颞叶皮层。与运动有关的记忆包含了动力学信息，储存在不同的脑区。这些脑区恰好靠近实际做动作所必需的脑区，而不靠近像放射医学和国际象棋中存储视觉信息的脑区。

不同领域的专家可能会调用不同的脑区，但在前几章探讨的所有例子中，我们发现专家调用的脑区比新手更多。专家运用的大脑网络往往完全不同于新手。然而，在所有的案例中，神经实现都是基于知识之策略的结果，专家运用的正是这些策略，而新手却非常缺乏。我们已经看到，专家高效的表现涉及许多认知过程，包括将输入与长时记忆中存储的知识进行匹配，以及根据匹配的长时记忆内容将注意投向输入的某些方面，这反过来又使输入感知发生偏转。专家的表现可能看起来毫不费力，但其背后有复杂的认知机制，需要许多脑区的支持。另外，新手缺乏必要的领域特异性知识，不能依赖那些复杂但高效的基于知识的策略。他们的表现可能看起来很笨拙，但这仅仅是因为他们依赖的是粗糙的原始策略，不需要太多的神经储备。

专家的表现不仅得到额外脑区的支持，而且我们经常发现，专家调用的额外脑区与新手完全一样，只是位于对侧的大脑。放射医学（图 1.5 和 2.7）、国际象棋（图 3.14 和 3.15）、将棋（图 3.16）、珠算（图 3.10 和 3.11）、心算（图 3.8）及体育运动中常见的预测（第 4 章）都是如此。专家对侧大脑额外脑区所特有的参与被称为**特长的双脑协作**（double take of expertise）（Biliaić, Kiesel, Pohl, Erb & Grodd, 2011; Guida, Gobet & Nicolas, 2013）。目前还不清楚为什么专家们会调用对侧大脑的额外脑区。一个可行的假设与专家所用策略的复杂性有关。已知大脑需要某些脑区来完成某些任务。这脑区通常是单侧的。当任务难度增加，大脑需要更多的资源时，就会占用更多的区域。这些额外的脑区通常与以前使用的区域相同，但位于对侧的大脑。这就好像大脑需要在两侧分担突然增加的计算负担。专家的策略比新手的要纷繁复杂得多。从这个意义上说，特长的神经扩展和双脑协作就变得更容易理解。

从上述图表可以看出，专家激活的额外脑区通常位于右脑。额外激活的另一种解释与右脑加工的一般性质有关。已知右脑主要加工直观的视空间信息，而左脑则更多地与分析性的言语加工有关。我们探讨的许多特长领域在本质上是视空间的，而有效地把握客体及其关系在本质上必然也是视空间的，这可能确实会引发右脑的激活。未来的研究或许能提供更有决定性的答案，但这一发现强调了一个事实，即高超技能的表现可能与日常表现不一样。当然，专家的认知策略是不同的，因此，大脑处理的方式也不同于新手的策略。

5.3　特长研究的不同取径

毫无疑问，特长研究的重点是专家的表现。其目的是了解什么样的认知加工调节着专家的表现，大脑又是如何适应这些认知策略的。当有代表性的实验室任务能体现特长的核心内容时，才有可能实现此目的。在前面的章节中，我们已经看到了这种**专家表现研究法**（expert performance approach）的例子（Ericsson & Smith，1991）。例如，发现放射学影像中的病灶是放射科医生的工作重点，而研究放射医学特长的实验室任务就是检查放射学影像中的病灶。同样，在国际象棋和将棋中寻找最优解的任务，也是实验室任务最好的示例，因为该任务体现了国际象棋和将棋特长的本质，就像音乐的视奏（sight reading，又译视唱、读谱训练，指看到乐谱就能奏出或唱出的技能）任务能体现音乐技能的一个重要方面一样。珠算专家和记忆专家都能解决计算问题，给他们两个数字进行乘法运算是常用的代表性任务（见第 3 章）。

然而，我们也看到一些例子可用来比较专家和新手的表现，以便阐明更基本的主题，而未必要说明那些与特长有关的主题。这种**特长研究法**（expertise approach）将拥有专业知识的专家与缺乏专业知识的新手进行对比（Bilalić et al.，2010，2012），用来解决模块化争论（Bilalić et al.，2011，2016）、研究对象和模式识别的认知过程及其神经实现（Bilalić et al.，2010，2011）、揭示海马前部和后部的功能（Maguire et al.，2003，2006）以及指纹（Busey & Vanderkolk，2005）和国际象棋（（Boggan，Bartlett & Krawczyk，2012）的整体加工。特长研究法是专家表现研究法的补充，因为特长表现通常涉及许多认知成分，如对象和模式识别，这些认知成分结合在一起，保证专家高效地进行环境定位。它也告诉我们特长对于整个认知神经科学的重要性。其中一个例子是关于老化的研究，我们现在将从特长的角度来考察。

5.3.1　特长、训练及老化

老化对专家和普通人都不太友好。第 4 章我们讲述了 50 岁乔丹的故事，他和自己名下球队的年轻人打了一场篮球后，需要几天的治疗。我们都知道体力会随着年龄的增长而下降，但坏消息是认知能力也会下降！到你 60 岁的时候，你完成任何任务所需的时间很可能是你 20 多岁时的两倍（Mireles & Charness，2002）。同样，你的速度会比你 20 岁时的速度几乎慢 2/3，以对光或声音等刺激的反应时间来衡量，或者以重复敲击键盘来衡量都是如此。其他更复杂的能力，如一般的学习、推理和空间能力，也都会随着年龄的增长而显著衰退（Salthouse，2009）。这些认知变化通常是由于脑结构随着年龄增长而普遍退化造成的。与年轻人相比，老年人大脑中的灰质较少，皮质较薄（Fjell et al.，2009），起着连接作用的白质功能也比年轻人差（Sullivan & Pfefferbaum，2006）。**前额叶皮层**（prefrontal cortex）的情况尤其如此，有人认为这一大片脑区负责与认知控制有关的一系列现象，如工作记忆和计划。

大脑老化的结构变化可能反映在老年人做任务时大脑的激活上。老年人典型的大脑活动模式表现在一侧大脑的激活区域与年轻人相同，但另一侧大脑对称的区域也同样有激活。的确，这与我们看到的专家的大脑类似（见上一节）。在老化的研究中，对双脑协作的解释略有不同。**根据神经支架理论**（neural scaffolding theory），神经激活的支架扩张是老化的大脑对神经能量减弱进行补偿的一种方式（Park & Chun，2009）。只有调用额外的资源，老年人才能取得与年轻人相近的成绩，而年轻人只需要使用老年人所需的一半神经资源。这种解释与我们针对专家所出现的同一现象提出的解释并不矛盾。然而，这两种解释之间是有差异的，它与发生双脑协助的脑区位置有关。老年人通常受影响的脑区是前额叶皮层和顶叶皮层，这部分的大脑负责注意和工作记忆，而注意和工作记忆是我们几乎在所有非常规的任务中都需要的基本加工。另外，专家通常调用颞叶和下颞叶双侧对称的脑区，正如我们在放射医学（图1.5和图2.7）和国际象棋（图3.14和图3.15）中看到的。这些颞叶区域与当前领域特异性任务所需的知识提取相关。换言之，老年人要运用额外的一般加工来取得与年轻人相似的成绩，而专家根据领域特异的知识调用额外的任务特异的加工以展示杰出的表现。问题仍然是，老年专家是否会表现出与老年人一样的双脑协作模式以及神经资源的支架扩张。目前还没有研究能够回答这个问题，这仍然是特长和老化之间相互作用的一个很有趣的探索方向。

关于老化的研究可能把老龄的前景描绘得过于黯淡。毕竟，在重要的岗位上，经验丰富的老年人几乎总是比年轻的同事更受人待见。一些研究甚至表明，工作表现并不会随着年龄的增长而下降。事实上，在一些职业中业绩甚至还会随年龄增加而提高（Sturman，2003）！你可能会说，这些是智力活动，它们可能不会像身体属性那样急剧下降。但即使是在体能要求最苛刻的体育活动中，比如拳击，我们也能发现年龄较大的运动员能成功地与子女辈年龄的运动员相抗衡。例如，著名的拳击运动员伯纳德·霍普金斯（Bernard Hopkins）年近 50 岁还能成为世界轻重量级拳王。他不可能比平时训练的那些孩子更快速、更强壮。因此，主要的观点是，通过实践和经验积累的职业知识可以抵消与老龄有关的一般智力和体能衰退带来的不良影响。在这里，我们将思考一些研究，这些研究表明，如果接受适当的训练，老化的大脑也可以具有足够的适应能力（Vaci，Gula & Bilalić，2015）。

5.3.2　与特长及老化有关的功能变化

第 3 章我们讨论了一种扩大记忆容量的方法，即轨迹法（method of loci），又称为记忆术（mnemotechnics）。该方法具体指将出现的新信息与记忆中已经存储的内容（通常是沿着某条路线的一系列位置）连接起来。几个世纪以来，优异的记忆高手一直在使用这种方法，但我们已经看到，只要经过几次训练，人们就能掌握这种方法，提高自己的记忆成绩。大脑也会相应地对训练做出反应，调用实施该方法额外所需的脑区：下顶叶（IPL）、海马、压后皮层（RSC）和背外侧前额叶皮层（DLPFC）。有项研究（Nyberg et al.，2003）比较重要，因为其研究对象在测试时已经 70 岁了。其中一些老年人的进步与年轻人相当。毋庸赘言，他们在运用轨迹法时，也调用了 IPL 和 RSC。

研究人员（Hampstead，Stringer，Stilla，Giddens & Sathian，2012）进一步研究了记忆术训练能否帮助**轻度认知障碍**（mild cognitive impairment，MCI）患者。这类患者对新信息的编码效率很低。这些问题与内侧颞叶有关，内侧颞叶还包括另一个脑组织海马，海马对于记忆的形成很重要。与健康的参与者相比，MCI 患者在编码和提取信息时较少调用海马。研究者给 MCI 患者进行了轨迹法训练，并记录下其记忆明显的改善。记忆变好与海马激活的增强有着直接的关联，因为研究者还加入了另一组 MCI 患者作为控制组，他们暴露在同样的刺激下，但没有接受轨迹法的训练。MCI 患者的控制组与后来经历记忆术训练的 MCI 患者实验组的海马都出现相似的激活减小现象（与年龄匹配的健康控制组相比）。不过，未受训练的那组人记忆表现并没有改善，海马的激活也没有出现任何增强的迹象。仅仅暴露在刺激下并不足以恢复海马的激活，从而增强记忆。然而，记忆术训练能够做到这一点。

这项研究证明了记忆术对于老年人的效用。老年人一般会经历认知功能的衰退，功能衰退是结构退化的结果。记忆术训练（一种专注的练习）能阻止大脑结构的衰退吗？研究人员（Vale-nzuela et al.，2003）采用轨迹法对健康的老年人进行了为期 5 周的训练，训练前后都进行了测试。和所有其他研究一样，训练后老年人的记忆表现有了很大的改善。研究人员发现，当参与者运用轨迹法时，海马的代谢发生了变化。**肌酸**（creatine）和**胆碱**（choline）浓度都提升了，这两种物质对细胞的供能都很重要。这些生化指标反映了轨迹法训练导致神经元的变化。这些变化仅在内侧颞叶和海马区观察到。

5.3.3　与特长及老化有关的结构变化

这些研究对于考察老化的影响很重要，因为它们证明了老年人有可能克服诸如记忆等基本认知过程的衰退。在这里，我们还将看到同样的训练甚至能改善老化大脑的结构特性。

最近一项研究（Engvig et al. , 2010）测量了 60 岁老人练习轨迹法 8 周后的皮层厚度。与以前的研究一样，经过短暂的训练后，参与者的表现明显改善。研究者将使用轨迹法训练的一组和未接受训练的控制组进行比较，精确地找出了导致这种改善的皮层区域。训练后，许多脑区皮质的厚度都有所增加，但只有**眶额皮层**（OFC）和右脑**梭状回**（FG）可能与记忆的改善有着直接的关联。训练后记忆力变好的参与者的 OFC 和 rFG 的厚度也增加了。你们可能还记得，这些脑区与吠陀祭司在经历记忆海量赞美诗的艰苦训练后发现的脑区非常接近（参见第 3 章图 3.5）。

第 2 章我们也探讨了与知觉特长有关的结构性变化。就特长对大脑老化的影响而言，有项研究（Delon - Martin, Plailly, Fonlupt, Veyrac & Royet, 2013）特别重要。研究者招募了经验丰富的香水师，他们有几十年的从业经验，也征集了没有嗅觉经验的年长参与者作为控制组。他们发现，控制组老年参与者 OFC 的灰质随着年龄增长而减少，如图 5.2 所示。在**梨状皮层**（piriform cortex，初级嗅觉中枢）也发现了灰质衰减的同样模式——年龄越大，梨状皮层的灰质就越少。相形之下，香水师出现相反的结果模式——年龄越大，梨状皮层和 OFC 的灰质就越多。这个结果相当令人惊讶，因为老龄通常与整个大脑灰质的减少有关。然而，年长的香水师也比学生有着多得多的气味经验。这可以解释随着年龄的增长嗅觉区变得更大这一矛盾的研究结果。训练和经验不仅能阻止与年龄有关的嗅觉皮质的退化，在某些情况下，它们甚至能增加相关脑区的体积。

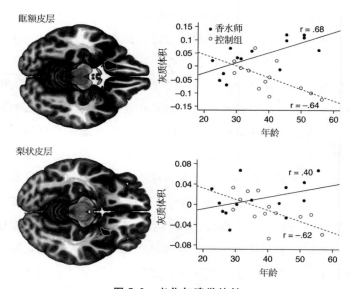

图 5.2　老化与嗅觉特长

香水师的眶额皮层（上图）和梨状皮层（下图）的灰质体积比匹配的控制组更大。香水师通过训练和经验增加了这些脑区的灰质，而控制组的参与者由于没有接受训练而随着年龄增长流失了大脑物质。（**Adapted with permission from Delon – Martin et al. , 2013**）。

5.4　特长之路

老化的研究有力地证明了领域特异性知识广泛性的影响。知识不仅是驱动特长的引擎，因为它通过模式识别使得对事物关键方面的注意成为可能，而且还能减缓老化进程。你很可能认为，从本质上讲，只要习得充足的领域相关知识就能成为专家。实际上，这一前提意味着，对于任何具有健全智力和运动能力的人来说，特长都是可能拥有的。你可能会问，人与人之间明显的差异是什么？即使知识对特长至关重要，人们仍然需要不断学习来获取知识。认知（和运动）能力更好的人不应该比那些天赋较差的人更容易习得必要的知识吗？特长研究确实考虑过这些问题，方法是聚焦于接受训练的人。前面几节我们重点讨论了专家的杰出表现。在这里，我们将集中讨论音乐演奏者，以及特长研究中最具争议性的一个话题——**个体差异**（individual differences），这重新激起了关于**天性与教养**（nature versus nurture）持久不衰的辩论。天性论的观点断言，先天因素（如更强的一般感知和记忆能力）决定了特长的个体差异，也就是说，哪些人将登上所选领域的顶峰。相反的教养论观点则认为，一些后天的外部因素（如练习的数量和质量）决定了哪些人将成为专家，以及他们特长的发展水平。

当人们试图解释专家的表现时，很容易理解他们为什么会援引非凡的、有时甚至是神话般的力量。最优秀的网球和国际象棋选手或者任何其他方面的专家，他们的表现看起来根本不可能做到。他们似乎拥有惊人的身体或智力，像我们这样的普通人天生就不具备。这类民间传说的一个生动例子是第 4 章介绍的泰德·

威廉斯的故事：泰德明显能看清即将飞来的棒球上的缝合线。然而，人们不必深入超级英雄漫画的领域，以给出合乎逻辑的解释。简单的身体优势就足够了。例如，2014 年美国职业篮球协会总决赛最有价值球员和 2015 年最佳防守球员——圣安东尼奥马刺队的科怀·伦纳德（Kawhi Leonard），其臂长比一般球员多出好几厘米（Haberstroh，2016）。科怀称自己的手掌为"爪子"，单手能将整个篮球托起，这并不奇怪，因为他的手比那些身高 2 米多的球员的手还要大。这样的身体条件当然不会有坏处！

然而，如果我们把专家带出他们特定领域的"舒适区"，专家的优势几乎荡然无存（Vicente & Wang，1998），即使我们研究使用的材料选自其特长领域，正如著名的国际象棋实验中让专家回忆随机摆放的棋局一样（参见第 3 章第 3.5.3 小节）。优秀运动员对简单刺激（如听觉或视觉信号）的反应时间并不比普通运动员快，似乎也不比不怎么运动的普通人快（Whiting，1969）。成年的国际象棋专家与稍逊的棋手相比，似乎也没有任何智力上的优势（Bilalić & McLeod，2006；Bilalić，McLeod & Gobet，2007）。技能高超的放射科医生如果要在普通（非放射科）的图像中寻找某个目标，他们并不比技能一般的医学生强（Nodine & Krupinski，1998）。专家较新手唯一有明显优势的地方是他们的专业领域。专业领域的差异如此之大，以至于专家与新手在一般能力中的任何潜在差异都显得相形见绌。专家掌握的知识和策略胜过非专家可能拥有的任何与生俱来的优势。然而，这些专家只是在努力通往特长的道路上成功的少数人，而更多的人则迷失在这条道路上。你可能会问：个体在基本能力上的差异，如感知、智力或运动能力，无论多么微小，难道不是从一开始就对基本知识的习得至关重要吗？最初的优势会像滚雪球一样带来巨大差异吗，一边是那些继续学习并成为专家的人，另一边是在追求特长的道路上中途掉队的人？遗憾的是，只有少数研究考虑过这个问题。专栏 5.1 就是这样一项研究。

专栏5.1　技能习得中的练习和智力

特长和个体差异研究的方法论方面有一个问题，那就是，现有专家代表了极具选择性的群体。这意味着，由于选择的结果，专家之间的个体特征可能相差不大。因此，这些差异与特长水平之间的关系可能太弱，特长的范围也受到限制（Vaci，Gula & Bilalić，2014）。这并不意味着个体差异与特长之间没有关系，因为其他特长水平较差的从业者可能在许多特征上与专家存在很大的差异。一个相关的、甚至更大的问题是，许多人投入了某项活动，然后由于各种原因中途放弃。停止活动的原因之一是，他们一开始就不特别擅长这项活动。如果的确如此，那么专家之间没有个体差异就不足为奇了，因为在掌握特长之前选择就已经发生了。

在国际象棋中观察到一种有说服力的模式，国际象棋这一特长领域经常被用作智力活动原型的示例。一般来说，并没有多少证据表明，棋手的智力和技能水平之间存在关联。然而，对那些刚开始学习特长的儿童进行检查时，发现智力通常对特长有益（综述参见 Campitelli，Gobet & Bilalić，2014）。因此，在成年棋手中，智力和技能之间缺少关联似乎是早期选择的结果。许多孩子停止下棋可能是因为他们智力跟不上，然而也有很多其他原因，比如动机不足，这可能导致他们不够努力，投入下棋的时间也更少。遗憾的是，以前几乎没有任何研究测量过儿童与象棋有关的活动。我与牛津大学的彼得·麦克劳德（Peter McLeod）和当时在布鲁内尔大学（Brunel University）的弗尔南多·戈比特（Fernand Gobet）一起，对刚开始学下棋的儿童进行了一项研究（McLeod，Gobet & Bilalić，2007）。除了测量他们的智力外，我们还测量了他们在国际象棋上投入的时间。如果我们只看智力和技能水平之间的关系，专栏5.1的附图展示了非常清楚的结果：儿童智力越高，国际象棋下得就越好。问题是，这种关系只有当我们考察所有的孩子时才成立。如果我们只看精英群体，他们的水平令人羡慕，这种模式的结果实际上倒过来了。精英群体中最优秀的儿童棋手，其智力实际上低于象棋水平更差的儿童！这是一个相当奇怪的结果，如果我们没有测量儿童的活动，这仍然是一个谜。事实证明，最优秀的棋手可能并不是同龄人中最聪明的，但他们是最坚持不懈的，因为他们在国际象棋上投入的时间比其他更聪明的孩子多得多。

这项研究表明，要厘清环境因素（如练习）和先天因素（如智能）对特长的影响是多么困难。这两个因素都在起作用，只看重一个因素可能会导致错误。参与研究的儿童都因智力而获益，但练习带来的益处更多。可以想象，在刚开始学棋的时候，智力起着更大的作用。如果下棋投入的时间一样多，智力越高的儿童获益越多。随着时间的推移，儿童投入下棋的时间更可能发生差异。一些儿童更多地参加与特长领域有关的活动，而另一些儿童则较少参加，这导致练习时间上出现更突出的差异。换句话说，练习变得比智力更能预测技能水平。有人可能会反驳说，虽然精英组的国际象棋特长和智力之间的关系是负面的，但精英组的所有儿童都非常聪明。

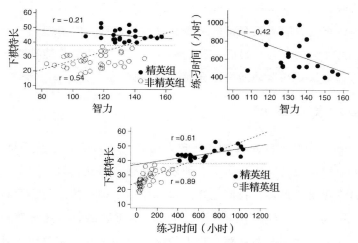

专栏附图　智力及练习与特长之间的相互作用

智力通常对儿童的国际象棋特长有益（左图）。如果我们查看学习国际象棋儿童的精英组（左图的黑圈），我们会发现智力与国际象棋特长呈负相关。如果考察精英组投入下棋的时间，就能解开这个谜了（右图）：儿童越聪明，他们练习下棋的时间就越少。这一模式的结果在练习阶段并没有出现（下图），练习阶段投入下棋的时间与精英组和非精英组的国际象棋特长都呈正相关。（Adapted with permission from Bilalić et al. , 2007）。

5.5　神经科学中的天性与教养

专栏 5.1 表明，即使在行为研究中也很难厘清一般能力和练习的影响。本节将介绍类似的研究，不过试图用神经成像的方法来解决这一问题。首先，我们将看看额外利用枕颞皮层能否让盲人的触觉识别变得更好，或者这仅仅是由于练习所致。其次，我们将检查伦敦的出租车司机是否经过预先选择，因为他们一开始就有格外大的海马。最后，我们将考察音乐训练是否能独立于起初的基本认知和运动能力差异而改变大脑。

5.5.1　触觉能力

第 2 章提及盲人在触觉感知方面优于正常人，这并不奇怪，因为他们比视力完好的人更多地依赖触碰。因此，盲人对触觉能力的练习要多得多。我们也知道盲人在加工触觉信息时还会调用"视觉"皮层（参见第 2 章图 2.11）。更重要的是，这种跨感觉通道的调用似乎至关重要。盲人的触觉感知更好，正是因为他们可以利用视力完好的人本可以运用的大脑资源。那么，问题来了，什么因素让盲人的触觉任务成绩更好——是触觉刺激的经验缓慢地发展出通往视觉皮层的通路，还是一开始视觉皮层就能为触觉加工所用？如果这看起来像一个先有鸡还是先有蛋的问题，那么它确实是一个问题，因为它又是一个天性与教养的问题。**视觉剥夺假说**（visual deprivation hypothesis）假定盲人的触觉优势来自对视觉皮层的利用，改变其用途以加工触觉刺激，这一假说在对先天失明和后天失明的人的研究中得到了支持。通常，先天失明和早年失明的人表现出更敏锐的触觉（Sathian & Stilla,

2010）。而**触觉经验假说**（tactile experience hypothesis）的支持者则认为，频繁地运用触觉才是盲人拥有触觉优势的原因。他们指出，早期失明会导致盲人花更多的时间练习触觉。

最近的一项研究（Wong et al.，2011）巧妙地厘清了这些看似纠缠不清的假设。研究者使用了一个典型的触觉任务，要求参与者只依据触碰指出不同的隔栏是水平的还是垂直的。正如你所预料的那样，当盲人参与者使用食指（也是他们阅读盲文的手指）触摸时，他们的成绩要好于视力完好的控制组参与者。更令人惊讶的发现是，参与者使用盲文的经验和熟练度是预测空间敏锐度得分的有力指标，而失明开始的时间并不是好的预测指标。如果要求盲人参与者使用"不读"盲文的手指（即阅读盲文的食指外的手指）做任务，这种结果就消失了。这些研究结果支持了触觉经验假说，但最有力的证据来自对控制任务的明智选择。研究者不仅考察了盲人和正常参与者手指的触觉识别，还考察了他们嘴唇的触觉识别！与手指不同，使用嘴唇时盲人不应该比视力正常的人拥有经验上的优势。因此，如果触觉经验假说是正确的，我们可以预期盲人和正常人利用嘴唇辨别隔栏方向时不会有任何差异。研究者的确发现这样的结果——盲人的触觉优势只表现在他们获取触觉信息所频繁使用的身体部位。

上述研究有力地证明，视觉刺激缺乏本身并不足以导致触觉技能优势的发展。如果嘴唇在日常生活中并没有得到频繁地使用，也就不能成为传递触觉信息的有效媒介。上述研究的逻辑延伸是训练盲人和视力正常的参与者利用一种未练习过的媒介（如嘴唇）来习得触觉技能。如果盲人触觉加工对视觉皮层的利用很重要，他们应该比视力正常的参与者更快地习得触觉技能。这正是以色列大学阿里尔大学（Ariel University）的研究者们（Chebat et al.，2007）所做的。他们主要研究舌头，而不是嘴唇，舌头是触觉信息的另一种媒介，盲人和正常人对舌头的使用应该一样。他们使用一种测量舌头触觉敏锐度的特殊仪器，结果发现，起初两组参与者之间确实没有差异。随着任务练习的进展，他们的表现也都有所改善。然而，两组之间仍然没有差异。同样的结果模式一直保持不变，直到训练研究结束。这项研究似乎表明，两组人习得触觉技能的速度是一样的。然而，当作者查看触觉技能的分布时，如图5.3所示，他们发现盲人和正常人之间存在明显的差异。视力正常的参与者表现出正常的高斯分布，大多数人处在中等技能的人群中，只有少数人技能特高或特低。相比之下，盲人参与者在所有技能水平上的分布是均等的。换句话说，在加强的触觉训练结束时，大多数技能最熟练的参与者都是盲人。

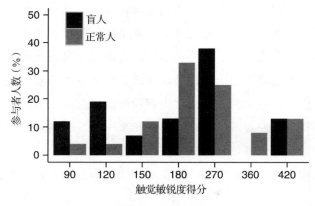

图5.3 触觉训练

盲人组和视力正常组的参与者接受了舌头触觉训练任务。在整个训练过程中，虽然两组人的平均成绩并没有差异，但是他们表现的分布却不同。表现最好的参与者中盲人比视力正常的人更多（触觉敏锐度得分越小，表现越好）。（Adapted with permission from Chebat et al.，2007）。

就像通常的"天性与教养"的研究一样，我们发现两种观点都有支持的证据。就触觉感知而言，缺乏视觉刺激和获得触觉经验似乎都能导致触觉技能优势。重要的是要记住，这两种观点都是基于相同的神经机制，尽管在触觉技能的起源上存在所谓的差异。通过大量的触觉练习，大脑中一块大的不用（或不再用）的脑区被调用。这种练习会导致通往看似闲置的大脑视觉区的路径重新被激活，但这部分脑区的可用性使重新激活变得更容易。

5.5.2　空间导航——出租车驾驶

考虑到出租车司机和公交车司机海马后部的差异（第 3 章），我们很容易得出这样的结论：这片脑区存储着空间知识，并用于空间导航。然而，伦敦出租车司机在参加资格考试前，海马后部可能已经就增大了；大自然一开始就赋予我们一种奇才，可能使现在的出租车司机掌握了驾驶出租车所必需的知识。正如我们在本书中多次看到的，如果不进行纵向研究，就无法排除这种可能性。幸运的是，这正是麦圭尔和她的同事伍利特（Maguire & Woollett，2011）所做的。每年都有许多人报名参加伦敦出租车司机培训的官方项目，他们利用了这一点，将这些人与一组没有参加培训项目但年龄、性别、智力和教育水平相当的人进行了对比。开始时的大脑扫描并没有显示两组之间有任何差异。3～4年之后，马圭尔再次扫描了两组人的大脑。在参加出租车培训的 79 人中，有 39 人通过了考试并获得了驾照，成为伦敦市出租车司机。与开始培训前的第一次扫描相比，他们的海马后部显示出典型的增大模式。相比之下，未参加培训的控制组海马体积没有变化。现在最有趣的问题与那些开始接受培训、但中途退出或考试未通过的人有关。他们的海马后部比最终成为出租车司机的那组人小吗？事实证明他们的海马并没有变小；一开始两组受训者的海马是一样大的。最后，中途退出的人海马后部体积没有变化。真正的差异是受训者花在记忆伦敦地图上的时间。通过考试并取得出租车司机驾照的学员每周练习 35 个小时。那些退出（或考试没有通过）的学生每周只花 17 个小时备考。海马结构的变化是大量练习空间材料的直接结果。

5.5.3 音乐才能

与许多其他领域不同，音乐除了改变大脑的功能外，还会改变大脑的结构。我们在第 4 章已经看到，音乐演奏家在负责他们双手和手指的运动皮层上有更为突出的大脑结构（见第 4 章的图 4.4 和图 4.5）。这些结果是通过运用特长研究法比较专家与新手而得到的。尽管大量证据表明，经验是大脑适应的主要原因，但这些研究并不能排除某些先天因素可能有助于动作特长。如前所述，先天因素当然包括这样一种可能性，即某些人在开始进行动作训练时其大脑运动区已经比一般人更大。事实上，我们甚至可以说，正是因为他们的运动皮层更大，他们才能更早地习得动作特长。先发优势不仅能让你有更多的练习机会，而且它本身就是先天因素作用的结果。检验这种可能性的唯一方法是从人们开始学习动作特长之始就开始追踪。幸运的是，音乐是开展这类研究的为数不多的特长领域。

理想情况下，要研究这个问题，我们应该将儿童参与者随机分为两组：接受音乐训练组和不接受音乐训练组。这在老鼠身上可能行得通，但对于儿童，研究人员将不得不寻找其他途径。例如，施劳格及其同事考察了一群 5 岁到 7 岁的孩子，他们刚刚开始音乐训练（Schlaug et al. , 2005）。控制组是社会经济背景相同的同龄人。结果发现，这两组人在认知、音乐和运动能力方面并不存在差异。更为重要的是，他们的大脑也没有什么不同。海德（Hyde，2009）也报告了类似的发现，他追踪了 6 岁儿童为期 15 个月的音乐训练。我们曾看到，经验丰富的音乐演奏者胼胝体的前部和中部明显增大（参见第 4 章），而在儿童接受音乐训练期间这些脑区一样发生了变化。同样，中央前回随着音乐训练的进行而变得更大，就像技能高超的音乐演奏者一样（参见第 4 章的图 4.4）。

弓状束（arcuate fasciculus，AF）是连接颞叶、顶叶和额叶的重要神经束。据说对于声音到行动的映射非常重要。在另一项研究（Wan & Schlaug，2010）中，无论儿童是否练习过音乐，最初 AF 的生长都很类似。经过一年左右的练习后，弹奏乐器的儿童 AF 纤维束厚度出现明显增加。与非音乐家相比，大脑白质神经束的这种增大不仅表现在成年音乐演奏者身上（与不演奏音乐的成年人相比），而且在特长不同的经验水平之间也存在差异（Halwani，Loui，Rüber & Schlaug，2011）。

音乐特长的研究为大脑适应环境的需求提供了有力的证据。然而，有人可能会说，即使是纵向研究也不能提供明确的答案，因为不可能将儿童随机分为音乐训练组或无音乐训练组。如果没有随机化，我们就不能说两组在所有先天因素上都是同等的，即使其中一些因素进行了匹配。我们仍可能漏掉某个重要的特质，或许这个特质就是音乐学习变快的原因。

当我们考虑恩格尔及其同事（Engel et al.，2014）最近的一项研究时，这一假设得到了证实。他们让 18 名成年人学习演奏三段短暂的钢琴旋律。通常情况下，会有个体差异。平均来看，参与者花了一个小时来学习旋律，但有些人学习的速度相当快，只花了 17 分钟，而另一些人则需要 2 小时。如果恩格尔等人没有把学习的速度和预先存在的结构差异联系起来，这也并不奇怪。他们发现，右脑的 AF（也就是我们视之为音乐特长来源的神经束）在那些学习钢琴旋律更快的人身上已经更加明显。换句话说，AF 越是髓鞘化，人们学会弹钢琴就越容易。AF 的特征未必会因为音乐训练而改变。它们也可能决定着谁将在音乐特长习得方面取得成功。

教养论的支持者会指出这项研究中存在的问题，这些问题在证明训练影响大脑可塑性的研究中也经常被提出。恩格尔研究的参与者都是成年人，因此可能有着相关的音乐经验，即便不是直接弹钢琴，这可能导致 AF 神经束突出程度不同。因此，AF 的差异可能与学习新技能有关，因为 AF 的差异本身一开始就是学习的产物！就像先前的"教养"研究一样，很难解决这些方法学上的"先有鸡还是先有蛋"的争论。

5.6　刻意练习

本书的主题之一是知识习得对于特长发展的至关重要性，但你可能会认为这并非事物的全部，这是情有可原的。毕竟，仅仅暴露在特长领域就有益，但暴露本身肯定不足以促进特长发展。你可能见过很多人在某项活动上投入了大量的时间，即使有进步，但进步也不大。你自己可能就是这样的人，你可能也亲身经历过提高成绩和学习新技巧有多么困难。熟能生巧，但问题是该如何进行练习？佛罗里达州立大学的安德斯·埃里克森（Anders Ericsson）建议，我们应该区分侧重于改进表现的某个特定方面的练习和其他领域有关的活动（Ericsson，2008；Ericsson，

Krampe & Tesch –Roemer，1993），我们在第 3 章认知特长中介绍过埃里克森的研究。你与朋友打网球可能只是为了休闲娱乐，可能看不到球技有很大的进步。但如果你专注于自己表现的某个方面，比如接发球，然后在知识渊博的教练监督下反复练习，教练会给你适当的反馈，那么你很快就会看到进步。这种练习被称为**刻意练习**（deliberate practice），很难在普通的娱乐性比赛中实施，即使你在和朋友争论的时候真的有这样的想法！在非正式的比赛中，完全没有足够的机会对某一方面的动作进行专项练习，当事人也得不到正确的反馈来纠正他们的行为。同样地，正式的竞赛也根本不是尝试新技术的最佳时机，因为你有失败的风险。刻意练习既不好玩，也没有内在的快乐。刻意练习是一项艰苦的重复性工作，需要全神贯注，但能让最执着的人登上其事业的顶峰。

例如，世界级的小提琴家和钢琴家在自己所选乐器上花的时间并不比那些稍逊的演奏专家（未能达到同样高的艺术水平）更多。然而，他们进行刻意练习的时间确实多得多，如图 5.4 所示。到 20 岁时，他们刻意练习的时间已经超过 1 万个小时了，明显超过了成就稍逊的同行，后者花了大约 8000 个小时。那些有能力成为音乐教师的演奏者只花了精英音乐家一半的时间——5000 个小时（Ericsson et al.，1993）。

很明显，刻意练习的量可以区分成就的高低。一个更严格的检测是看刻意练习能否预测经过严格挑选的一组专家的表现。这说起来容易做起来难，因为在许多特长领域，并没有可靠的指标来衡量专家有多优秀。在那些有客观和可量化测量指标的特长领域，比如国际象棋，刻意练习可以解释专家之间高达 40% 的差异（Charness，Tuffiash，Krampe，Reingold & Vasyukova，2005；

冰球和摔跤类似的研究结果参见 Ward，Hodges，Williams & Starkes，2004）。

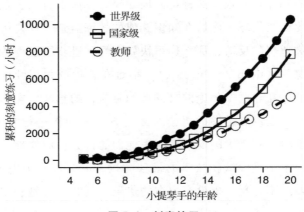

图5.4　刻意练习

最优秀的小提琴手，有望成为具有国际威望的艺术家（世界级）。他们比稍逊的同行，即有望成为国内艺术家（国家级）的小提琴手，或者选择教学职业的小提琴手（教师）积累的刻意训练时间多得多。（Adapted with permission from Ericsson et al.，1993）。

　　刻意练习理论对特长研究产生了巨大的影响，同时也波及大众媒体和文化领域。科普作家马尔科姆·格拉德威尔（Malcom Gladwell）的畅销书《异类》（*Outliers*）很大程度上就是基于安德斯·埃里克森的思想，尤其是刻意练习理论的理论假设和实践结果（Gladwell，2008）。格拉德威尔在这本书宣扬这样一种观点，即个体需要10 000个小时的（刻意）练习才能成为专家，正如埃里克森等人在小提琴家和钢琴家的原始研究（Ericsson et al.，1993）中所认为的那样，当然还有其他研究支持这一观点。**一万小时法则**（10000 - hour rule）一时成为公众意识的支柱，甚至连西雅图颇受欢迎的说唱歌手麦克默（Macklemore）也为这条法则写了一首歌，后来被"胡椒博士"（Dr Pepper）的一条广告用作广告词。一万小时法则实际上从未进行过特长研究和刻意练习的检验。相反，从 1970 年代的威廉·蔡斯（William Chase）和赫伯特·西蒙（Herbert Simon）开始，研究人员就更多地提到**十年法则**（10-year rule），即要掌握一项技能需要在某个领域内潜心钻研 10 年。这个估计实际上来自于模拟研究，模拟研究估计了专家存储在其记忆中的领域特异的模式数量。然后只需要另一个步骤，即估计个体习得单个模式能有多快，从而计算习得大约 100 000 个模式所需的时间，这是专家所记忆的知识构件的保守估计。同样，假设你每天只能坚持为刻意练习付出 4 个小时的努力，那么你需要大约 10 年的时间来积累 1 万个小时。如果你特别有热情，在周末还能努力进行刻意练习，积累必需的刻意练习时间实际上可能会更短一点。

在格拉德威尔的《异类》出版后不久，其他类似的科普书籍层出不穷，如《人才密码》（Coyle，2010）或《高估的人才》（Colvin，2008），它们都宣扬这样一种观念，即特长来自练习和热情，除此之外别无其他。与任何理论一样，刻意练习理论也存在一些缺陷。例如，最近对刻意练习研究的回顾表明，它的重要性在许多领域可能被高估了（（Hambrick et al.，2014；Macnamara，Hambrick & Oswald，2014）。还有一些领域，比如科学探索，很难确定什么算是刻意练习（例如 Abernethy，Farrow & Berry，2003）。其他活动，如参加比赛，甚至可能比刻意练习更重要（Gobet & Campitelli，2007））。许多其他因素，包括个性、动机和遗传倾向也可能起着一定的作用（综述参见 Hambrick，Macnamara，Campitelli，Ullén & Mosing，2016）。毋庸赘言，大众对这一理论的质疑并未一直失声，关于天赋作用的书籍自格拉德威尔的《异类》之后不断出现，如爱普斯坦的《体育基因》（Epstein，2013）。

尽管如此，几乎没有人会反对这一基本观点，即不同的活动对特长的发展有不同的影响。这种基于努力的练习利用了一些认知理论，这些理论认为记忆痕迹依赖于努力（可以参看一篇文章《加工理论的层次》；Craik & Lockhart，1972）。更多的努力应该导致更深层次的加工，以及事后提取记忆痕迹更多的线索。当然，更多的努力理应带来更大的进步，难道不是这样吗？

然而，该理论还假设，刻意练习不仅是特长的必要条件，而且是充分条件：换句话说，不管你天赋怎样（或者说没有天赋），只有你付出必需的努力，刻苦工作，你就能成为世界级的演奏家。然而，真正的差异似乎是你做刻意练习的数量。因此，最优秀的演奏家往往在很小的时候就开始练习，这一点就不足为奇了。他们的父母"注意到"了他们最初的天赋，随后为他们寻找教练和训练设施（Bloom，1985）。最后，埃里克森认为，没有必要用天赋或类似的假设来解释这些孩子为什么会走上特长之路。父母对子女天赋的"感知"是子女教育和培训巨大投入背后的驱动力。接下来的事情交给刻意练习了，在这个意义上，可以说刻意练习是决定进步速度和顶点的唯一因素（Ericsson & Charness，1994）。

刻意练习在特长研究法里可谓根深蒂固。特长依赖于知识，而获取知识最好的方式莫过于进行刻意练习活动。最初的差距（如果有的话）会被知识和刻意练习抹平。这种**环境万能论**（environmentalist perspective）的观点应该会遭到智力、天赋和一般能力研究者的强烈反对。在他们看来，在特长发展的过程中，根本不可能排除个体差异的影响，如最初的运动灵活性或智力。

实际上，练习可能会让你走得很远很远，但成就的极限是由你的先天素质决定的。再多的练习，无论有意或无意，都不能改变它。这种**天赋观**（talent perspective）有不同的版本，但其中一个主要版本认为遗传的生物学因素决定了成就的上限。根据这一**生物极限理论**（theory of biological limits），我们的基因（或者更准确地说，数百个基因的复杂组合）决定了我们能否成为自己所选领域的专家甚或世界级的演奏家。我们需要练习，大量的练习，才能达到这些极限，但无论再多的练习，或任何其他的外部因素，都无法帮助我们超越生物学上预先决定的上限。以身高为例。我们知道，自 20 世纪初以来，人类的平均身高一直在稳步上升。有史以来人类从未比现在更高。同样清楚的是，我们作为一个物种在如此短的时间内并没有进化，营养和卫生保健从来没有像现在这样好，对人的生长发育带来有巨大的影响。尽管如此，即使你得到了最好的照料和食物，如果你生来就没有适合的基因组合，你也不会长高到足以进入国家篮球队。同样，体育运动记录也一直在被打破，即使是那些似乎永远不会被打破的纪录（Ericsson & Lehmann，1996）。然而，认为人类能在 5 秒内跑完 100 米或跳过 15 米都是妄想。极限是由我们的基因构造决定的，这些限制因人而异也是有道理的。

这种生物极限理论很难证明，也很难反驳。确定单个基因的功能就已经够困难的了，更不用说确定由几百个或几千个基因组成的基因组的功能，它们最可能卷入了专家的表现。人类的极限当然是存在的；没有人能跳得像袋鼠一样高或者突然像猎豹一样跑得那么快。然而，如果我们真的不知道人类的极限应该是什么和在哪里，那么盲目相信内源性的限制似乎有点令人丧气。这个话题非常受欢迎，但也充满争议，从天赋与练习观点的支持者之间激烈的讨论中可以明显看出。本章末尾的推荐阅读材料提供了对这场辩论当前状态的一些见解。

让我们思考片刻，为什么如此极端的观点会引起如此多的公众关注，以至于有关它们的讨论都可以写成畅销书。为什么不简单地得出结论，指出这两个因素都很重要，并试着理解它们之间的相互作用，从而让人们在通往卓越的道路上坚持到底呢？毕竟，我们都是天性（生物学上与生俱来的因素）和教养（我们的经验）的产物。然而，社会压力很少给恰当地评估这两个因素留下空间。我们将根据自己的偏好，在一般能力或付出努力的动机和意愿的基础之上做出选择。突然之间，谁有机会接受教育或者从事某项工作，甚或谁有资格使用某个爱好所需的设施，都取决于我们对天性与教养重要性的看法。特长和（刻意）练习的影响出乎意料地成为我们生活的指导原则（Howe，Davidson & Sloboda，1998）。

5.7 结论

我们对特长背后的神经科学的考察已经接近尾声了。到目前为止，你会认识到特长并没有什么捷径，无论你多么聪明、敏捷、有力，要想有专家般的杰出表现都必须投入时间练习。幸运的是，人类的大脑有着神奇的神经机制，如果有足够的时间和正确的练习，完全能适应环境的任何限制。我们已经看到，适应性与环境约束直接有关，环境约束反过来又迫使人们想出新的策略来规避其认知和神经能力的限制。如果我们想要理解为什么某些脑区支持着特长，就必须探寻特长任务是如何完成的。这就是为什么特长的认知科学及其神经科学密不可分的原因。如果不了解专家卓越表现背后的认知机制，就很难探讨特长的神经科学。

我们还看到，特长研究法以及一般特长的研究如何能够为具有普遍意义的主题提供认知和神经方面的深刻见解。这就是为什么我坚信，特长研究不仅能让我们洞察人类大脑最佳的功能，而且能帮助我们理解人类大脑通常的功能。特长是人类大脑成就的顶峰。对于大脑来说，没有什么比支持专家的杰出表现更复杂的事情了。显然，特长的规律和原理必须推广到日常生活中不那么复杂的其他活动中，反之亦然。整本书我一直试图从基本的认知过程（如感知、注意和记忆）来解释专家的表现。我们已经看到，专家几乎没有杰出的认知能力，而是领域特异性的知识使他们能尽量减少环境的复杂性，以致基本的认知加工之间的相互作用能带来卓越的表现。如果没有大脑惊人的适应性，专家的认知灵活性是不可能实现的。不管任务是什么，不管加工和综合需要多少信息，我敢打赌大脑总能找到适应必要的计算加工的方法。我希望在整本书中，大家都能清楚地明白一个观点：不了解特长背后的认知过程，就不可能看清楚专家的大脑。

理解特长不只是一种求知目标，可以满足我们探索生命伟大奥秘的好奇心。特长还深深扎根于日常生活中，具有很强的实用性。无论我们看向哪里，都需要专注某个领域。特长研究的实际应用之一是为人们获取专业知识提供有效的培训方案，即培养未来的专家。这只有在我们完全了解专家的表现、居中调节特长的认知机制以及大脑实现特长的方式后才有可能。认为特长研究将解决社会面临的许多问题是荒谬的。然而，特长研究在基础研究和应用研究之间搭起了桥梁，这是某些研究领域无法做到的。我的希望是，这本书只是我们探索特长之旅的第一站，它将使我们更进一步理解特长和人类大脑的奥秘。同时，我希望这些见解对一般的专家以及与他们一起工作的专业人员有所帮助。

本章小结

- 将一项技能从一个特长领域迁移到另一个领域很困难。这些特长领域的环境制约条件并不相同，因此导致不同的问题情境。这些情境构成了专家记忆中的核心知识，对于另一个领域出现的不同情境用处并不很大。

- 矛盾的是，使迁移异常困难的特性恰恰也是特长最重要的原理。专家杰出的表现是基于其记忆存储的领域特异性的知识结构。这些知识的种类可能不同，比如知觉的或者动力学的知识，然后影响专家大脑典型的实现过程，因为特长的实现是以领域特异性知识为基础的。

- 特长研究不仅被用来揭示专家的表现是如何由各种因素共同导致的，而且被用来研究领域特异性知识如何影响其他过程。一个这样的例子就是老化，在老化的过程中，练习和知识的积累或许能削弱与年龄增大有关的基本衰退的影响。

- 特长注重领域特异性知识，通过练习和暴露获取这些知识仍然是发展特长的主要驱动力。然而，还不清楚其他因素，比如先天的能力和个体差异，是否会影响个体通往特长的道路，或者这些因素在领域特异性知识面前显得多余。

- 熟能生巧的确没错，但只有正确的练习才有效。刻意练习包含在表现的单一方面的专注活动，同时伴有适当的反馈。

问题回顾

1. 请解释两个相似领域（如羽毛球和壁球）之间的差异如何影

响技能从一个领域迁移到另一个领域。

2. 专家表现所必需的认知过程与大脑实现专家表现的方式之间有什么联系？

3. 为什么不同脑区适应不同的特长？专家大脑激活的典型特征是什么？

4. 随着年龄的增长，大脑的质量会减少，导致知觉和（认知）能力的衰退。特长可以阻止这种衰退过程。请以嗅觉特长为例，解释经验和训练是如何减缓老年人的认知和神经衰退的。

5. 假设你想分清练习与其他个体差异（如智力或体能）的影响。您会选择什么样的研究设计，在进行这项研究的过程中会遇到什么样的困难？

6. 许多业余爱好者投入很多时间练习某项技能，但没有明显提高。请解释为什么？

拓展阅读

As mentioned in the first chapter, a new edition of *The Cambridge Handbook of Expertise* and another edited volume, *The Science of Expertise*, both scheduled to appear in 2017, are good starting points for a wide range of topics, including aging. The nature versus nurture controversy has always been a hot topic, in both scientific journals and the popular press. The books mentioned as taking the side of nurture (Colvin, 2008; Coyle, 2010; Gladwell, 2008) and that on the "nature" side (Epstein, 2013) are all engaging and informative. If you want to see how scientists settle their debates, do not miss the lively debate held at the CIBA Foundation (Bock & Ackrill, 1993). Some 20 years later, *Intelligence*, widely regarded as the flagship journal of the talent view, brought together numerous scientists in a special issue, edited by Douglas K. Detterman (2014), *Acquiring Expertise*: *Ability*, *Practice*, *and Other Influences*, which was devoted to expertise and criticism of deliberate practice. The back and forth between these scientists and Anders Ericsson does not have the spontaneity of the previous live CIBA debate, but is nevertheless as engaging as any written text you will currently find in scientific journals.

术　语　表

1 - back 任务（1 - back task）：该任务的参与者必须观察连续呈现的一系列刺激，并辨识当前看到的图像是否与刚刚看到的图像（即上一个图像）一样。

一万小时法则（10000 - hour rule）：成为某个领域的专家所需投入（刻意）练习的时间。

十年法则（10 - year rule，见一万小时法则）：成为某个领域的专家所需的时间。

算盘（abacus）：用来计算的外部设备，在木框中嵌有细杆，杆上串有算盘珠，珠子代表不同的数量。

绝对音高（absolute pitch，又称完美音高，perfect pitch）：无需外部参照点就能辨识某个音调的能力。

动作观察网络（action observation network，AON）：人脑中具有与镜像神经元类似特性的脑区，我们在进行和观察各种动作时都会调用镜像神经元。

杏仁核（amygdala）：附着在海马末端呈杏仁状的内侧脑结构，对于情绪的产生、识别和调节很重要，也是次级嗅觉中枢。

分析或结构加工（analytic/structural processing）：加工复杂刺激的单个元素。

角回（angular gyrus，AG）：靠近颞上沟末端、位于缘上回（su-

301

pramarginal gyrus，SMG）之后的外侧脑区，对于算术事实的提取非常重要。

前扣带回（anterior cingulate cortex，ACC）：扣带回的前部，恰好位于胼胝体的上部，是冲突解决的重要脑区。

弓状束（arcuate fasciculus，AF）：途经角回和缘上回之下，连接颞叶、顶叶、额叶的神经纤维（白质），对于声音到动作的映射非常重要。

自动性（automaticity）：无须付出努力的操作，通常在大量的练习之后才能实现。

基底神经节（basal ganglia，又译基底核）：大脑白质深部各种神经核（纹状体、苍白球、黑质、丘脑底核）的交会处，对于奖赏和躯体运动非常重要。

自下而上的加工（bottom－up processing）：主要基于感觉输入（来自外部）之特征的知觉过程。

盲文（Braille）：基于触觉模式（由平面上突出的点构成）识别的书面语。

大脑可塑性（brain plasticity）：大脑面对环境的束缚而改变其功能特性与结构特性的适应能力。

小脑（cerebellum）：脑干顶端的大片脑区，对于运动控制非常重要。

组块（chunking，又参见块）：将单个项目结合成更复杂单元的加工过程。

组块理论（chunking theory，CT）：利用组块机制（即从相互关联的单个元素构成单一的单元）来解释专家的杰出表现。

块（chunks）：彼此存在关联的单个元素构成的单元。

认知特长（cognitive expertise）：基于心理模拟之上的特长。

认知机制（cognitive mechanism）：基本认知过程（如注意、知觉、记忆）相互作用，从而保证个体熟练地与外界互动的方式。

颜色中枢（color center）：V1 脑区的神经元对亮度很敏感，能让大脑识别视觉刺激的边缘。V4 区（也被称为颜色中枢）则对颜色特别敏感，而 V5 区对动作有反应，为其赢得运动中枢（又被称为 MT＋）的美誉。

复合面孔效应（composite face effect，CFE）：如果把不同之人的半张面孔合成一起，构成一张完整的面孔，那么比识别没有进行合成叠加的半张面孔更为困难。这种现象反映了面孔的整体加工机制。

同时任务（concurrent task）：与另一项任务同时进行的活动。

条件（condition）：组块理论的传统输出系统模型认为，当前棋局（棋盘上的落子）如果与长时记忆中储存的各种棋谱成功匹配，就会激活长时记忆中与特定棋谱有关联的各种筹划和解决方案。换言之，如果条件（认识到的情境）得到满足，就会激活输出（应对情境的方法）。

皮层扩散（cortical expansion）：大脑里的激活在激活点周围扩散或者辐射到邻近脑区的现象。

层间联结（corticocortical connections）：大脑皮层各个区域（相对于皮层下脑区，如小脑、基底神经节）之间的联结。

皮层脊髓束（corticospinal tract）：从脊髓到身体四肢的通路，负责随意动作。

陈述性记忆（declarative memory）：一种（叙述性的）长时记忆，指来自生活经历的信息和实例（记忆），可以用言语表述或者叙述。

刻意练习（deliberate practice）：要实现特别作业表现的一种特别

的实践活动，依据反馈不断重复进行。刻意练习有别于单纯的体验、竞赛和玩乐。

弥散张量成像（diffusion tensor imaging，DTI）：测量脑区之间联结（白质）特性的结构性神经成像技术。

数字广度（digit span）：在测量短时记忆容量的任务中，每秒钟读出一个数字，之后立即回忆。

多巴胺（dopamine，参照神经递质）：在大脑各个部分传递信息的化学物质，是一种通过奖赏调节动作和情绪的重要物质。

背侧通路（dorsal stream）：从枕叶到顶叶传送环境视觉信息的两大通路中的一种，之所以称为背侧通路，是因为相对于携带信息的脑区来说它的位置更高；又称为"空间通路"（where/how pathway），因为它涉及动作的视觉控制。

背外侧前额叶（dorsolateral prefrontal cortex）：额叶皮层中对于工作记忆、计划和认知灵活性非常重要的脑区。

特长的双脑协作（double take of expertise）：与新手只激活单侧大脑不同，专家还会激活另一侧大脑对称的脑区。

生态效度（ecological validity）：实验室里的行为结果推广到现实世界的程度。

脑电图描记术（electroencephalography，EEG）：利用头皮上的电流测量大脑活动的神经成像技术，简称为脑电图。

环境万能论（environmentalist perspective）：这种观点认为通过练习获得的知识与经验将抹平个体最初的所有差异。

情景记忆（episodic memory）：一种（情节性的）长时记忆，指个体在生活中碰到的各种事例和情境，可以从记忆中提取并表述。

特长（expertise）：特定领域里的技能或知识，相对稳定，从而让个体能掌握重复发生的规律。

特长研究法（expertise approach）：通过比较某个特殊领域大量知识的人（专家）与所知甚少的人（新手）来研究某个问题的方法。

专家表现研究法（expert performance approach）：一种研究特长的方法，通过设计某项有代表性的实验室任务来探寻专家表现的机制。

专家（experts）：在其擅长的领悟总能做出远超平均水平（杰出的）表现的人士。

纹外皮层（extrastriate cortex）：枕叶里紧邻初级视觉皮层（纹状皮层）的脑区。

眼动跟踪（eye movement tracking）：对眼睛移动过程和位置的测量。

面孔特异性观点（face specificity view）：这种观点认为梭状回面孔区（fusiform face area，FFA）是加工面孔的唯一脑区。

寻找最优解任务（find the best solution task）：国际象棋或者其他棋类游戏中有代表性的实验室活动，研究者向棋手展示未知棋局的落子，要求棋手寻找最优的下法。

功能连接（functional connectivity）：在某个任务或测试进行期间不同脑区激活之间的关系。

功能扩张（functional expansion）：某个特定的任务涉及更多的脑区，引起这些脑区的激活。

功能性核磁共振成像（functional magnetic resonance imaging，fMRI）：根据与血流有关的变化来测量大脑活动的神经成像技术。

功能性神经成像技术（functional neuroimaging techniques）：测量大脑活动的技术。

功能衰减（functional reduction）：大脑整体或者某个脑区的活动减少。

功能重组（functional reorganization）：大脑激活不同的脑区从而重构其加工刺激的方式。

梭状回面孔区（fusiform face area，FFA）：梭状回里对于面孔知觉和一般特长的典型整体加工非常重要的脑区。

梭状回（fusiform gyri，FG）：对于记忆和知觉非常重要的颞下皮层脑区。

γ－氨基丁酸（gamma－aminobutyric acid，GABA）：抑制大脑神经冲动传递的氨基酸。

一般特长模块（general expertise module）：持有该观点的人认为，梭状回面孔区是特长的一般模块，尤其能区分同一类型里的典范。

格式塔（gestalt）：有组织的单一整体大于各个组成部分之和。

要点（gist）：复杂刺激的实质。

全局—局灶理论（global－focal theory）：放射学中的一种理论，放射科医生在着手细察影像中有所怀疑的单个部分之前，先要形成影像的全局印象。

全局加工（global processing）：快速形成对复杂刺激的本质的知觉。

灰质（gray matter）：组成神经细胞的脑组织。

落子（half－move，也见下法）：棋类游戏界常用术语，指一位棋手下的一步棋。

海希耳氏回（Heschl's gyrus）：位于大脑外侧沟颞横回的脑区；是初级听觉中枢——最先加工外来听觉信息的脑结构。

海马（hippocampus）：位于内侧颞叶的脑结构，因其形状类似于海马而得名——是记忆、空间记忆和导航的重要脑区。

整体加工（holistic processing）：把刺激作为一个整体和单一的单元而非分离的要素来加工。

偶然识别范式（incidental recognition paradigm）：询问参与者是否能识别刺激，即使并没有明确地告诉他们要记住呈现的刺激。

个体差异（individual differences）：指人与人之间（智力、人格和动机等方面）的差异。

下额叶皮层（inferior frontal cortex，IFC）：对于语言加工和言语工作记忆非常重要的脑区。

下颞叶皮层（inferotemporal cortex）：对于物体识别非常重要的脑区，是腹侧通路的终点。

脑岛（insula）：在外侧沟里折叠的脑区，对于味知觉非常重要的部分脑区。

干扰设计（interference design）：研究认知过程的一种方法，要求参与者进行某项任务，该任务会干扰研究者感兴趣的真正活动。

顶内沟（intraparietal sulcus，IPS）：位于顶叶外侧，把顶叶分为上下两部分，是加工数字大小的重要脑区。

内省（introspection）：引起内部状态（如情绪）的一种方法。

倒面效应（inverted face effect，IFE）：颠倒的面孔比正常呈现的面孔更难识别，反映了面孔加工的整体性。

知识结构（knowledge structures）：关于某种情况或主题的客观事实、原理或知识的集合体，彼此存在有意义的关联。存储在长时记忆之中，能让人们理解输入的（类似）信息。

外侧枕叶皮层（lateral occipital cortex，LOC）：枕叶皮层的外侧部分，靠近纹状皮层和纹外皮层，是形状知觉的重要脑区。

边缘系统（limbic system）：对于情绪和本能很重要的脑结构，负责控制基本的情绪和内驱力。

液晶遮挡护目镜（liquid－crystal occluding goggles）：在适当的时候能迅速闭合的护目镜，用于研究真实生活情境中的预期。

纵向研究（longitudinal studies）：一种研究方法，在一段时间里对同一群参与者进行观察和测试。

长时记忆（long－term memory，LTM）：我们在日常生活中谈到记忆时通常所指的含义，即材料的保持和提取过程——其名字来源于这样一个事实，存储在长时记忆里的材料比短时记忆（STM）里存储的材料保持更久。

长时工作记忆理论（long－term—working memory theory，LT－WM）：熟练记忆的产物，该理论假定专家的长时记忆会表现工作记忆的典型特征，即信息的快速编码和提取。

M1（M1，也见 primary motor area）：位于中央前回的初级运动中枢，产生完成运动的神经冲动。

磁共振波谱学（magnetic resonance spectroscopy，MRS）：一种监测机体生理代谢和血氧水平的神经成像技术。

脑磁图描记术（magnetoencephalography，MEG）：记录脑内电流所产生的磁场之磁力变化从而测量大脑活动的一种神经成像技术，简称为脑磁图。

意义编码（meaningful encoding）：熟练记忆理论的原理之一，假定要记忆的信息如果能与长时记忆中的内容发生有意义的联系就能快速而准确地得到编码。

心算师（mental calculators）：无须外界辅助而能快速进行复杂计算的人。

轨迹法（method of loci）：又译位置法，是一种帮助人记忆的技术（记忆术），方法是按照长时记忆中非常熟悉的路径把有待记忆的信息与已经预设和熟知的位置（地点）联系起来。

轻度认知障碍（mild cognitive impairment，MCI）：一种介于随着年龄增长的正常记忆衰退与更严重的衰退（跟痴呆有关）之间的记忆受损现象。

心理/脑模块（mind/brain modules）：认为大脑由单一的独立单元组成的观点，各单元只负责一种加工。

心耳（mind's ear）：听觉刺激的心理转换，就像比较两个音符一样。

心眼（mind's eye）：描述想象力或者视觉信息心理转换的术语。

镜像神经元（mirror neurons）：完成动作所必需的一组特殊的神经元，但当个体看到其他人做同样的动作时该组神经元也会激活。

记忆策略（mnemonic strategies，也见记忆术）：促进记忆成绩的方法，把要记忆的新材料与先前存在的记忆内容联系起来。

记忆术（mnemotechnics，也见记忆策略）：促进记忆成绩的方法，把要记忆的新材料与先前存在的记忆内容联系起来。

模块（modules）：独立的固有结构，已明确地识别其功能。

动作诱发电位（motor–evoked potential，MEP）：刺激大脑运动区会导致肌肉中可观测的电位活动。

运动特长（motor expertise）：建立在身体动作变化基础之上的特长。

动作意象（motor imagery）：人们在心理上模拟某个动作的状态，就像真的在做这个动作一样。

运动程序（motor program）：自动就能完成的复杂的序列动作。

运动中枢（MT +，又称 motion center）：对于动作加工非常重要的纹外脑区。

多体素模式分析（multivariate voxel pattern analysis）：利用大脑内所有体素（立体像素）的激活模式来分析 fMRI 数据，而不是把体素降解到平均激活水平。

肌肉记忆（muscle memory）：门外汉用来形容某个人无须思考如何进行一系列复杂动作却能轻松完成的能力（也见**运动程序**）。

N170 电位（N170）：面孔呈现后在颞枕叶观察到的持续 170 毫秒的负电位——学界认为这是面孔加工的神经签名，因为颠倒的面孔比正常朝向的面孔引起的 N170 更显著。

天性与教养（nature versus nurture）：关于先天因素（即天性，如更好的基本知觉和记忆能力）还是经验和培训（教养）更为重要的争论。

神经支架理论（neural scaffolding theory）：老年人为了弥补因年龄增大而导致的认知和神经功能的减退，大脑会调用额外的脑区，导致更广泛的激活。

神经心理学方法（neuropsychological approach）：通过比较大脑损伤的病人与同样部位完好的健康控制组来研究大脑功能。

神经递质（neurotransmitter）：在整个大脑传递信息的化学物质。

非陈述记忆（non-declarative memory）：一种长时记忆，指那些不容易用言语表达的信息和例子。

枕叶面孔区（occipital face area，OFA）：大脑枕叶里对于面孔知觉非常重要的脑区。

枕叶（occipital lobe）：头颅下背部的大片脑区，接受视觉信息的输入。

遮挡范式（occlusion paradigm，也见时空遮挡）：一种研究运动的动作特长和动作预测的方法，研究过程会省略一些信息（一般是视频的动作片段，如网球的发球动作）。

嗅球（olfactory bulb）：大脑向前突起的喙状部分，气味受体将气味信息传送至此。

岛盖（operculum）：包括部分脑岛及其顶部覆盖组织的初级味觉区。

眶额叶皮层（orbitofrontal cortex，OFC）：内侧额叶脑区，是味知觉非常重要的脑区之一。

同龄效应（own－age effect）：人们对于同龄的其他人识别更准确的现象。

同族效应（own－race effect）：人们识别同种族的人比识别其他种族的人更准确的现象。

P300 电位（P300）：刺激呈现后在顶叶观察到的持续约 300 毫秒的正电位——通常表示记忆的保持和刷新。

特长悖论（paradox of expertise）：即使专家的记忆已经拥有海量的知识，专家也能迅速地从长时记忆里提取所需的信息。

海马回（parahippocampal gyrus，PHG）：内侧颞叶邻近海马的脑区——对于记忆和知觉很重要的脑区。

旁海马空间加工区（parahippocampal place area，PPA）：海马回里对场景（空间）较其他类别的刺激更敏感的脑区。

模式识别（pattern recognition）：输入的感觉信息与长时记忆存储的信息之间的匹配过程。

知觉对象（percept）：感觉的心理表征，并不是对环境真实的再现，而是一种基于感官信息（源于环境）与个体经验之间的建构。

知觉特长（perceptual expertise）：主要依靠感觉信息的特长。

完美音感（perfect pitch，也见绝对音高）：无须外部参照点就能辨识某个音调的能力。

摄影式记忆（photographic memory）：非常快速地理解大量信息并一丝不差地重现的能力。

梨状皮层（piriform cortex）：位于颞叶与额叶结合处"梨子形状"的脑区，具体在颞干的内侧，对于嗅知觉很重要。

颞平面（planum temporale）：初级听觉皮层后面的三角形脑区，对于听觉刺激及语言的加工很重要。

下法（ply，也见落子）：棋类游戏用来表示一位棋手下的棋，常用于计算机科学（表示分支数）。

背侧前运动区（PMd）：前运动皮层的上部（背侧）部分，位于初级运动皮层的前部——对于动作的规划很重要；也是动作观察网络（AON）的组成部分。

腹侧前运动区（PMv）：前运动皮层的下部（腹侧）部分，位于初级运动皮层的前部——对于动作的规划很重要；也是动作观察网络（AON）的组成部分。

正电子发射断层扫描（position emission tomography，PET）：通过体内化学示踪剂来测量大脑活性变化的神经成像技术。

中央后回（postcentral gyrus）：位于中央沟后面的脑区，中央沟把大脑分隔为前部和后部——初级躯体感觉中枢。

后颞上沟（posterior superior temporal sulcus，pSTS）：位于颞叶的脑区，对于面孔知觉很重要。

后颞叶（posterior temporal lobe，pTL）：颞叶后部的脑区，对于客体和移动的加工很重要。

楔前叶（precuneus，PCun）：内侧顶叶脑区，对于记忆和知觉很重要。

前运动皮层（premotor cortex，PM）：额叶脑区，位于运动脑区的正前方，外侧部分称为前运动皮层（PM）；内侧部分称为辅助运动区（SMA）。

初级听觉区（primary auditory area，A1）：位于颞叶上部的脑区，接受声波的神经转换。

初级味觉区（primary gustatory area）：包括脑岛和其上岛盖的脑区，最先接受感觉通道的味觉信息。

初级运动皮层（primary motor cortex，也见M1）：位于中央前回前部的脑区，发起所有的自主运动。

初级嗅觉皮层（primary olfactory cortex，也见梨状皮层）：即梨状皮层脑区，最先从感觉通道中接受嗅觉信息。

初级躯体感觉皮层（primary somatosensory cortex，S1）：位于中央后回的脑区，最先接受关于躯体的信息。

初级视觉区（primary visual area，也见V1）：位于枕叶，最先接受来自视觉的信息。

程序记忆（procedural memory）：（非陈述的）长时记忆的一种，指以明确规定的顺序自动完成多个部分的记忆。

输出（production）：应对情境的一种方式，输出系统的组成部分——一旦必要条件得到满足就执行。

输出系统（production system）：具体问题具体解决的模型。一旦必要的情境出现，就会激发解决方法（又称输出）。常用于计算机科学和认知模型之中。

面孔失认症（prosopagnosia）：罹患该症的人识别不了面孔，即使所有其他的认知能力完好无损。

修剪（pruning）：为了手头的任务切除不必要的多余神经联结。

随机化范式（randomization paradigm）：呈现某个领域随机散布的刺激以研究特殊领域知识的影响力。

回忆任务（recall task）：要求参与者再现先前短暂呈现的刺激的

任务。

相对音高 （relative pitch）：给出参照点的情况下辨识某个音调的能力。

网膜代表图 （retinotopic map）：外部视觉世界在初级视觉区（V1）投射的地图。

提取线索 （retrieval cue）：帮助人们从长时记忆提取信息的暗示或刺激，因为要提取的信息往往比暗示本身复杂得多。

提取结构 （retrieval structures）：具有线索的知识结构，可以利用该线索从长时记忆里提取信息——熟练记忆理论的原理之一。

压后皮层 （retrosplenial cortex，RSC）：内侧顶叶脑区，邻近楔前叶和海马回，对于空间定向和巡航很重要。

搜索满意度 （satisfaction of search，SoS）：放射医学中的一种现象，一个病变部位因另一个病变部位而被忽略，更明显的损伤往往最先被发现。如果没有出现第一种损伤，那么第二种损伤将更容易被发现。

图式 （schema，见脚本）：关于某一方面的诸多条信息以有意义的方式彼此联系构成一个整体。

脚本 （script，见图式）：关于某一方面的诸多条信息以有意义的方式彼此联系构成一个整体。

次级味觉皮层 （secondary gustatory cortex）：即眶额皮层（OFC），来自初级味觉区的信息将传送到该脑区。

次级运动皮层 （secondary motor cortex）：通常指前运动区和辅助前运动区。

次级嗅觉区 （secondary olfactory area）：包括杏仁核、丘脑和海马的脑区，接受从初级嗅觉皮层（梨状皮层）传来的嗅觉信息。

次级躯体感觉区 （secondary somatosensory area，S2）：位于中央

后回后部的脑区，接受从初级躯体感觉区（S1）投射的信息。

语义记忆（semantic memory）：（陈述性）长时记忆的一种，指能够提取并言说的关于世界的知识。

感觉（sensation）：通过感觉器官觉察环境信息的过程。是知觉的第一个阶段，而通过知觉来自感官的刺激（如光子的波长或声波）到达它们在大脑的目的地。

感觉小人（sensory homunculus）：来自躯体的信息在 S1 表征为感觉小矮人。

短时记忆（short－term memory，STM）：持续约 20 秒的短暂记忆，信息在消失前只是暂时保留（否则就要转移到长时记忆）。

技能获得（skill acquisition）：获得某种能力的过程，可以在较短的时间里获得技能。

熟练记忆理论（skilled memory theory）：根据意义编码、提取结构及长时记忆信息编码和提取整体上的加速等原理来解释专家杰出的表现——长时工作记忆理论（LT－WM）的前身。

社交网络（social network）：对于与他人交往很重要的脑区。

躯体感觉知觉（somatosensory perception）：对来自身体信息的加工。

躯体位置图（somatotopic map）：躯体感觉皮层里的地图，代表身体各部分在躯体感觉知觉中的重要性。

空间遮挡（spatial occlusion）：研究体育运动对动作预期的方法，在完成研究者感兴趣的动作过程中的某个时刻遮挡一部分身体。

编码和提取的加速（speedup of encoding and retrieval）：熟练记忆理论的基础原理之一，指专家通过练习而使信息的编码和提取得到促进的现象。

纹状皮层（striate cortex）：枕叶里初级视觉皮层的所在地——之所

以称为纹外皮层是因为感觉投射经过髓鞘化的轴突呈现出带状（纹状）。

纹状体（striatum）：内侧脑区，属于基底神经节的一部分，对于肌肉运动的控制很重要。

结构性神经成像技术（structural neuroimaging techniques）：测量大脑结构性能的技术。

颞上回（superior temporal gyrus，STG）：颞叶上端的脑区，对于听知觉很重要。

辅助运动区（supplementary motor area，SMA）：运动皮层的内侧部分——对于运动的控制很重要。

缘上回（supramarginal gyrus，SMG）：位于顶叶下部的脑区——对于客体之间空间关系的提取很重要。

触觉经验假设（tactile experience hypothesis）：认为盲人触觉的优势源于他们比看得见的人更频繁地运用触摸的感觉。

天赋观（talent perspective）：该观点认为单个特质或者它们的组合会影响特长的发展。

模板（templates）：由一个稳定的核心（如一个区块）和若干插槽（可由其他不太固定的环境特征插入）组成的大型群集——即知识结构。

模板理论（template theory）：建立在组块理论的基础之上，但利用模板（大型的知识群集）作为组织的主要原理。

颞叶（temporal lobe）：位于枕－顶和额叶之间的大片脑区。

时间遮挡（temporal occlusion）：通过变化视频片段的时间长度来研究运动预期的方法。

丘脑（thalamus）：大脑中心的脑区，对于嗅知觉和动作系统的控制很重要的脑区。

生物极限理论（theory of biological limits）：认为个体表现的上限是由基因决定的。

自言自语技术（think aloud technique，也见口语报告）：洞察认知过程的一种方法，要求人们说出（用言语表达）心中所想。

运动时间悖论（time paradox in sports）：球的飞行好像最能说明球的落点，但到运动员看到球的飞行轨迹时则太晚了，来不及做出反应。

音调代表图（tonotopical maps）：初级听觉皮层对声音频率的大脑表征。

自上而下的加工（top－down processing）：主要基于大脑内部产生（来自内部）的认知过程的加工。

训练研究（training studies）：对于不熟悉的任务或刺激，给予参与者一定数量练习的研究。

经颅直流电刺激（transcranial direct current stimulation，tDCS）：通过放置在头皮的电极给感兴趣的脑区发送恒定的弱电流来刺激神经系统的技术。

经颅磁刺激（transcranial magnetic stimulation，TMS）：利用磁场刺激脑区的神经刺激技术。

迁移（transfer）：某个任务或领域表现出的技能或方法应用到另一不同任务或领域的现象。

两阶段理论（two－stage theory）：反射学（影像诊断学）中的一种理论，认为放射科医生具有一种过滤器，保证他们能迅速地理解影像中的大块区域，并筛选出损伤部分。在第二个阶段，会仔细检查这些怀疑有病的区域。

用进废退原理（use it or lose it principle）：通过练习获得的技能和大脑性能在停止参与活动和练习之后丢失的现象。

V1（V1，初级视觉皮层）：位于枕叶的纹状皮层，最先接受视觉信息的脑区。

腹侧通路（ventral stream，也见 what 通路）：从枕叶给颞下皮层传送环境视觉信息的两大通路之一。

腹外侧前额叶皮层（ventrolateral prefrontal cortex，VPFC）：对于运动抑制非常重要的前额下部脑区。

口语报告（verbal protocols，也见自言自语技术）：洞察认知过程的研究方法，要求参与者说出他们的想法。

视觉剥夺假设（visual deprivation hypothesis）：认为盲人的触觉优势源于对视觉皮层利用的观点。

基于体素的形态测量学（voxel-based morphometry，VBM）：一种测量大脑性能的结构性神经成像技术，将立体的脑体积转换为小的三维结构（体素）。

what **通路**（what pathway，也见腹侧通路）：从枕叶给颞下皮层传送环境视觉信息的两大通路之一——称为"what 通路"的原因是其传递的是关于客体身份的信息。

where/how 通路（where/how pathway，也见背侧通路）：从枕叶给顶叶传送环境视觉信息的两大通路之一——称为"where/how 通路"是因为其传递的是关于环境空间位置和关系的信息。

白质（white matter）：联结神经元的结构性的脑组织，在它们之间传递信息。

工作记忆（working memory，也见短时记忆）：信息同时得以维持、加工和主动操作的过程。